2022年上海市重点图书

数学文化的理论与实践

刘洁民 著

图书在版编目（CIP）数据

数学文化的理论与实践 / 刘洁民著. — 上海：上海教育出版社，2022.10
ISBN 978-7-5720-1659-2

Ⅰ. ①数… Ⅱ. ①刘… Ⅲ. ①数学 - 文化研究 Ⅳ. ①O1-05

中国版本图书馆CIP数据核字(2022)第177707号

责任编辑　隋淑光
封面设计　陆　弦

数学文化的理论与实践
刘洁民　著

出版发行　上海教育出版社有限公司
官　　网　www.seph.com.cn
地　　址　上海市闵行区号景路159弄C座
邮　　编　201101
印　　刷　上海盛通时代印刷有限公司
开　　本　700 × 1000　1/16　印张 23.75　插页 1
字　　数　335 千字
版　　次　2022年10月第1版
印　　次　2022年10月第1次印刷
书　　号　ISBN 978-7-5720-1659-2/G · 1531
定　　价　68.00 元

如发现质量问题，读者可向本社调换　电话：021-64373213

Preface | 序

2004 年至 2011 年，作者跟随我攻读科学教育博士学位，完成了题为《从数学文化学到数学文化教育》的博士论文，本书是作者在此基础上进一步完善和扩展的结果。

本书主要包括三方面工作：

第一，通过整合恩斯特·卡西尔、莱斯利·A.怀特、雷蒙·威廉斯的基本观点，提炼出一个在结构上更为完整、分类和概念更为精细、能体现亚文化系统及文化现象互动机制的文化理论框架。

第二，以数学史和文化研究为根基，参照科学文化研究的近期成果，融合并发展了西方数学文化学研究分别以莫里斯·克莱因和雷蒙·怀尔德为代表的两个主要传统，以五个基本问题、三对基本范畴和四类主要关注点为核心要素，构建了一个数学文化学的理论框架。这个理论框架是上述文化理论框架的自然延伸，吸收了一个半世纪以来文化研究的重要成果，为数学文化学奠定了理论基础；它基于 20 世纪以来数学史研究的重要成果，从文化史的视角对一些数学史上的经典案例作了初步考察，从而可以为数学文化史的研究提供借鉴。

第三，以数学文化学的上述框架为前提，对数学文化教育的目的、内容、方法和价值作出了较为系统的探讨，进而在中学、大学本科和数学专业硕士研究生三个层面上，开发了相应的数学文化教育课程，进行了多年实践探索。作者试图凸显这样的一种数学教育观：数学课程不仅是一门工具课，更重要的，它是一门具有基础性的文化课程，它不仅教会学生计算和度量，还引导他们学会把握事物的本质，获得一类基本的思维方式，培育理性精神和审美情趣。这些要素共同构成通常所说的数学素养，是现代文化素养极为重要的组成部分。

数学文化研究对于数学史、数学哲学具有重要意义，数学文化教育研究对数学教育具有重要意义，愿本书的出版能够引发更多的研究者和实践者对数学文化研究和数学文化教育研究中一些问题的关注和思考。是为序。

赵峥

2021 年 11 月 21 日

Contents | 目录

绪论

20世纪90年代以来，在我国从中小学到大学本科的数学课程中逐渐形成了一个渗透数学史与数学文化的热潮，开设数学文化类通识课程的高等院校日益增多，在面向公众的数学普及读物中渗透数学史与数学文化的做法逐渐流行，一些丛书直接以“数学文化”冠名。随着数学文化教育的升温，与之相应的数学文化研究和数学文化教育研究引起了越来越多的关注。

但是，对“什么是数学文化”“为什么要进行数学文化教育”“数学文化教育应该包括哪些基本内容”“怎样有效地实施数学文化教育”等基本问题，却长期缺乏令人满意的回答，实施数学文化教育所需的基本案例也十分匮乏。

有鉴于此，本书试图以数学史和文化学为根基重新梳理数学文化学的内容、理论和方法，在此基础上，结合笔者在数学文化教育方面的多年实践，在案例分析的基础上对数学文化教育的目的、境界、内容和方法作较为系统的探讨。

0.1 研究背景

数学文化教育在中国的兴起有两个基本前提，一是数学文化研究，二是数学教育的发展。

西方的数学文化研究最初主要以数学史和文化人类学为基础，20世纪80年代以来受到公众理解科学的需要以及数学教育需要的推动，并与HPM(History and

Pedagogy of Mathematics,数学史与数学教育)研究交织在一起。中国的数学文化研究最初继承了以莫里斯·克莱因为代表的数学文化研究传统,其后由于一批以数学哲学和数学社会学见长的学者的加盟,为数学文化研究引入了新的视角和方法,近年来更受到公众理解科学以及数学教育两方面的推动,表现出强劲的发展势头。

第二次世界大战结束以来,西方中小学的数学教育在经历了 20 世纪 60 年代至 70 年代的两轮改革之后,在 20 世纪 80 年代后期进入一轮新的改革,其重要观念之一是强调数学的文化价值,稍早形成的 HPM 研究与实践则被融汇于其中,既被作为理解数学的一种途径,也被作为数学文化教育的载体。中国的情况与此大体相似。

上述基本情形构成了本书的研究背景,下文将概述这几条基本线索,从而更清楚地定位本书所作的研究。

0.1.1 数学史、文化理论的发展

0.1.1.1 数学史的发展

在西方,在撰写数学著作时简要概述有关研究的历史背景的传统由来已久。现代意义上的较为独立的数学史研究始于 18 世纪,1742 年,德国数学家海尔布罗纳(J. C. Heilbronner, 1706—1747)出版了《世界数学史》(*Historia Matheseos universae*, Lipaiae, 1742)。1758 年,法国学者蒙特克拉(Jean Étienne Montucla, 1725—1799)出版了他的《数学史》(*Histoire des mathématiques*)的前两卷,此后多年他都在努力完善和扩展这部著作,1798 年他出版了前两卷的修订版。1799 年蒙特克拉去世,他的朋友拉兰德(Jérôme Lalande, 1732—1807)帮助他整理完成了后两卷,新的四卷本于 1799—1802 年出版,内容包括从古代到 18 世纪的数学史,也包含了天文学、力学和光学内容。[①] 在此期间,另一位法国学者博萨特(John

① John Bossut, General history of mathematics, From the earliest times, to the middle of the eighteenth century [M]. Bye and Law, London, 1803, Editor's Preface, x-xii; Dauben, Joseph W. & Christoph J. Scriba (Editor), Writing the history of mathematics, its historical development, Birkhaüser Verlag, Basel, 2002, 3.

Bossut)也完成并出版了一部数学通史,1803 年被译为英文出版[①]。

19 世纪,数学史专著陆续增多,较著名的有 H.汉克尔(Hermann Hankel,1839—1873,德国)的《近几世纪数学的发展》(*Die Entwickelung der Mathematik in den letzten Jahrhunderte*,1869)、《古代与中世纪数学史》(*Die Elemente der projectivische Geometrie in synthetische Behandlung*,1875),M.康托尔(Moritz Benedikt Cantor,1829—1920,德国)的《数学史讲义》[*Vorlesungen über Geschichte der Mathematik*,4 卷,1880—1908。包括:Volume 1 (1880)— From the earliest times until 1200,Volume 2 (1892)— From 1200 to 1668,Volume 3 (1894—1896)— From 1668 to 1758,Volume 4 (1908)(with nine collaborators,Cantor as editor)— From 1759 to 1799],卡约黎(Florian Cajori,1859—1930)的《数学史》(*A History of Mathematics*,1894)。

进入 20 世纪以后,L.E.迪克森(Leonard Eugene Dickson,1874—1954)的《数论史》(*History of the Theory of Numbers*,3 卷,Carnegie Institution of Washington,1919—1923)、T.希思(Thomas Little Heath,1861—1940)的一系列关于希腊数学史的论著特别是《希腊数学史》(*A History of Greek Mathematics*,2 卷,1921),D.E.史密斯(David Eugene Smith,1860—1944)的《数学史》(*History of Mathematics*,1923—1925),F.克莱因(Felix Klein,1849—1925)的《数学在 19 世纪的发展》(*Vorlesungen uber die Entwicklung der Mathematik im 19. Jahrhundert*,2 卷,Berlin:Springer,1926—1927)等基本著作为数学史在 20 世纪的发展奠定了基础。到 20 世纪后期,数学史各研究领域全方位地达到了成熟阶段,数学历史文献、数学专题史、断代史、国别史、思想史、社会史、文化史等各种不同类型的研究都获得了丰硕成果。

在中国,现代意义上的数学史研究由李俨、钱宝琮两位先生于 1920 年代开创,

---

① John Bossut, General history of mathematics, From the earliest times, to the middle of the eighteenth century [M]. Bye and Law, London,1803.

钱宝琮的《古算考源》(1930)、《中国算学史(上)》(1932),李俨的《中国数学大纲(上)》(1931)、《中国算学史》(1937)是中国数学史领域较早的专著。日本数学史家三上义夫(Yoshio Mikami,1875—1950)的《中日数学的发展》(*The Development of Mathematics in China and Japan*,Leipzig,1913)、《中国算学之特色》(1926)对中国数学史的研究也产生过重要影响。到20世纪末,中国传统数学的基本文献得到较为彻底的整理和研究,中国传统数学的基本问题、方法和理论都有了较为系统深入的专门研究,吴文俊主编的《中国数学史大系》[①]以及王渝生、刘钝主编的《中国数学史大系》[②]代表了20世纪中国数学史研究的整体水平。与此同时,外国数学史、比较数学史研究也获得了令人瞩目的成就。

数学史在20世纪的全面发展,为数学文化学研究提供了基本素材和依据,是其不可缺少的重要根基。

0.1.1.2 文化理论的发展

文化理论的发展与人类学、社会学、历史哲学、人文地理学等有十分密切的关系。

现代意义上的人类学起源于19世纪后期,是一门综合性的学科,包括体质(生物)人类学和文化人类学两个基本分支或流派[③],其研究方法主要有田野调查和历史文献两种。"体质人类学研究人类的生物特征、体质结构以及不同种族的起源、分布、演变、形成等自然过程;文化人类学则研究人类不同历史时期的文化和不同民族、区域的文化及其对人的心理建构、性格塑造、行为规范的影响等文化过程。"[④]对数学文化学产生重要影响的主要是文化人类学,其研究方法主要有田野调查法、文献法和比较法。

文化人类学在20世纪发展迅速,其研究领域不断扩大并被划分为众多分支,

① 吴文俊.中国数学史大系[M].北京:北京师范大学出版社,1998—1999.

② 王渝生,刘钝.中国数学史大系[M].石家庄:河北科学技术出版社,2000—2001.

③ 在美国和加拿大,习惯上将考古学和语言人类学作为与前两者并列的分支,参见:阿兰·巴纳德.人类学历史与理论[M].王建民,等,译.北京:华夏出版社,2006:3.

④ 刘守华.文化学通论[M].北京:高等教育出版社,1992:18.

例如文化进化论、文化模式论、生态人类学、经济人类学、政治人类学、象征人类学、文化符号学等。

与上述传统独立，早在 1838 年，德国学者拉弗日尼-培古轩（M.V. Laverne-Peguilhen）就在《动力与生产的法则》（*Bewegung und Productions — Gesetzen*）中提出，社会学科可以分为四类，即动力学、生产学、文化学（Kulturwissenschaft）和政治学。他认为，“文化学的目的是要确定或认识人类与民族的教化的改善上所依赖的法则”[①]。1854 年，德国学者格雷姆（Gustav F. Klemm，1802—1867）出版了《普通文化学》（*Allgemeine Culturwissenschaft*，Leipzig，1854—1855）。1871 年，英国著名人类学家泰勒出版了《原始文化》，第一章即“文化的科学”（The Science of Culture），勾勒了其要点和范围。1899 年，德国哲学家李凯尔特（Heinrich Rickert，1863—1936）出版了《文化科学和自然科学》[②]。

进入 20 世纪，在文化人类学迅速发展的同时，一些学者认为“人类学”这一术语并不能适应日益高涨的文化研究的要求，先后提出了建立以“文化”为对象的独立研究领域的主张[③]。1909 年，德国化学家、诺贝尔奖得主奥斯特瓦尔德发表《文化学的能量基础》[④]，1915 年又在题为“科学的体系”的演讲中说：“因此，很久以前，我就提出将正在讨论的这个领域称作文明的科学或文化学（Kulturologie）”[⑤]。此后，克罗伊波（A.L.Kroeber）提出了建立文化学的一些基本原则。

1949 年，曾任美国人类学会会长的莱斯利·A.怀特出版《文化的科学——人类与文明的研究》，对这一研究领域作了较为系统的论述，并强调指出：

“除了文化学（Culturology）以外，难道人们还能称文化的科学为别的什么科学

---

① 转引自：陈序经.文化学概观[M].北京：中国人民大学出版社，2009：45.

② Fichtes Atheismusstreit und die kantische Philosophie.中译本：H.李凯尔特.文化科学和自然科学[M].涂纪亮，译.北京：商务印书馆，1986.

③ 参见：莱斯利·A.怀特，文化的科学——人类与文明的研究[M].沈原，黄克克，黄玲伊，译.济南：山东人民出版社，1988：383－387.

④ W.Ostwald，Energetische Grundlagen der Kulturwissenschaft（1st ed.）[M]. Leipzig，1909.

⑤ 引自：莱斯利·A.怀特，文化的科学——人类与文明的研究[M].沈原，黄克克，黄玲伊，译.济南：山东人民出版社，1988：389.

吗？如果关于哺乳动物的科学叫作哺乳动物学，关于音乐的科学叫作音乐学，关于细菌的科学作细菌学，等等，那么关于文化的科学为什么不作文化学呢？”①

“随着科学领域的拓展，从心理与社会现象中划分出另一类现象。它被那些发现和分离出它的人们命名为‘文化’。对于事件的这个独特类别的分析与说明，被称为文化的科学，自泰勒在1871年锻造出这一术语以来，许多人类学家如克鲁伯、罗维、莫多克和其他人，都这样地称呼它。”②

此后，以“文化”为主要对象的这个研究领域继续快速发展，并且与人类学、社会学、人文地理学、历史哲学乃至文学研究都有十分密切的联系。

1958年，英国学者雷蒙·威廉斯（Raymond Williams，1921—1988）出版了他的成名作《文化与社会》（*Culture and Society*，London，Chatto and Windus，1958），考察了从18世纪中叶到20世纪中叶英国40位思想家和作家著作中对文化的理解，开今天所说的“文化研究”（cultural studies）之先河。1964年，他和理查德·霍加特（Richard Hoggard）等人在伯明翰大学成立“当代文化研究中心”，这标志着“文化研究”已经成为一个重要的研究领域。1976年，威廉斯又出版了著名的《关键词：文化与社会的词汇》（*Keywords：A Vocabulary of Culture and Society*）③。到20世纪70年代，“文化研究”已经跨越了学科的界限，演变成一个融多个学科领域于一体的庞大学科群。虽然由于涉及领域太广使得一些问题没有清晰的边界从而难以达成共识，还是逐渐形成了较为系统的理论框架和相应的表达方式。到20世纪末，它已成为国际学术界研究与文化有关问题的基本规范之一。④“文化研究是目前国际学术界最有活力、最富于创造力的学术思潮之一，有的学者甚至把它看

---

① 莱斯利·A.怀特，文化的科学——人类与文明的研究[M].沈原，黄克克，黄玲伊，译.济南：山东人民出版社，1988：387.

② 莱斯利·A.怀特，文化的科学——人类与文明的研究[M].沈原，黄克克，黄玲伊，译.济南：山东人民出版社，1988：393.

③ 雷蒙·威廉斯.关键词：文化与社会的词汇[M].刘建基，译.北京：生活·读书·新知三联书店，2005.

④ 参见：阿雷恩·鲍尔德温，布莱恩·朗赫斯特，斯考特·麦克拉肯，等.文化研究导论（修订版）[M].陶东风，和磊，王瑾，等，译.北京：高等教育出版社，2004.陶东风.文化研究精粹读本[M].北京：中国人民大学出版社，2010.丹尼·卡瓦拉罗.文化理论关键词[M].张卫东，等，译.南京：江苏人民出版社，2006.

作是后现代之后学术发展的主潮，但同时它又是一个最富于变化、最难以定位的知识领域，迄今为止，还没有人能为它划出一个清晰的学科界限，更没有人能为它提供一种确切的、普遍接受的定义。"[①]

在文化人类学、文化学、文化研究的发展过程中，对文化的概念和特征以及相关研究的对象、视角和方法都有大量论述，获得了丰富的成果，本书第一章中将以此为基础，参照科学文化研究的近期成果，讨论数学文化的概念和特征以及数学文化学的对象、视角和方法。

0.1.2 数学文化学的兴起

从文化视角考察数学的发展及其影响的研究工作早在19世纪就已经出现了，例如M.康托尔的著作《数学对人类文化生活的贡献》(1863)。20世纪40—50年代，随着数学史和文化人类学研究的深入，更多的西方学者开始从文化角度分析数学的发展，早期较有代表性的研究者是莫里斯·克莱因(Morris Kline，1908—1992)和雷蒙·怀尔德(Raymond L. Wilder，1896—1982)，他们是西方数学文化学研究的主要代表。1972年，数学史与数学教学关系国际研究小组(International Study Group on the Relations between History and Pedagogy of Mathematics，简称HPM)成立，数学史融入数学教育逐渐成为一个国际潮流，其中也包含了数学文化教育的观点和内容。20世纪90年代以来，数学文化学的发展在很大程度上是由与HPM相关的理论与实践推动的。[②]

20世纪80年代末，数学文化研究开始在我国数学史界和数学哲学界引起关注。对于当时参与这项工作的大多数人来说，它或者是一种数学史研究(文化视角下的数学史)，或者是一种数学哲学研究(文化视角下的数学哲学)，或者是一种数学教育研究(文化视角下的数学教育)，但基本上并不是本来意义上的文化学研究

---

① 罗钢，刘象愚.前言：文化研究的历史、理论与方法[M]//文化研究读本.北京：中国社会科学出版社，2000：1.

② 参见：汪晓勤，欧阳跃.HPM的历史渊源[J].数学教育学报，2003(3)：24-27.

或文化研究。20 世纪 90 年代末，数学文化教育在国内高等院校逐步展开。进入 21 世纪，随着中小学课程改革的推进，它获得了数学教育界的高度认同，成为数学教育理论与实践的热点话题之一。[①] 近年来，数学文化方面的译著和国内学者的论著大量出现。这三方面工作形成了强大的合力，推动着数学文化研究和数学文化教育的研究与实践获得了引人注目的发展，其基本定位大体上维持着最初的状态。这种情况与国际学术界数学文化研究十分相似：数学文化研究主要是数学史、数学哲学和数学教育界根据自己的需要并按照自己的理解所从事的研究，而并未真正关注本来意义上的文化学研究或文化研究。

0.1.3 数学教育的发展

20 世纪 80—90 年代，世界各发达国家纷纷进行了以“大众数学”为基本理念的中小学数学课程改革。90 年代末以来，随着公民科学素养研究与建设的发展，改革进入了新的阶段，其标志是公布了新的数学课程标准，例如：

1988 年，英国国会通过并颁布《教育改革法》，规定了全国所有中小学实行统一的国家课程，并于 1989 年开始实施。1999 年 9 月，英国政府颁布了新的全国统一课程，并从 2000 年秋季新学期开始实施。2014 年，英国启动新一轮国家课程改革。

1998 年 11 月，日本文部省颁布了新的学习指导要领，于 2002 年开始实施。2008 年，日本文部科学省公布中小学教学标准的《学习指导要领》修正案，规定小学从 2011 年，初中从 2012 年春季开始全面实施新的大纲。

1998 年，法国国民教育、研究和技术部发布了《为了 21 世纪的高中》，并从 2000 年开始实施新的高中数学教学大纲。

1999 年，俄罗斯联邦教育部颁布了《中学数学教育必须学习的最少内容》以及《普通中学毕业生数学培养的基本要求》，2004 年，俄罗斯颁布并开始实施“第一代”联邦国家基础教育标准，其中完全中学的数学课程标准有两套：基础水平和专

---

① 刘洁民.数学文化：是什么和为什么[J].数学通报，2010(11)：11.

业水平。[①] 2006 年俄罗斯开始研制"第二代"联邦国家基础教育标准，示范性大纲于 2012 年公布，2013 年起实施。[②]

2000 年 4 月，全美数学教师理事会颁布《学校数学教育的原则和标准》。2010 年 6 月，美国州长协会和各州学校管理委员会共同颁布《共同核心数学课程标准》。

在国际中小学数学教育改革的背景下，中国也从 1999 年开始了新一轮中小学课程改革。中国教育部于 2001 年颁布《全日制义务教育数学课程标准（实验稿）》，2003 年颁布《普通高中数学课程标准（实验）》，2012 年颁布《义务教育数学课程标准（2011 年版）》，2018 年颁布《普通高中数学课程标准（2017 年版）》，2022 年颁布《义务教育数学课程标准（2022 年版）》。

新一轮中小学数学教育改革有一些明显的共同特征，例如：

从当代社会对公民科学素养的基本要求出发设计中小学数学课程的目标、内容和要求；

在强调数学是一种强有力的工具、学习数学具有训练思维的作用的同时，进一步强调数学在现代文化中所处的核心地位，倡导在数学课程中渗透数学文化意识；

在数学课程中适当渗透数学史以增进学生对相应数学内容的理解。

20 多年来，在国际数学教育发展和国内中小学数学课程改革的双重推动下，一批具有较新教育理念和较高学术水平的数学教育论著相继出版。

0.1.4 数学文化教育研究与实践

数学史研究成果的积累、数学文化学研究的进展以及新的数学教育理念的逐步形成与深化，共同促进了近 30 年来数学文化教育的兴起与繁荣。具体表现有：

关于数学文化教育的论著不断发表和出版，成为近年来的一个学术热点；

越来越多的数学普及读物明确地以数学文化作为主题（或主题之一）；

---

① 朱文芳.俄罗斯数学教育评价改革的动态与研究[J].课程·教材·教法，2006(2)：90－92.

② 徐乃楠，孔凡哲，史宁中.俄罗斯高中数学教育标准、示范性大纲和教科书的最新变化特征及启示[J].全球教育展望，2015(1)：100.

越来越多的高等院校开设了数学文化教育类课程并出版了相应的教材；

许多国家(包括中国)的中小学数学课程标准中明确提出了进行数学文化教育的要求。

然而，正如本书开头就已指出的，多年来，关于数学文化和数学文化教育的一些十分基本的问题始终没有得到令人满意的回答，由此引发的许多争论至今仍令人感到困扰，这与数学文化教育的繁荣局面很不相称。

0.2 文献综述

0.2.1 若干有代表性的“文化”定义

“文化”是一个被长期争论、相当模糊的概念。争论与模糊的原因大致有四个：第一，在欧洲各国的语言里，它有不同的起源；第二，它的含义十分宽泛，界限不分明；第三，许多差异较大的学科都在使用这个概念，各学科对其理解有层次和侧重上的差异；第四，19 世纪末以来，以“文化”为主要研究对象的理论包括了文化人类学、文化学、文化社会学、文化研究等多个流派，各流派对文化的界定都有一定差异。对中国学术界来说，还应该加上第五个原因，就是“文化”这个词在中国古代有独立的起源，其含义与西方的“文化”有一定差异。由于现代意义的数学文化研究起源于西方，其中对文化的理解显然直接受西方文化观念影响，所以本书主要关注西方学术界对“文化”概念的界定。由于本书的主题是数学文化和数学文化教育，所以笔者不拟对各种文化理论对文化所作的不同定义作全面的梳理，而仅仅试图通过对文化人类学、文化学、文化研究中一些有代表性的文化定义的归纳，说明笔者将要在第一章中作出的对文化这一概念表述的学术源流。

中国古代将“文”与“化”相连使用形成完整意思的说法，最早见于《易・贲卦・象》：“观乎天文以察时变，观乎人文以化成天下。”[①]其中主要体现了一种“以

① 尚秉和.周易尚氏学[M].北京：中华书局，1980：115.

文教化”的思想。

在西方学术界,“文化”概念经历了曲折的演变。

1871年,英国文化人类学奠基人爱德华·B.泰勒(Edward Burnett Tylor,1832—1917)在《原始文化》中对文化给出了一个影响深远的定义:“文化,或文明,就其广泛的民族学意义来说,是包括全部的知识、信仰、艺术、道德、法律、风俗以及作为社会成员的人所掌握和接受的任何其他的才能和习惯的复合体。人类社会中各种不同的文化现象,只要能够用普遍适用的原理来研究,就都可成为适合于研究人类思想和活动规律的对象。一方面,在文明中有如此广泛的共同性,使得在很大程度上能够拿一些相同的原因来解释相同的现象;另一方面,文化的各个不同阶段,可以认为是发展或进化的不同阶段,而其中的每一个阶段都是前一阶段的产物,并对将来的历史进程起着相当大的作用。”①

1934年,美国人类学家露丝·本尼迪克特(Ruth Benedict)在其名著《文化模式》中指出:“一种文化就像是一个人,是思想和行为的一个或多或少贯一的模式。每一种文化中都会形成一种并不必然是其他社会形态都有的独特的意图。在顺从这些意图时,每一个部族都越来越加深了其经验。与这些驱动力的紧迫性相应,行为中各种不同方面也取一种越来越和谐一致的外形。”②

1959年,美国文化人类学家巴格比写道:“我们可以说,文化包含了思想模式、情感模式和行为模式,但并不包含任何决定这些模式的不可见实体,不管它们是什么东西。”③

1993年,肯尼思·麦克利什说:“人类学家现在把文化当作一个中性词来使用,描述一种观念、价值和行为系统。”④

---

① E.B.泰勒.原始文化:神话、哲学、宗教、语言、艺术和习俗发展之研究[M].连树声,译.桂林:广西师范大学出版社,2005:1.

② 露丝·本尼迪克特.文化模式[M].王炜,等,译.北京:生活·读书·新知三联书店,1988:48.

③ 菲利普·巴格比.文化:历史的投影——比较文明研究[M].夏克,等,译.上海:上海人民出版社,1987:95.

④ 肯尼思·麦克利什.人类思想的主要观点——形成世界的观念[M].查常平,等,译,北京:新华出版社,2004:346.

粗略地说，长期以来，一直存在着对文化的狭义和广义两大类不同理解。

根据狭义的理解，文化主要关注价值、信念和世界观，例如：

1976 年，R.M.基辛说："我们只取'文化'这个术语的狭义，即文化是一个观念系统(ideational system)。""我们将用'文化'一词来指涉潜藏在一个民族的生活方式之下的共同的观念系统，指涉概念性设计和共同的意义系统。如此定义的文化，指的是人们所学到的知识，而不是人们所做的事情或所制造的物品。"①

2000 年，亨廷顿、哈里森说："'文化'一词，在不同的学科中和不同的背景之下，自然有着多重的含义。它常常用来指一个社会的知识、音乐、艺术和文学成品，即社会的'高文化'。有些人类学家，尤其是克利福德·格尔茨，强调文化具有'深厚意蕴'，用它来指一个社会的全部生活方式，包括它的价值观、习俗、象征、体制及人际关系等。然而，在本书中，我们关心的是文化如何影响社会发展；文化若是无所不包，就什么也说明不了。因此，我们是从纯主观的角度界定文化的含义，指一个社会中的观念、态度、信念、取向以及人们普遍持有的见解。"②

2002 年，威廉·A.哈维兰说："现在的文化定义倾向于更明确地区分现实的行为和构成行为原因的抽象价值、信念以及世界观。换一种说法，文化不是可观察的行为，而是共享的理想、价值和信念，人们用它们来解释经验，生成行为，而且文化也反映在人们的行为之中。"③

广义的理解是将文化看作人类知识、思想、信仰、行为与行为结果的整体，并可进一步细分为智能文化、物质文化、规范文化(或将其分解为行为文化与制度文化)、精神文化等基本方面。例如：

1943 年，R.林顿说："一种文化是习得行为与行为之结果的综合结构，这种习得行为的组成要素被一个特定社会的成员所分有和传递。""'综合结构'这个术语

① R.M.基辛.文化·社会·人[M].甘华鸣，陈方，甘黎明，译.沈阳：辽宁人民出版社，1988：32.

② 亨廷顿，哈里森.文化的重要作用——价值观如何影响人类进步[M].程克雄，译.北京：新华出版社，2002，前言，3.

③ 威廉·A.哈维兰.文化人类学(第十版)[M].瞿铁鹏，张钰，译.上海：上海社会科学院出版社，2006：36.

意味着行为与行为结果共同构成了一种文化并被组织到一个整体模式之中。这一文化特征包括了很多问题,在这里无法细谈。习得行为限定于那些经过学习过程而得以修正的,从而成为特定的文化综合结构中的经典模式。这种限定已经经过了长期使用的认可。"[①]"'行为'这个术语在这里涵盖了个人所有的活动,不论是内在的还是外在的,生理的还是心理的。""'行为之结果'这一术语,指的是两个非常不同类的现象——心理的和物质的。前者包括个人心理状态所代表的行为之结果,因此,态度、价值系统和知识都包括在里面。""将行为的物质结果的现象包含在文化的概念中,也许会遭到某些社会学家的反对,但是在人类学上的用法却像'文化'这个术语一样古老,早已得到承认了。任何社会的成员所惯于制造和使用的东西,常常被概括为'物质文化',并被视为整个文化综合结构的部分。"[②]

1952 年,美国人类学家克罗伊波(A.L.Kroeber)和克拉克洪(C.Kluckhohn)写了《文化,关于概念和定义的检讨》(*Cluture:A Critical Review of Concepts and Definitions*,1952)一书,统计从 1871—1951 年间,关于文化的定义有 160 多种,定义方式可以划分为列举和描述性的、历史性的、规范性的、心理性的、结构性的、遗传性的等类型。在分析了文化的多种定义的基础上,他们提出了自己的文化定义:"文化由外显的和内隐的行为模式构成,这种行为通过象征符号而获致和传递;文化代表了人类群体的显著成就,包括它们在人造器物中的体现;文化的核心部分是传统的(及历史地获得和选择的)观念,尤其是它们所带的价值;文化体系一方面可以看作是活动的产物,另一方面则是进一步活动的决定因素。"[③]

1983 年,马文·哈里斯说:"文化是社会成员通过学习从社会上获得的传统和生活方式,包括已成模式的、重复的思想方法,感情和动作(即行为)。"[④]

1988 年,科斯洛夫斯基说:"技术塑造着我们及我们的世界,同时它也被我们

---

① R.林顿.人格的文化背景[M].于闽梅,陈学晶,译.桂林:广西师范大学出版社,2006:30.
② R.林顿.人格的文化背景[M].于闽梅,陈学晶,译.桂林:广西师范大学出版社,2006:31.
③ 转引自:傅铿.文化:人类的镜子——西方文化理论导引[M].上海:上海人民出版社,1990:12.
④ 马文·哈里斯.文化人类学[M].李培茱,高地,译.北京:东方出版社,1988:6-7.

所思考、谈论。技术属于广义的人类文化。科学技术的发展是文化的发展，因为它是体现语言及社会行为的结果。科学与技术的发展必然以相应的社会文化发展作为条件和结果。”“人从人自身、从人们的相互关系以及从自然中创造出来的东西，就是文化，是有文化特征的世界。广义的文化概念包括全部由语言和符号构成的世界，也包括人在疏远自然中所‘体现’的世界。文化是一个民族在其生活空间——包括民族的历史和生命空间史——中的生活秩序及生命意义。在广义上，文化是社会的秩序、自我说明以及它和其他社会、文化的关系的有机体。一个社会的文化包括宪法、国家机构、风俗习惯、人的语言符号形式等，包括从口头流传下来的风俗到成文法、自由的艺术等各个秩序的形式。”“文化取决于荷载意义的符号。事物成了文化的载体，它们承载并传达文化的内容和文化的意义。这种意义也许远离事物本来的含义。”①

本书所采用的是广义的文化概念，基于对恩斯特·卡西尔、莱斯利·A.怀特、雷蒙·威廉斯文化概念及理论的提炼与整合。

1949 年，曾任美国人类学会会长的莱斯利·A.怀特出版了《文化的科学——人类与文明的研究》，明确提出要建立一门独立的文化科学，并提出了一个相当完整的理论框架，其基本观点是：

1. “科学是把握经验的活动”②，“精神是心性活动的过程”③。

2. “符号是一切人类行为和人类文明的基本单元”④，文化现象是由人类所专有的使用符号的能力所决定或导致的那些现象，例如思想、信念、语言、工具、器皿、

---

① 彼得·科斯洛夫斯基.后现代文化——技术发展的社会文化后果[M].毛怡红，译.北京：中央编译出版社，1999：11.

② 莱斯利·A.怀特.文化的科学——人类与文明的研究[M].沈原，黄克克，黄玲伊，译.济南：山东人民出版社，1988：3.

③ 莱斯利·A.怀特.文化的科学——人类与文明的研究[M].沈原，黄克克，黄玲伊，译.济南：山东人民出版社，1988：50.

④ 莱斯利·A.怀特.文化的科学——人类与文明的研究[M].沈原，黄克克，黄玲伊，译.济南：山东人民出版社，1988：22.

习俗、情感、制度等[1]。“全部文化或文明都依赖于符号。正是使用符号的能力使文化得以产生,也正是对符号的运用使文化延续成为可能。没有符号就不会有文化,人也只能是一种动物,而不是人类。”[2]根据这个基本观点,怀特给出了他的文化定义:“文化是以使用符号为基础的现象体系。它包括行动(行为规范)、客体(工具,由工具制造的事物)、观念(信仰和知识)以及情感(心态和价值)等。当人开始成为能用语言来表达并能使用符号的灵长目动物时,文化就开始存在了。……文化过程还是一个积累的过程,新的成分时时地汇入文化流程之中,增大了其总量。就文化有助于日益使人实现对自然力的控制和为人类生活提供更大的安全保障而言,它又是一个进步的过程。因此,文化是一个符号的、持续的、积累的和进步的过程。”[3]

3.“文化是一个组织起来的一体化系统。但我们可以在这个系统中划分出众多亚种或层面。基于我们的目的,我们将划分出三个文化亚系统,即技术系统、社会系统和思想意识系统。技术系统是由物质、机械、物理、化学诸手段,连同运用它们的技能共同构成的。借助于该系统,使作为一个动物种系的人与其自然环境联结起来。我们在这里发现有生产工具,维持生计的手段、筑居材料、攻防手段等。社会学的系统则是由表现于集体与个人行为规范之中的人际关系而构成的。在这个范畴中,我们发现有社会、亲缘、经济、伦理、政治、军事、教会、职业和专业、娱乐等系统。思想意识系统则由音节清晰的语言及其他符号形式所表达的思想、信念、知识等构成。神话与神学、传说、文学、哲学、科学、民间格言和常识性知识等,组成了这个范畴。”[4]

---

① 莱斯利・A.怀特.文化的科学——人类与文明的研究[M].沈原,黄克克,黄玲伊,译.济南:山东人民出版社,1988:15.

② 莱斯利・A.怀特.文化的科学——人类与文明的研究[M].沈原,黄克克,黄玲伊,译.济南:山东人民出版社,1988:33.

③ 莱斯利・A.怀特.文化的科学——人类与文明的研究[M].沈原,黄克克,黄玲伊,译.济南:山东人民出版社,1988:136－137.

④ 莱斯利・A.怀特.文化的科学——人类与文明的研究[M].沈原,黄克克,黄玲伊,译.济南:山东人民出版社,1988:351.(此处译文中“社会学的系统”应译为“社会系统”)

4. 在分析了上述三个文化亚系统之间的关系之后，怀特指出，三者中，“技术系统具有原始的和基本的重要性，全部人类生活和人类文化皆依赖于它。”“我们可以将文化系统视为三个层面的系列：技术层面处于底层，哲学层面则在顶层，居中的是社会学的层面。这些地位也表达了它们各自在文化进程中的作用。技术系统是基本的、原初的系统。社会系统是技术的功能，而哲学则表达技术力量，反映社会制度。技术力量因而是文化系统整体的决定力量。它决定社会系统的形态，并与社会系统一起决定着哲学的内涵与取向。”①

5. “宇宙、人类和文化，这一切事物都可根据物质与能量而予以解释。”“文化整体的功能发挥依赖或取决于可资利用的能量和将其付诸使用的方式。”“在文化系统中，至关重要的是对能量必须加以利用、引导和控制。这当然是由技术手段，由这种那种的工具来完成的。”②

6. “文化进化的基本规律：其他因素保持不变，文化随每年人均利用能量的增长而演进，或随将能量付诸运用的技术手段效率的增长而发展。两种因素当然可能同时增长。”③“在其他因素保持不变时，文化发展程度与所用工具的效率成正比例变化。”“文化进程中的发展与进步，是由借以利用能量并使之发挥作用的机械手段的改进，以及所使用能量的增长而引起的。但这并不意味着工具因素与能量因素具有同等的地位与重要性。能量因素是基本的、首要的因素；它是主要动力，是积极的动因。工具则不过是服务于这一力量的手段。”“所以，人们可以说，正是能量从根本上推动文化向前和向上发展。”④

1976 年，雷蒙・威廉斯在《关键词：文化与社会的词汇》中考察了“文化”在欧

---

① 莱斯利・A.怀特.文化的科学——人类与文明的研究[M].沈原，黄克克，黄玲伊，译.济南：山东人民出版社，1988：352 - 353.(此处译文中“社会学的层面”应译为“社会层面”)

② 莱斯利・A.怀特.文化的科学——人类与文明的研究[M].沈原，黄克克，黄玲伊，译.济南：山东人民出版社，1988：353 - 354.

③ 莱斯利・A.怀特.文化的科学——人类与文明的研究[M].沈原，黄克克，黄玲伊，译.济南：山东人民出版社，1988：355.

④ 莱斯利・A.怀特.文化的科学——人类与文明的研究[M].沈原，黄克克，黄玲伊，译.济南：山东人民出版社，1988：360 - 361.

洲语言中的词源和演变，给出了一个新的文化定义，指出“文化”一词实际上有三个基本意涵：“(一)独立抽象的名词——用来描述18世纪以来思想、精神与美学发展的一般过程；(二)独立的名词——不管在广义或是狭义方面，用来表示一种特殊的生活方式(关于一个民族、一个时期、一个群体或全体人类)，这是根据赫尔德与克莱姆的论点而来，但是我们也必须了解第三类；(三)独立抽象的名词——用来描述关于知性的作品与活动，尤其是艺术方面的。这通常似乎是现在最普遍的用法：culture是指音乐、文学、绘画与雕刻、戏剧与电影。‘文化部’(Ministry of Culture)负责推动这些特别的活动，有时候会加上哲学、学术、历史。”①对文化的这种理解为“文化研究”所普遍采用。到20世纪末，这种意义上的文化已成为“文化研究”教科书中的规范概念，例如阿雷恩·鲍尔德温《文化研究导论》(*Introducing Cultural Studies*，Prentice Hall，1999)中的表述：“除了自然科学之外，‘文化’这一术语主要在三个相对独特的意义上被使用：艺术及艺术活动(文化意义之一)；习得的，首先是一种特殊生活方式的符号的特质(文化意义之二)；作为发展过程的文化(文化意义之三)。”②“……文化的三种意义，常常从不同的角度得到研究。由此，作为艺术或智力活动的文化(第一种意义上的文化)，通常成为人文学者的研究领域。人类学家或社会学家考察的则是作为生活方式的文化(第二种意义上的文化)；而发展意义上的文化(第三种意义上的文化)也许是运用历史文献和历史方法的历史学家的研究领域。”③

在看过怀特和威廉斯的文化定义与文化理论之后，我们有必要回顾德国哲学家恩斯特·卡西尔关于人与文化的观点，它们主要集中在他的论著《符号形式的哲学》(3卷，1923—1929)、《文化科学的逻辑》(1942)和《人论：人类文化哲学导引》

① 雷蒙，威廉斯.关键词：文化与社会的词汇[M].刘建基，译，北京：生活·读书·新知三联书店，2005：106.

② 阿雷恩·鲍尔德温，布莱恩·朗赫斯特，斯考特·麦克拉肯，等.文化研究导论(修订版)[M].陶东风，和磊，王瑾，等，译.北京：高等教育出版社，2004：4.

③ 阿雷恩·鲍尔德温，布莱恩·朗赫斯特，斯考特·麦克拉肯，等.文化研究导论(修订版)[M].陶东风，和磊，王瑾，等，译.北京：高等教育出版社，2004：8.

(1944)中。《人论:人类文化哲学导引》是卡西尔的最后一部著作,通常被认为是《符号形式的哲学》一书的提要,但也包含了他对人与文化问题的进一步思考。亚里士多德(Aristotle,公元前384—公元前322)曾把人的本性概括为三个方面,即:"求知是人类的本性"[①],人是理性的动物,"人类在本性上,也正是一个政治动物。"[②]针对亚里士多德"人是理性的动物"的说法,在列举了各种文化形式之后,卡西尔明确指出:"对于理解人类文化生活形式的丰富性和多样性来说,理性是个很不充分的名称。但是,所有这些文化形式都是符号形式。因此,我们应当把人定义为符号的动物(animal symbolicum)来取代把人定义为理性的动物。只有这样,我们才能指明人的独特之处,也才能理解对人开放的新路——通向文化之路。"[③]注意到"符号""技术""能量"是怀特文化科学中占据首要位置的三个关键词,而怀特关于"符号是一切人类行为和人类文明的基本单元"[④]的观点,已经十分清楚地出现在卡西尔的著作中;我们还注意到,"活动""积累和进步""过程"是怀特文化科学中处于第二级位置的三个关键词,而所谓"积累和进步",其实就是人类创造性活动的产品及其体现在人类生活方式中的相应形态,而"积累和进步"本身又自然成为一个发展过程。同样的思想,在《人论:人类文化哲学导引》的结尾表述得相当清楚:"作为一个整体的人类文化,可以被称之为人不断自我解放的历程。语言、艺术、宗教、科学,是这一历程中的不同阶段。在所有这些阶段中,人都发现并且证实了一种新的力量——建设一个人自己的世界、一个'理想'世界的力量。"[⑤]不难看出,这与稍晚的怀特的表述高度一致,与更晚的威廉斯所说的文化是人类的创造活动及其产品、文化是一个发展过程的基本观点同样高度一致。因此我们可以得出这样的结论:卡西尔的文化哲学可以看作怀特与威廉斯文化理论的先导,或者说,

① 亚里士多德.形而上学[M].吴寿彭,译.北京:商务印书馆,1995:1.

② 亚里士多德.政治学[M].吴寿彭,译.北京:商务印书馆,1983:7.

③ 恩斯特·卡西尔.人论:人类文化哲学导引[M].甘阳,译.上海:上海译文出版社,1985:34.

④ 莱斯利·A.怀特.文化的科学——人类与文明的研究[M].沈原,黄克克,黄玲伊,译.济南:山东人民出版社,1988:22.

⑤ 恩斯特·卡西尔.人论:人类文化哲学导引[M].甘阳,译.上海:上海译文出版社,1985:288.

怀特与威廉斯继承和发展了卡西尔的理论。纵观20世纪文化理论的发展，笔者认为，从卡西尔（1923—1944）到怀特（1949）再到威廉斯（1958—1976）这样一条线索，是文化理论中最深刻、最富有启发性的发展之一，至今仍具有十分重要的理论价值。

在上述文化定义中，有些已经包含了对文化某些基本特征的描写，例如，卡西尔和怀特都强调，文化以使用符号为基础。到20世纪后期，文化人类学中对文化特征较为流行的概括可以哈维兰的表述为例："通过对过去和现在许多文化的比较研究，人类学家达到对所有人类文化共享的基本特征的一种理解。小心谨慎地研究这些特征有助于我们看到文化本身的重要性和功能。"①他概括的文化特征包括：文化是共享的；文化是习得的；文化以符号为基础；文化是整合的。②

笔者也注意到法国学者皮埃尔·布尔迪厄（Pierre Bourdieu，1930—2002）在其文化社会学中所使用的概念和方法，例如习性、场域、资本等。"布尔迪厄不是通过形成一套严格限定的理论，而是通过系统地发展一种社会学方法，来实现这一目的。这一方法主要包括一种提出问题的方式，一套十分简明的概念工具，建构研究对象的程序以及将在一个研究领域中业已发现的知识转用到另一个领域的程序。"③布尔迪厄把他对文化的研究描述为提供一种群体发生理论。这种理论将解释行动者、群体，特别是家庭，如何创造并维护整体性，并因此使他们在社会秩序中的位置永久化或得到提升。"④他的概念和方法对于理解文化概念及其本质，对于进一步描述和讨论文化现象和有关的问题都是非常方便和富有启发性的。

0.2.2 若干有代表性的"数学"定义

在数学漫长的历史中，对"数学"这个概念有许多不同的理解和表述。进入20

---

① 威廉·A.哈维兰.文化人类学（第十版）[M].瞿铁鹏，张钰，译.上海：上海社会科学院出版社，2006：36.

② 威廉·A.哈维兰.文化人类学（第十版）[M].瞿铁鹏，张钰，译.上海：上海社会科学院出版社，2006：36－45.

③ 布迪厄，华康德.实践与反思：反思社会学导引[M].李猛，等，译.北京：中央编译出版社，1998：5.

④ 宫留记.资本：社会实践工具——布尔迪厄的资本理论[M].开封：河南大学出版社，2010：129.

世纪，由于数学家们在数学基础问题上发生了严重分歧，引发了数学哲学层面上的一系列讨论，从而使得"数学是什么"这个基本问题变得愈发复杂。为了避免过于繁琐和离题太远，本书既不打算正面涉及数学哲学问题，也不拟对数学的定义作全面的梳理，仅列举 20 世纪以来较为流行的一些数学定义，作为下文定义数学文化概念的基础。

恩格斯在《反杜林论》(1878)中写道："纯数学的对象是现实世界的空间形式和数量关系，所以是非常现实的材料。这些材料以极度抽象的形式出现，这只能在表面上掩盖它起源于外部世界的事实。但是，为了能够从纯粹的状态中研究这些形式和关系，必须使它们完全脱离自己的内容，把内容作为无关重要的东西放在一边"。[①] 恩格斯的观点在苏联和中国学术界长期占据主导地位，例如：

亚历山大洛夫等在其名著《数学——它的内容、方法和意义》中完整地引述了恩格斯《反杜林论》关于数学对象客观性的大段论述之后写道："数学的对象是现实界的这样一些形式和关系，这些形式和关系客观地具有与内容无关的性质，无关到这样的程度以致能够把它们完全从内容中抽象出来，并且能够在一般的形态中定义出来，达到这样的明确性和精确性，保持这样丰富的联系，以致成为理论的逻辑发展的根据。如果在一般说法的意义下也称这样一些关系和形式为量的关系和形式的话，那末可以简单地说，数学以纯粹形态的量的关系和形式作为自己的对象。"[②]在 1964 年版的《苏联哲学百科全书》"数学"条中，亚历山大洛夫写道："数学——关于与内容相脱离的形式和关系的科学。数学的最初和基本的对象是空间形式和数量关系。……除了空间形式和数量关系外，数学还研究其他的形式和关系，……数学不仅研究直接从现实中抽象出来的形式和关系，而且还研究在逻辑上各种可能的、在已知的形式和关系基础上定义出来的形式和关系。"[③]这些观点一

---

① 恩格斯.反杜林论[M].中共中央马克思恩格斯列宁斯大林著作编译局，译.北京：人民出版社，1970：35.

② 亚历山大洛夫，等.数学——它的内容、方法和意义(第一卷)[M].孙小礼，赵孟养，裘光明，严士健，译.北京：科学出版社，2001：69.

③ 林夏水.数学哲学译文集[M].北京：知识出版社，1986：3－4.

方面试图在一定程度上延续恩格斯的定义,一方面又受到20世纪数学基础研究中形式主义的影响。

吴文俊(1988):“数学是研究现实世界中数量关系和空间形式的,简单地说,是研究数和形的科学。”①

李大潜(2009):“数学是一门在相当广泛的意义下研究现实世界中的数量关系和空间形式的科学。数学发展的根本原动力,它最初的根源,不是来自它的内部,而是来自它的外部,来自客观实际的需要。而一旦形成了基本的概念和方法,单凭解决数学内部矛盾这一需求的推动,单凭抽象的数学思维,数学也可以大踏步地向前推进,而且得到的结论还往往可以成功地接受后来实践的检验,充分显示出数学的威力。因此,外部世界的驱动和内部矛盾的驱动是数学发展的两大动力,是相得益彰、互相促进的。”②

国家自然科学基金委员会、中国科学院编《未来10年中国科学发展战略·数学》:“数学是研究现实世界中的数量关系和空间形式的科学。”③

上述观点也体现在教育部2012年初颁布的《义务教育数学课程标准(2011年版)》中:“数学是研究数量关系和空间形式的科学。数学与人类发展和社会进步息息相关,随着现代信息技术的飞速发展,数学更加广泛应用于社会生产和日常生活的各个方面。数学作为对于客观现象抽象概括而逐渐形成的科学语言与工具,不仅是自然科学和技术科学的基础,而且在人文科学与社会科学中发挥着越来越大的作用。”④由于不再强调“现实世界”,这个定义比前述几个定义有所拓宽,但接下来的表述又突出强调了数学与现实世界的联系,对现代数学中大量存在的明显既非数又非形的数学对象,例如各种抽象结构,则难以涵盖。

---

① 吴文俊.数学[M]//中国大百科全书总编辑委员会.中国大百科全书·数学.北京:中国大百科全书出版社,1988:1.

② 李大潜.10000个科学难题·数学卷[M].北京:科学出版社,2009:iii.

③ 国家自然科学基金委员会,中国科学院.未来10年中国科学发展战略·数学[M].北京:科学出版社,2012:vii.

④ 中华人民共和国教育部.义务教育数学课程标准(2011年版)[S].北京:北京师范大学出版社,2012:1.

《普通高中数学课程标准(2017年版)》:"数学是研究数量关系和空间形式的一门科学。数学源于对现实世界的抽象,基于抽象结构,通过符号运算、形式推理、模型构建等,理解和表达现实世界中事物的本质、关系和规律。"简单来说,数学源于现实世界,应用于现实世界,这几乎完全等同于恩格斯的观点。①

《义务教育数学课程标准(2022年版)》相对于2011年版有较为明显的变化,更接近于2017年版高中数学课程标准的表述:"数学是研究数量关系和空间形式的科学。数学源于对现实世界的抽象,通过对数量和数量关系、图形和图形关系的抽象,得到数学的研究对象及其关系;基于抽象结构,通过对研究对象的符号运算、形式推理、模型构建等,形成数学的结论和方法,帮助人们认识、理解和表达现实世界的本质、关系和规律。数学不仅是运算和推理的工具,还是表达和交流的语言。数学承载着思想和文化,是人类文明的重要组成部分。数学是自然科学的重要基础,在社会科学中发挥着越来越重要的作用,数学的应用渗透到现代社会的各个方面,直接为社会创造价值,推动社会生产力的发展。随着大数据分析、人工智能的发展,数学研究与应用领域不断拓展。"②

上述定义在两个方面明显不适用于当代数学:

第一,认为数学是研究数量关系和空间形式的科学。当代数学中,既非数也非形的对象太多了,研究既非数也非形的对象而发展起来的数学理论也很多,而且成为当代数学的主干,例如:集合,各种代数结构(群,环,域等),各种抽象空间(函数空间,泛函空间),流形,数理逻辑。

第二,认为数学对象来自于现实世界,应用于现实世界。这个观点在古代就不完全正确,例如,无理数(更确切地说,不可通约量)来自数学的逻辑构造。离开数学的逻辑构造,现实中我们无法说任何一个具体的量是无理量,因为任何物理测量都只能近似到一定程度,这样获得的量都是有理量。复数来自解方程的需要,复变

① 中华人民共和国教育部.普通高中数学课程标准(2017年版)[S].北京:人民教育出版社,2018:1.
② 中华人民共和国教育部.义务教育数学课程标准(2022年版)[S].北京:北京师范大学出版社,2022:1.

函数更是数学内部构建的结果。其他如幻方、试证欧几里得第五公设导致非欧几何、探寻五次以上方程的根式解导出群的概念和理论、康托集合论(特别是超限基数)、数理逻辑,起初都与现实世界无关,而是源于数学自身需要的人为构建。

20世纪80年代以来,一些中国数学家和数学哲学家试图扩展上述定义,例如:

丁石孙(1988):"我们认为,从当今数学发展的现状与趋势来看,数学的研究对象是客观世界的和逻辑可能的数量关系和结构关系。……高斯(C.Gauss,1777—1855)曾说,数学是科学之王;数学史家比尔(Bell)在1951年曾作了重要补充:数学也是科学的奴仆和有用的工具。高斯和比尔的观点生动地揭示了数学研究对象的两重性:作为科学理论,数学的研究对象是各种各样的逻辑可能关系;而作为一门科学,数学的研究对象则是客观世界。"①

胡作玄(2002):"数学中最原始的对象是数与形。……数学作为一门模式科学,应该归入更广泛的符号和形式科学类。这一类似乎应该介于哲学类与具体科学,即自然科学与社会科学之间。它的姊妹学科包括一般符号学、语言学、逻辑学、方法学以及还未成型的一般系统学。"②

20世纪,在中国和苏联以外,关于"数学是什么"或者"数学的研究对象是什么"这样的问题,较为流行的观点大致可分为四类:

1. 基于数学的公理化特征的数学定义

19世纪20年代以后,由于双曲几何的建立和数学公理化运动的影响,文艺复兴时期以来认为数学是客观真理的观点逐渐为另一种观点所取代:数学只是关于其前提的真理。高斯就曾说过:"我们不该忘记,(复变)函数与其他所有的数学构造一样,只是我们自己的创造物,因此当我们由之开始的定义不再有意义的时候,

---

① 丁石孙.谈谈数学的研究对象问题[M]//孙小礼,楼格.人　自然　社会.北京:北京大学出版社,1988:8-19.

② 胡作玄.数学[M]//《数学辞海》编辑委员会.数学辞海(第1卷).合肥:中国科学技术出版社,南京:东南大学出版社,太原:山西教育出版社,2002:1.

我们就不应当再问它是什么，而应该问，如何作出合适的假设，使它继续有意义。”[①]菲利克斯·克莱因(F. Klein)也说：“一般说来，数学基本上是一种自我证明的科学。”[②]这种观点在20世纪前期(主要是1930年代之前)依然在数学界有很大影响。例如：

20世纪初，罗素(Bertrand Arthur William Russell，1872—1970)在《数学与形而上学者》中对数学作了这样的描述：“纯粹数学完全由这样一类论断组成，假定某个命题对某些事物成立，则可推出另外某个命题对同样这些事物也成立。这里既不管第一个命题是否确实成立，也不管使命题成立的那些事物究竟是什么，……只要我们的假定是关于一般的事物，而不是某些特殊的事物，那么我们的推理就构成为数学。这样，数学可以定义为这样一门学科，我们永远不知道其中所说的是什么，也不知道所说的内容是否正确。”[③]

随后，罗素进一步认为，数学就是逻辑。这就是数学基础研究中逻辑主义的观点。1901—1903年，罗素与怀特海(A. N. Whitehead)合作撰写了著名的《数学原理》，他后来回忆道：“《数学原理》的主要目的是说明整个纯粹数学是从纯乎是逻辑的前提推出来的，并且只使用以逻辑术语说明的概念。”[④]

1930年，罗素更直接地表达了上述观点：“在历史上数学和逻辑是两门完全不同的学科：数学与科学有关，逻辑与希腊文有关。但是二者在近代都有很大的发展：逻辑更数学化，数学更逻辑化，结果在二者之间完全不能划出一条界限；事实上二者也确实是一门学科。它们的不同就像儿童与成人的不同：逻辑是数学的少年时代，数学是逻辑的成人时代。……许多现代的数学研究显然是在逻辑的边缘上，许多现代的逻辑研究是符号的，形式的，以致对于每一个受过训练的研究者来说，逻辑和数学的非常密切的关系极其明显。二者等同的证明自然是一件很细致的工

---

① M.克莱因.数学：确定性的丧失[M].李宏魁，译，长沙：湖南科学技术出版社，1997：81.
② R.E.莫里兹.数学方法论丛书：数学家言行录[M]//朱剑英，编译.南京：江苏教育出版社，1990：4.
③ 李文林.数学的进化——东西方数学史比较研究[M].北京：科学出版社，2005：195.
④ 罗素.我的哲学的发展[M].温锡增，译.北京：商务印书馆，1982：65.

作:从普遍承认属于逻辑的前提出发,借助演绎达到显然地属于数学的结果,在这些结果中我们发现没有地方可以划一条明确的界限,使逻辑与数学分居左右两边。如果还有人不承认逻辑与数学等同,我们要向他们挑战,请他们在《数学原理》的一串定义和推演中指出哪一点他们认为是逻辑的终点,数学的起点。很显然,任何回答都将是随意的,毫无根据的。"①

从数学的公理化特征出发但又与逻辑主义观点不同的另一种基本观点是形式主义。哈斯科尔·柯里在《数学的定义和本性述评》(1939)一文中作了如下概括:"按照形式主义,数学的中心概念是形式系统的概念。定义这样一种系统的是一组约定,我将称它为这系统的原始框架,它指出下面几点:第一,被称为项的理论对象应是什么;第二,被称为基本命题的那些命题可以如何陈述这些项,即我们将把哪些谓词(类、关系等)当作基本谓词;第三,这些基本命题中哪些为真。这些约定中的第一和第三组实质上是一些递归定义;我们并不说明那些项的终极本性是什么,而只是给出一连串原始项或记号(token),以及一些算子和用来构造所有项的形成规则;同样,我们从一连串称为公理的基本命题出发,这些命题根据定义为真,然后给出用来推导更多基本定理的程序规则。于是一个基本命题的证明就只是表明它满足基本定理的递归定义。"②"于是数学的形式主义定义就是:数学是一门研究形式系统的科学。数学命题是某一形式系统或系统集的基本命题或元理论命题。对每一个不涉及系统之外的考虑的命题,我们有一个客观的真值判据,因为我们可以客观地检查提出的证明;但是一个命题可能是不确定的,因为我们没有一个判定方法。"③

上述观点曾引起许多争议,但又以某种适当调整或扩展的形式为一些数学家所接受,例如前文所引亚历山大洛夫的观点。

2. 数学是关于结构的科学

20 世纪 30 年代,法国布尔巴基学派认为数学是关于结构的科学,并明确地以

---

① 罗素.数理哲学导论[M].晏成书,译.北京:商务印书馆,1982:182.
② 贝纳塞拉夫,普特南.数学哲学[M].朱水林,等,译.北京:商务印书馆,2003:234.
③ 贝纳塞拉夫,普特南.数学哲学[M].朱水林,等,译.北京:商务印书馆,2003:236.

这样的观念从事数学研究。这种观点在他们写于 1948 年的一篇文章中表现得尤为突出："从公理的观点看来，数学就表现为抽象形式——数学结构的仓库；而且也出现——我们不知道为什么——经验的现实本身适合这些形式就好像预先定做的一样。自然，不可否认，这些形式中大多数原先具有非常确定的直观内容；但是正是通过小心地扔掉这个内容，才有可能赋予这些形式以它们所能显示的威力，并且使得自身易于接受新的解释并发挥出它们全部的威力。"①这种观点在 20 世纪有相当大的影响，例如格雷格森(Erik Gregersen，2011)："数学是结构、秩序和关系的科学，由计数、度量以及描述物体形状的基本实践发展而来。它涉及逻辑推理和定量计算，其发展与其主题理想化和抽象化水平的不断提高密切相关。"②

3. 数学是关于模式和秩序的科学

1939 年，怀特海在题为"数学与善"的演讲中提出："数学现在就变为对各种类型的模式进行理智的分析。""模式具有重要性的看法和文明一样古老。每一种艺术都奠基于模式的研究。社会组织的结合力也依赖于行为模式的保持；文明的进步也侥幸地依赖于这些行为模式的变更。""数学对于理解模式和分析模式之间的关系，是最强有力的技术。""这种推广了的数学的本质就是，研究相关模式的最显著的实例，而应用数学则是将这种研究转移到实现这些模式的其他实例上。""数学的本质特征就是，在从模式化的个体作抽象的过程中对模式进行研究。"③

上述观点在较长时间里被忽略，但在 20 世纪 80 年代，它以一种强化的形式重新出现并产生广泛影响。例如，美国国家研究委员会："数学是关于模式和秩序的科学。""实际上，数学是模式和秩序的科学，数学的领域不是分子或细胞，而是数、机会、形状、算法和变化。作为研究抽象对象的科学，数学依靠逻辑而不是观测结

① 布尔巴基.数学的建筑[M].胡作玄，译.//中国科学院自然科学史研究所数学史组，中国科学院数学研究所数学史组.数学史译文集续集.上海：上海科学技术出版社，1985：25.

② Erik Gregersen (ed.), The Britannica guide to the history of mathematics [M]. Britannica Educational Publishing, New York, 2011: 21.

③ 林夏水.数学哲学译文集[M].北京：知识出版社，1986：350 - 352.

果作为其真理标准,但数学也使用观测、模拟甚至实验作为发现真理的手段。"①"数学科学是集严密性、逻辑性、精确性和创造力与想象力于一身的一门科学。这个领域已被称作模式的科学(science of patterns)。其目的是要揭示人们从自然界和数学本身的抽象世界中所观察到的结构和对称性。无论是由于探讨心脏中血液流动这种实际的问题,还是由于探讨数论中各种形态抽象的问题的推动,数学科学家都力图寻找各种模型来描述它们,把它们联系起来,并从它们作出各种推断。部分地说,数学探讨的目的是追求简单性,力求从各种模型提炼出它们的本质。"②

哈里·亨德森在一本数学普及读物中的表述更加简明:"数学的本质是寻求观察世界的模式,并发展一套工具来让人们更好地发现和创造新的模式。"③

4. 同时强调数学的现实背景与内部来源及标准的观点或数学定义

持这种观点的同样有一些十分重要的数学家,其中之一是20世纪最大的数学家之一冯·诺依曼,他在"数学家"一文中写道:

"在数学的本质中存在着十分特殊的二重性,必须认识它、接受它,并且把它吸收到这门学科的思想中来。这两个方面正是数学的本来面目,而且,我不相信如果不牺牲事物本质的话,会有什么简单化的、单一的观点。"④

"无可否认,数学上某些最了不起的灵感,那些想象之中纯得不能再纯的数学部门中的最好的灵感,全部来源于自然科学。"⑤

"对任何数学家来说,很难相信数学是纯粹的经验科学或者全部数学思想都来

---

① 美国国家研究委员会.人人关心数学教育的未来[M].方企勤,叶其孝,丘维声,译.北京:世界图书出版公司,1993:32.

② 美国国家研究委员会.振兴美国数学——90年代的计划[M].叶其孝,等,译.北京:世界图书出版公司,1993:40.

③ 哈里·亨德森.数学——描绘自然与社会的有力模式[M].王正科,赵华,译.上海:上海科学技术文献出版社,2008:内容简介,1.

④ 中国科学院自然科学史研究所数学史组,中国科学院数学研究所数学史组.数学史译文集[M].上海:上海科学技术出版社,1981:117.

⑤ 中国科学院自然科学史研究所数学史组,中国科学院数学研究所数学史组.数学史译文集[M].上海:上海科学技术出版社,1981:118.

源于经验题材。让我们首先考虑这句话的前半句。在现代数学中，有许多重要部分都难以查明其经验来源，或者即便能够查明，那么其关系也是如此间接，以致数学题材脱离经验之根后，显然又经历了复杂的变形。”①“数学思想来源于经验，我想这一点是比较接近真理的，……虽然经验和数学思想之间的宗谱，有时既长又不明显。但是，数学思想一旦这样被构思出来，这门学科就开始经历它本身所特有的生命，把它比作创造性的、受几乎一切审美因素支配的学科，就比把它比作别的事物特别是经验科学要更好一些。”②

与冯·诺依曼的观点类似，柯朗和罗宾斯在《数学是什么?》(1941)中写道:“数学，作为人类思维的表达形式，反映了人们积极进取的意志、缜密周详的推理以及对完美境界的追求。它的基本要素是:逻辑和直观、分析和构作、一般性和个别性。虽然不同的传统可以强调不同的侧面，然而正是这些互相对立的力量的相互作用以及它们综合起来的努力才构成了数学科学的生命、用途和它崇高的价值。”③

同样的观点也出现在美国科学院国家研究理事会《2025 年的数学科学》(2013)中:“数学科学旨在通过对抽象结构进行形式化的符号推理和计算来认识世界。一方面，数学科学发掘和理解抽象结构之间的深层关系;另一方面，通过对抽象结构建模、基于抽象结构进行推理或利用它们作为计算框架捕捉世界的某些特征，然后再重新回到对世界的预测，这通常是一个反复的过程;还有一个方面，数学科学使用抽象推理和结构基于数据对世界进行推理。”④

0.2.3 数学文化学及相关研究

从笔者所见文献看，目前学术界关于数学文化学的研究大体上可以分为三个

---

① 中国科学院自然科学史研究所数学史组，中国科学院数学研究所数学史组.数学史译文集[M].上海:上海科学技术出版社，1981:121.

② 中国科学院自然科学史研究所数学史组，中国科学院数学研究所数学史组.数学史译文集[M].上海:上海科学技术出版社，1981:123.

③ 柯朗，罗宾斯.数学是什么? [M].左平，张饴慈，译.北京:科学出版社，1985:1.

④ 美国科学院国家研究理事会.2025 年的数学科学[M].刘小平，李泽霞，译，北京:科学出版社，2014:43.

主要流派:基于数学史和数学哲学的实证研究;基于数学史和一般文化学的思辨研究;基于数学哲学和数学社会学的思辨研究。[①] 此外,20 世纪 80 年代以来,基于文化研究的理论和方法的数学史研究也取得了一些重要进展。

0.2.3.1 基于数学史和数学哲学的实证研究

这一流派以莫里斯·克莱因(Morris Kline,1908—1992)为主要代表。克莱因是美国应用数学家、数学教育家、数学史家和数学哲学家。他的《古今数学思想》(*Mathematical Thought from Ancient to Modern Times*,1972)、《数学:确定性的丧失》(*Mathematics:The Loss of Certainty*,1980)都颇有影响。克莱因在数学文化方面有三部主要著作:《西方文化中的数学》(*Mathematics in Western Culture*,1953),《从文化角度看数学》(*Mathematics,A Cultural Approach*,1962),《数学与知识的探求》(*Mathematics and the Search for Knowledge*,1986)。他主编的文集《现代世界中的数学》(*Mathematics in the Modern World*,1968)同样体现了他的数学文化理念。[②] 尽管在 M.康托尔之后到 20 世纪中叶,欧美陆续有学者论及这一话题,一些数学家(尤其是一些大数学家如冯·诺依曼等)出于向公众普及数学的目的,论述了数学对科学和社会的推动作用,一些数学史著作中也会提供某些重要数学工作的社会背景,但除了下文将要提到的雷蒙·怀尔德以外,没有其他人像克莱因那样较为系统、深入、持久地研究数学与各种文化和社会因素的相互作用,特别是数学对西方文化的形成和发展的深刻影响。克莱因的工作可以称为"实证研究"或"归纳研究",在上述三部数学文化论著中,他提供了大量具体案例,论述数学发展的社会文化背景以及数学对人类文化各主要方面产生的重要影响,"考察数学思想如何影响了直到 20 世纪的人类生活和思想"[③],"目的是为了阐明这样一个观点:在西方文明中,数学一直是一种主要的文化力量"[④]。在这样的论述中,数学文

---

① 刘洁民.数学文化:是什么和为什么[J].数学通报,2010(11):11.

② 刘洁民.数学文化:是什么和为什么[J].数学通报,2010(11):11.

③ M.克莱因.西方文化中的数学[M].张祖贵,译.上海:复旦大学出版社,2004:vii.

④ M.克莱因.西方文化中的数学[M].张祖贵,译.上海:复旦大学出版社,2004:vi.

化的特征和价值都得到充分的展现。

克莱因的工作形成了数学文化研究的一种风格乃至一种传统，20 世纪下半叶尤其是 90 年代以来，西方一些学者沿着他开辟的方向展开研究，出版了多部专著，其中不乏精彩的案例和精辟的见解，已译为中文且较有代表性的有：

塞路蒙·波克纳的《数学在科学起源中的作用》，[①]主要通过对物理学史典型案例的分析，论述“数学在知识的起源和智力的开发中的作用”，“以及数学无处不在的普遍性和重要性”[②]。与莫里斯·克莱因相似，作者高度强调了数学在西方文明形成与发展中的重要作用，认为它至少与西方文明中的其他基本要素具有等同的地位：“无论数学的出现多么神秘，数学确实是最先出现的理性知识，这是整个西方文明的一个有意义的特性。数学方面的早期成就，至少像其他领域，如建筑学，视觉艺术或音乐艺术，贸易和航海，诗歌，以及宗教和道德等领域的早期成就同样令人惊叹不已。”[③]他也同样关注到数学与各种文化要素的相互影响：“数学常常与天文学、物理学，以及自然科学的其他分支联系在一起，并且相互影响，数学也与人文科学有根深蒂固的密切联系。……数学知识通常被认为具有很高的精确程度，它受人类智慧的影响，无论这种影响来源的文化背景和目的怎样。有人可能会说，过去的文化背景明显影响了数学的发展。”[④]

侯世达(Douglas Hofstadter)的《哥德尔、艾舍尔、巴赫——集异璧之大成》揭示了数理逻辑、绘画、音乐等领域之间深刻的共同规律。哥德尔(K. Gödel，1906—1978，奥地利-美国)是 20 世纪最伟大的数学家之一，也是自亚里士多德、莱布尼茨(Gottfried Wilhelm Leibniz，1646—1716)以来最伟大的逻辑学家，艾舍尔(M.C. Escher，1898—1972，荷兰)是 20 世纪杰出画家，巴赫(J. S. Bach，1685—1750，德

---

① S. Bochner. Role of mathematics in the rise of science. Princeton，N. J.：Princeton University Press. 1966.书名更恰当的翻译是《数学在科学兴起中的作用》.

② 塞路蒙·波克纳.数学在科学起源中的作用[M].李家良，译.长沙：湖南教育出版社，1992：1.

③ 塞路蒙·波克纳.数学在科学起源中的作用[M].李家良，译.长沙：湖南教育出版社，1992：8－9.

④ 塞路蒙·波克纳.数学在科学起源中的作用[M].李家良，译.长沙：湖南教育出版社，1992：146.

国)是最负盛名的古典音乐大师。[①] 侯世达写道:“我设法把哥德尔、艾舍尔、巴赫这三块稀世之宝嵌为一体,集异璧之大成。开始时我打算写一篇以哥德尔定理为核心的文章。我当时以为它仅仅会是一本小册子。可是我的想法像球面一样扩展开来,不久就触及了巴赫和艾舍尔。我花了一些时间去想如何把这一联系写清楚,而不仅仅是让它作为我自己写这本书的推动力。但是最后,我认识到,对我来说,哥德尔、艾舍尔和巴赫只是某个奇妙的统一体在不同方向上的投影。我试图揭示这块在我奇异的收集过程中所发现的瑰璧,结果产生了这本书。”[②]1979 年,这本书一出版就引起轰动,1980 年获得普利策文学奖。

约翰·巴罗的《天空中的圆周率——计算、思维及存在》,作者一方面想探究影响和推动数学发展的文化机制,另一方面则力图阐明数学对人类文化的广泛而深刻的影响。他写道:“我的想法是,首先从寻找人类各种最古老的计数方法及其起源出发,了解数学的萌芽、发展并发掘隐藏在这些现象背后的原因。数学是同时而独立地产生于各种文化之中,还是通过语言的传媒,在贸易和商业的推动下有一种文化传播到另一种文化的结果?”“数学已经以某种神秘的方式证明了自己是人类认识世界的最可靠的向导。人类生活在这样的世界里并且自己也是其中的一部分。数学发挥自身的功能,同时人类不断把对世界的理解归纳为数学定理。从根本上看,人类在认识客观世界的过程中都会发现数学真理的存在。”“如果不充分相信数学的可靠性,任何解释世界万物的理论都无法发展。我们有理由相信,不论是包罗万象的理论还是特定的理论,它们都是一种数学的理论。如果对数学的意义及其可能存在的局限缺乏深刻了解,我们的研究就有可能成为空中楼阁。”[③]

理查德·帕多万的《比例——科学·哲学·建筑》,作者回顾了从古希腊直到 20 世纪两千多年中,比例概念和方法以及各个时代的数学观念对西方建筑设计思

---

① 刘兼.21 世纪中国数学教育展望(第二辑)[M].北京:北京师范大学出版社,1995:202.

② 侯世达.哥德尔、艾舍尔、巴赫——集异璧之大成[M].郭维德,等,译.北京:商务印书馆,1996:38.

③ 约翰·巴罗.天空中的圆周率——计算、思维及存在[M].苗华建,译.北京:中国对外翻译出版公司,2000:5-6.

想的影响，认为在艺术领域如同在科学领域一样，理解的关键在于数学法则。[①]

弗拉第米尔·塔西奇的《后现代思想的数学根源》，考察了从笛卡尔直到20世纪后期数学与哲学的相互影响，特别是19世纪后期以来的数学基础研究中的哲学思考，"希望从数学的观点来考察重构后现代思想某些重要方面的可能性，特别是其众所周知的'后结构主义'与'解构'的理论方面。"[②]

其他较有代表性的有：Dan Pedoe 的 *Geometry and the Liberal Arts* (St. Martin's Press, Inc., New York, 1976)，G. Assayag 等编 *Mathematics and Music: A Diderot Mathematical Forum* (Springer-Verlag, Berlin Heidelberg, 2002)，Audun Holme 的 *Geometry: Our Cultural Heritage* (Springer-Verlag Berlin Heidelberg, 2002)，B. Booβ-Bavnbek 和 J. Hφyrup 编 *Mathematics and War* (Birkhauser Verlag, Basel · Boston · Berlin, 2004)，Rudolf Taschner 的 *Numbers at Work: A Cultural Perspective* (Translated by Otmar Binder and David Sinclair-Jones, A K Peters, Ltd., Natick, 2007)等。

自1998年开始，由美国陶森大学(Towson University)数学教授礼萨·萨尔汉吉(Reza Sarhangi, 1952—2016)发起成立的 The Bridges Organization(桥组织)每年举行一次学术年会，最初的主题是"数学与美术、音乐、科学的联系"，后来调整为"数学·美术·音乐·建筑·教育·文化"，与会者来自世界各地，会议先后由多个国家(美国、西班牙、加拿大、英国、荷兰、匈牙利、葡萄牙、韩国、芬兰、瑞典、奥地利等)的不同大学主办，到2021年已经举行了24次年会，每次会议都会形成一部论文集，这些论文既有对数学文化的理论研究，也有对在中小学开展数学文化教育的研究和实践探索。经过20多年努力，他们的研究积累了丰富的成果并产生了越来越广泛的影响。[③]

---

① 理查德·帕多万.国外建筑理论译丛：比例——科学·哲学·建筑[M].周玉鹏，刘耀辉，译.北京：中国建筑工业出版社，2005.

② 弗拉第米尔·塔西奇.后现代思想的数学根源[M].蔡仲，戴建平，译.上海：复旦大学出版社，2005：2.

③ https://www.bridgesmathart.org

此外，从2004年开始，意大利学者米歇尔·埃默(Michele Emmer)每年编辑出版一卷《数学与文化》(*Mathematics and Culture*)丛刊，其专题有：数学(总论)，数学与历史，数学与经济学，数学、艺术和美学，数学、艺术和建筑学，视觉数学和计算机图学，数学与电影，数学中心，数学与文学，数学和诗，数学和喜剧，数学和密码，数学与技术，数学与音乐，数学与医学，数学和想象，数学和神秘主义等。

1989年，张祖贵发表《论莫里斯·克莱因的数学哲学思想》①一文，其中介绍了克莱因的数学文化研究。其后，邓东皋、孙小礼、张祖贵合编了文献汇编《数学与文化》②，齐民友、张祖贵相继出版了《数学与文化》③《数学与人类文化发展》④两部专著。张祖贵在《数学与人类文化发展》中从文化角度对中国传统数学的特点和意义做了讨论。齐民友《数学与文化》是丁石孙主编的"数学·我们·数学"丛书中的一种，丛书中还包括胡作玄《数学与社会》、丁石孙、张祖贵《数学与教育》、徐利治、王前《数学与思维》、张景中《数学与哲学》、史树中《数学与经济》、汪浩《数学与军事》、冯志伟《数学与语言》、张楚廷《数学与创造》，这应该可以算作国内第一套数学文化类丛书。在《数学与文化》中，齐民友考察了从欧几里得几何到非欧几何的发展历程及其文化意义，由这一线索引申到关于数学对人类文化影响的一般结论，在注意到数学对人类物质文化重要影响的同时，概括了数学对人类精神文化影响的主要方面及其特征："首先，它追求一种完全确定、完全可靠的知识"⑤，"数学作为人类文化组成部分的另一个特点是它不断追求最简单的、最深层次的、超出人类感官所及的宇宙的根本。所有这些研究都是在极抽象的形式下进行的"⑥，"数学的再一个特点是它不仅研究宇宙的规律，而且也研究它自己。在发挥自己力量的同时又研究自己的局限性，从不担心否定自己，而是不断反思、不断批判自己，并且以此开

---

① 张祖贵.论莫里斯·克莱因的数学哲学思想[J].自然辩证法通讯，1989(6)：11－21.
② 邓东皋，孙小礼，张祖贵.数学与文化[M].北京：北京大学出版社，1990.
③ 齐民友.数学与文化[M].长沙：湖南教育出版社，1991.
④ 张祖贵.数学与人类文化发展[M].广州：广东教育出版社，1995.
⑤ 齐民友.数学与文化[M].长沙：湖南教育出版社，1991：4.
⑥ 齐民友.数学与文化[M].长沙：湖南教育出版社，1991：4.

辟自己前进的道路"[①],"数学深刻地影响人类精神生活,可以概括为一句话,就是它大大地促进了人的思想解放,提高与丰富了人类的整个精神水平。从这个意义上说,数学使人成为更完全、更丰富、更有力量的人"[②],"数学作为文化的一部分,其最根本的特征是它表达了一种探索精神"[③]。书中反复强调的一个观点给人们留下了深刻印象:"一种没有相当发达的数学的文化是注定要衰落的,一个不掌握数学作为一种文化的民族也是注定要衰落的。"[④]该书绪言中对数学文化的性质和意义作了精彩论述,不仅在数学界和数学史界获得高度评价,还被收入高中语文教科书。稍晚,齐民友又完成了《世纪之交话数学》[⑤],以 20 世纪数学的重要思想和典型成果为例进一步探讨数学与文化的关系特别是数学在今日世界的重要作用。

从 2004 年起,汪宇主编的"西方数学文化理念传播译丛"(复旦大学出版社)陆续出版,其中包括了 M.克莱因的《西方文化中的数学》(张祖贵,译,2004)、《数学与知识的探求》(刘志勇,译,2005)、R.柯朗和 H.罗宾《什么是数学(增订版)》(左平、张饴慈,译,2005)、弗拉第米尔·塔西奇《后现代思想的数学根源》(汪宇,译,2005)、卡尔·B.波耶《微积分概念发展史》(唐生,译,2007)、伊雷姆·拉卡托斯《证明与反驳:数学发现的逻辑》(方刚、兰钊,译,2007)、F.克莱因《高观点下的初等数学》(3 卷,舒湘芹、陈义章、杨钦樑,译,2008)、斯图尔特·夏皮罗《数学哲学》(郝兆宽、杨睿之,译,2009)、哈尔·赫尔曼《数学恩仇录》(范伟,译,2009)等。随着克莱因的两部数学文化论著《西方文化中的数学》[⑥] 《数学与知识的探求》[⑦]和多部明显具有克莱因风格的西方学者数学文化著作的翻译出版,以及国内学者一批内容丰富、案例精彩的同类论著的出版,使得克莱因及其流派的数学文化观点和成果在

① 齐民友.数学与文化[M].长沙:湖南教育出版社,1991:6.
② 齐民友.数学与文化[M].长沙:湖南教育出版社,1991:8.
③ 齐民友.数学与文化[M].长沙:湖南教育出版社,1991:12.
④ 齐民友.数学与文化[M].长沙:湖南教育出版社,1991:12 - 13.
⑤ 齐民友.世纪之交话数学[M].武汉:湖北教育出版社,2000.
⑥ M.克莱因.西方文化中的数学[M].张祖贵,译.上海:复旦大学出版社,2004.
⑦ M.克莱因.数学与知识的探求[M].刘志勇,译.上海:复旦大学出版社,2005.

中国影响极大，明显居于主导地位。[①]

另一套同样影响巨大的丛书是严加安、季理真主编的“数学概览”(高等教育出版社)，其中包括F.克莱因《Klein数学讲座》(2013)、J.E.李特尔伍德《Littlewood数学随笔集》(2014)、D.希尔伯特和S.康福森《直观几何》(上下册，2013)、阿诺尔德《惠更斯与巴罗，牛顿与胡克：数学分析与突变理论的起步，从渐伸线到准晶体》(2013)、M.吉卡《生命·艺术·几何》(2014)、P.-S.拉普拉斯《关于概率的哲学随笔》(2013)、I.R.沙法列维奇《代数基本概念》(2014)、W.布拉施克《圆与球》(2015)、J.R.纽曼《数学的世界》(Ⅰ～Ⅵ，2015—2018)、I.M.亚格洛姆《对称的观念在19世纪的演变：Klein和Lie》(2016)、J.迪厄多内《泛函分析史》(2016)、J.米尔诺《Milnor眼中的数学和数学家》(2017)、D.J.斯特洛伊克《数学简史》(2018)、H.拉德马赫、O.特普利茨《数学欣赏：论数与形》(2017)、高木贞治《数学杂谈》(2018)、R.朗兰兹《Langlands纲领和他的数学世界》(2018)、M.卡茨、S.M.乌拉姆《数学与逻辑》(2020)、M.格罗莫夫《Gromov的数学世界》(2020)、高木贞治《近世数学史谈》(2020)等。这套书的内容包括了数学经典著作选编、数学史、数学家通俗演讲、数学随笔、数学家传记和回忆录，体现了数学家对作为一种文化的数学的理解和感悟，凸显了数学文化的现场感和过程性，无论是作为数学文本还是作为数学文化文本都是难得的好书。

在原创的数学文化类论著中，丘成桐、杨乐、季理真主编的“数学与人文丛书”颇为引人注目。该丛书前身是丘成桐、刘克峰、季理真主编的“数学与数学人丛书”，共出版4辑，分别是《纪念陈省身先生文集》(2005)、《丘成桐的数学人生》(2006)、《数学与生活》(2007)、《与数学大师面对面》(2007)。2010年改为“数学与人文丛书”后，到2021年已出版31辑，包括《数学与人文》(2010)、《传奇数学家华罗庚》(2010)、《陈省身与几何学的发展》(2011)、《女性与数学》(2011)、《数学与教育》(2011)、《数学无处不在》(2012)、《魅力数学》(2012)、《数学与求学》(2012)、《回望数学》(2013)、《数学前沿》(2013)、《好的数学》(2013)、《百年数学》(2014)、《数学

---

① 刘洁民.数学文化：是什么和为什么[J].数学通报，2010(11)：11.

与对称》(2014)、《数学与科学》(2014)、《与数学大师面对面》(2015)、《数学与生活》(2015)、《数学的艺术》(2015)、《数学的应用》(2015)、《丘成桐的数学人生》(2016)、《数学的教与学》(2016)、《数学百草园》(2017)、《数学竞赛和数学研究》(2017)、《数学群星璀璨》(2018)、《改革开放前后的中外数学交流》(2018)、《百年广义相对论》(2018)、《霍金与黑洞探索》(2019)、《卡拉比与丘成桐》(2019)、《数学游戏和数学谜题》(2019)、《数学飞鸟》(2020)、《数学随想》(2020)、《数学与物理》(2021)。丘成桐在丛书序言中写道:"'数学与人文'是一套国际化的科学普及丛书,我们将邀请当代一流的中外科学家谈他们的研究经历和成功经验。活跃在研究前沿的数学家们将会用轻松的文笔,通俗地介绍数学各领域激动人心的最新进展、某个数学专题精彩曲折的发展历史以及数学在现代科学技术中的广泛应用。"[①]可以说,该丛书集中体现了以丘成桐为代表的一批杰出的华人数学家、数学史家和数学教育家对数学文化的理解。

大连理工大学出版社"数学科学文化理念传播丛书"(第一、二、三辑),以国内学者原创论著为主(含有4种译著),包括:齐民友《数学与文化》(2008),张楚廷《数学与创造》(2008),路沙·彼得《无穷的玩艺——数学的探索与旅行》(2008),徐利治、郑毓信《关系映射反演原则及其应用》(2008),欧阳绛《数学方法溯源》(2008),莫里兹《数学的本性》(珍藏版,2016),丁石孙、张祖贵《数学与教育》(珍藏版,2016),徐利治、王前《数学与思维》(珍藏版,2016),徐利治、郑毓信《数学中的矛盾转换法》(珍藏版,2016),史树中《数学与经济》(珍藏版,2016),张景中《数学与哲学》(珍藏版,2016),胡作玄《数学与社会》(珍藏版,2016),汪浩《数学与军事》(珍藏版,2016),萧文强《数学证明》(珍藏版,2016),倪进、朱明书《数学与智力游戏》(珍藏版,2016),史久一、朱梧槚《化归与归纳·类比·联想》(珍藏版,2016),雅克·阿达玛《数学领域中的发明心理学》(珍藏版,2016),徐本顺、殷启正《数学中的美学方

① 丘成桐,杨乐,季理真.数学与人文丛书·第一辑:数学与人文[M].北京:高等教育出版社,2010:序言.

法》(珍藏版,2016),孙宏安《中国古代数学思想》(珍藏版,2016),周·道本《康托的无穷的数学和哲学》(珍藏版,2016),梁美灵、王则柯《混沌与均衡纵横谈》(珍藏版,2016),这些书的大部分是再版20世纪80—90年代徐利治主编的"数学方法论丛书"(江苏教育出版社)和丁石孙主编的"数学·我们·数学丛书"(湖南教育出版社)。2018年出版的丛书第三辑汇集了徐利治先生在数学哲学和数学教育方面未收入前两辑的主要论著,包括《数学方法论》《数学哲学》《治学方法与数学教育》和《论无限:无限的数学与哲学》共四种。

哈尔滨工业大学出版社出版的"数学文化丛书"(从2018年开始出版,到2022年1月已经出版13种)是一套别具风格的丛书。近年来,该社出版了包括"影响数学世界的猜想与问题""世界数学元典丛书系列""数学·统计学系列""数学研究著作系列""国外优秀数学著作原版系列""数论经典著作系列""现代数学中的著名定理纵横谈""数学中的小问题大定理""世界著名数学经典著作钩沉""数学家传奇丛书""俄罗斯初等数学系列""数学趣题系列""数学奥林匹克系列""中学数学拓展丛书"在内的多种丛书,收入2 000多种图书。这套"数学文化丛书"选编了其中几百本图书的序跋和编辑手记,它们可以看作数学文化随笔,体现了作者、编者、译者对数学和数学文化的理解。这几百本书多数都有刘培杰所写的编辑手记,其中既有对数学问题的解说和对其历史背景和发展线索的综述,也有对重要数学著作和数学家的介绍和评价,还有对数学教育、数学普及中一些问题的看法,其中不乏文化的和历史的思考。例如,安德鲁斯、伯恩特主编《拉马努金遗失笔记(第1卷)》的编辑手记长达60页,其中既介绍了该书内容,也收录了20世纪数论大师李特伍德为拉马努金一部论文集所写的书评,并以十分简明的方式介绍了拉马努金的几个结果,使人可以很快了解拉马努金其人其书。又如伯纳德·林斯基《〈数学原理〉的演化——伯兰特·罗素撰写第二版时的手稿与笔记》的35页编辑手记中,较为详细地介绍了罗素的生平、数学思想和数学工作,进而介绍了《数学原理》的内容、结构、背景和研究历程,与林斯基的原著互相参照阅读,可以给读者带来很多方便。再如阿达玛《偏微分方程》的编辑手记,介绍了阿达玛生平,梳理了偏微分方程发展的历史线索，介绍了阿达玛于1936年来华访问对中国数学界的影响，然后全文给出埃利·嘉当的演讲"法国在数学发展中所起的作用"。

0.2.3.2 基于数学史和一般文化学的思辨研究

这一流派以雷蒙·怀尔德(Raymond L. Wilder，1896—1982)为主要代表。怀尔德曾任美国数学会主席。1950年，他发表了《数学的文化基础》①一文，1953年又发表了《数学概念的起源和发展》②一文，初步阐述了他关于数学文化的观点。此后，他在数学文化方面出版了两部重要著作：《数学概念的演变》③和《作为文化体系的数学》④，是迄今为止最具理论价值的数学文化学专著。

怀尔德在上述两部著作中明确引述了E.B.泰勒、A.L.克罗伊波、L.A.怀特等文化人类学、文化学知名学者的论著，以文化学的基本理论和方法作为自己的数学文化学研究的基础，从文化的一般概念和特征出发讨论数学文化的概念和相关问题。

在《数学概念的演变》中，怀尔德提出了关于数学发展的11个动力和10条规律。它们分别是：

数学发展的动力(The Forces of Mathematical Evolution)：

1. 环境的力量(Environmental stress)；
2. 遗传的力量(Hereditary stress)；
3. 符号化(Symbolization)；
4. 文化传播(Diffusion)；
5. 抽象(Abstraction)；
6. 一般化(Generalization)；
7. 一体化(Consolidation)；

---

① Wilder, Raymond L. The Cultural Basis of Mathematics [C]. Proceedings of the International Congress of Mathematicians, Cambridge I, 258 - 271.

② Wilder, Raymond L. The origin and growth of mathematical concepts[J]. Bull. Am. Math. Soc. 59 (1953): 423 - 448.

③ Wilder, Raymond L. Evolution of Mathematical Concepts[M]. John. Wiley & SonsInc., New York, 1968.

④ Wilder, Raymond L. Mathematics as A Cultural System[M]. Pergamon Press, Oxford, 1981.

8. 多样化(Diversification);

9. 文化阻滞(Cultural lag);

10. 文化抵制(Cultural resistance);

11. 选择(Selection)。①

数学发展的规律:

1. 在任何时候,只有那些与现有数学文化如此相关的概念,如提高其在满足自身遗传压力或主体文化(host culture)环境压力方面的效用,才会得以进化。

2. 一个概念的可接受性和它的接纳将取决于它富有成果的程度。特别是,一个概念不会因为它的起源或诸如"不现实"之类形而上学的标准而永远遭到拒斥。

3. 一个概念在数学上的重要程度取决于表达它的符号模式和它与其他概念的关系。如果一种符号模式倾向于晦涩难懂,甚至完全拒绝这个概念,那么——假设这个概念是有用的——一种更容易理解的形式就会发展出来。如果一组概念是如此相关,以至于让它们在一个更普遍的概念中易于巩固,那么后者将会发展。

4. 如果数学理论的进步将通过解决某个问题而得到促进,那么该理论的概念结构将以某种方式发展,从而允许问题的最终解决。在这种情况下,解决方法可能会由若干个独立研究者发现(但不一定发表)。(不可解性的证明被视为这个问题的一种"解决方法",正如化圆为方、角的三等分等历史所证明的那样。)

5. 传播的机会,例如普遍接受的符号系统、增加的出版渠道和其他交流手段,将对新概念的进化速度产生直接影响。

6. 主体文化的需求,特别是由可为数学亚文化提供营养的增加设置伴随而来的需求,将导致新的概念设置的进化来满足需求。

7. 僵化的文化环境最终会抑制新的数学概念的发展,不利的政治气氛或普遍的反科学氛围也会造成类似的结果。

---

① Wilder, Raymond L. Evolution of Mathematical Concepts [M]. John. Wiley & SonsInc., New York, 1968: 169.

8. 由于现行概念结构的不相容性或缺陷的发现而造成的危机，会刺激新概念的加速发展。

9. 新概念通常依赖于当时仅凭直觉感知到的概念，但这些概念因其自身的不足最终会产生新的危机。同样，一个突出问题的解决将产生新的问题。

10. 数学进化永远是一个不断发展的过程，它只受第 5 至 7 项所描述的偶然事件的限制。①

在《作为文化体系的数学》中，他进一步总结出 23 条规律：

1. 突出问题的多重独立发现或解决是常态，而不是例外。

2. 新概念的进化通常是为了回应遗传压力，或者，为了回应通过环境压力表达的源自主体文化的压力。

3. 一旦一个概念出现在数学文化中，它的接受将最终取决于这一概念富有成果的程度；它不会因为其起源、也不会因为形而上学或其他标准谴责它是"不真实的"而永远遭到拒斥。

4. 一个新的数学概念的创造者的名望或地位对于该概念的接受具有令人信服的作用，特别是如果新概念打破了传统；对于新术语或符号的发明也是这样。

5. 一个概念或理论的持续重要性将取决于它的丰富性和表达它的符号形式。如果后者趋于晦涩难懂，而其概念保持其丰富性，那么就会演化出一个更易操纵和理解的符号表示。

6. 如果一个理论的进展依赖于某一问题的解决，则这一理论的概念结构就将以允许最终解决这个问题的方式发展。一般说来，上述问题的解决将会带来大量新结果。

7. 如果一个数学理论将通过某些概念的整合而获得发展，尤其是它的发展取决于这种整合，那么这种整合将会发生。

---

① Wilder, Raymond L. Evolution of Mathematical Concepts [M]. John. Wiley & SonsInc., New York, 1968: 207 - 209. 译文主要依据：郑毓信，王宪昌，蔡仲. 数学文化学[M]. 成都：四川教育出版社，2001: 389 - 390.

8. 如果数学发展需要引入看似荒谬或“不真实”的概念，这些概念将会通过创造适当和可接受的解释被提供。

9. 在每个时代，都存在着由数学共同体成员共享的一种文化直觉，它包含了关于数学概念的基本和普遍接受的观点。

10. 假设接收实体具有必要的概念水平，不同文化或领域之间的传播经常会导致新概念的出现和数学的加速发展。

11. 由主体文化及其各种亚文化如科学亚文化所造成的环境压力，会引起数学亚文化的一个可观察到的反应。这种反应的特征可能会增加新的数学概念的生成，也可能会减少数学概念的产出，这取决于这种环境压力的性质。

12. 当数学取得重大进展或突破，而数学界有时间吸收它们的影响时，通常会对以往只是部分理解的概念产生新的洞见以及有待解决的新问题。

13. 在当前的数学概念结构中发现不一致或不足将导致补救性概念的产生。

14. 数学的形而上学、符号体系和方法论可能发生革命，但数学的核心不会发生革命。

15. 数学的不断进化伴随着严谨性的提高。每一代数学家都发现对前几代人做出的隐藏假设进行证明（或反驳）是必要的。

16. 数学系统的进化只能通过更高的抽象进行，这种抽象借助于一般化和统一化，通常受到遗传压力的激励。

17. 个体数学家只能保持与数学文化流的接触而没有其他选择；他不仅受限于数学的发展状态和它所设计的工具，而且必须适应那些即将走向综合的概念。

18. 数学家们不时地宣称，他们的课题几乎已经“解决”了，所有基本结果都已经获得，剩下的只是细节的填补。

19. 文化直觉认为，每一个概念，每一种理论都有一个开端。

20. 数学的最终基础是数学界的文化直觉。

21. 随着数学的进化，隐藏的假设被挖掘出来，并变得明确，其结果或被普遍接受，或被部分或全部拒斥；接受通常是在分析假设和用更新的证明方法证明它之后。

22. 数学出现重大活跃时期的必要和充分条件是一个合适的文化气候，包括机会、激励(如一个新领域的出现，或悖论或矛盾的发生)和材料。

23. 由于其文化基础，数学中没有绝对的东西，只有相对的东西。①

怀尔德注重建立数学文化学的理论体系，关注数学发展的内在文化机制，也较为重视哲学层面的分析，具有较为浓厚的思辨色彩。他充分借助了数学史研究的已有成果，同时又运用文化学的视角和方法审视一些重要的数学历史现象，获得了一些十分重要的结论。但是，自从20世纪80年代末国内学术界开始关注数学文化，在相当长的时间里，除了少数几部数学文化学论著(例如，郑毓信等《数学文化学》，2000)介绍了前述他给出的数学发展动力和规律之外，他的数学文化学著作没有翻译，国内学者的数学文化学研究也极少受到他的影响。令人欣喜的是，2019年，《数学概念的演变》②和《作为文化体系的数学》③终于有了中译本；2021年，刘鹏飞、徐乃楠、王涛出版了他们的研究专著《怀尔德的数学文化研究》④。这些工作填补了国内怀尔德著作翻译和怀尔德研究的空白，为国内研究者了解怀尔德数学文化理论的背景、观点和结果提供了方便。

0.2.3.3 基于数学哲学和数学社会学的思辨研究

这一流派以郑毓信为代表，代表性论著是他与王宪昌、蔡仲合著的《数学文化学》(2000)，试图基于数学哲学的观点和社会学模式建构数学文化学的理论体系，在国内诸多学者的数学文化学研究中独树一帜。全书包括五部分：

序言：数学文化学的内容、性质和意义，其中给出了数学文化学和数学文化的定义：

---

① Wilder, Raymond L. Evolution of Mathematical Concepts [M]. John. Wiley & SonsInc., New York, 1968: 207 - 209. 译文主要依据：郑毓信，王宪昌，蔡仲. 数学文化学[M]. 成都：四川教育出版社，2001: 391 - 393.

② R.L.怀尔德.数学概念的演变[M].谢明初，陈念，陈慕丹，译.上海：华东师范大学出版社，2019.

③ R.L.怀尔德.作为文化体系的数学[M].谢明初，陈慕丹，译.上海：华东师范大学出版社，2019.

④ 刘鹏飞，徐乃楠，王涛.怀尔德的数学文化研究[M].北京：清华大学出版社，2021.

“数学文化学,笼统地说,即是指从文化这样一个特殊的视角对数学所作的分析。由于这不仅从一个更为广泛的角度指明了影响数学历史发展的各个因素,而且也直接涉及了对于数学本质及其价值更为深入的认识,因此,从总体上说,数学文化学就构成了数学哲学、数学史和数学教育现代研究的一个共同热点。”(第 1 页)

“数学不应被等同于知识的简单汇集,而应主要地被看成人类的一种活动,一种以‘数学共同体’为主体、并在一定文化环境中所从事的创造性活动”(第 5 页),数学文化“既是一种由职业因素(在更为深入的意义上,也可关系到居住地域、民族等因素)联系起来的特殊群体(数学共同体)所特有的行为、观念和态度等。”(第 6 页)

第一篇　数学的文化观念。内容包括:数学对象的形式建构和文化性质,传统指导下的活动,数学文化:一个开放的系统。

第二篇　数学文化史的研究。内容包括:古希腊与文艺复兴时期的数学,西方文化中的微积分,非欧几何的历史发展,中西数学的文化比较。

第三篇　数学的文化价值。内容包括:数学与理性,数学与思维。

结束语:数学教育的社会—文化研究。①

该书的观点和方法在数学哲学界和数学教育界都有一定影响。

0.2.3.4 基于文化学观念和方法的数学史研究

此外,在数学文化学的影响下,20 世纪 90 年代以来,在国际数学史界出现了越来越多的基于文化学观念和方法的数学史研究,使得一些重要而困难的研究课题获得了引人注目的进展,典型工作之一是罗伯森(Eleanor Robson)发表于《Historia Mathematica》上的长篇论文“*Neither Sherlock Holmes nor Babylon——A Reassessment of Plimpton 322*”。她的研究的思路是:首先要直面一手史料,通过对于古代伊拉克地区文字系统的理解来弄清楚 Plimpton322 中究

① 郑毓信,王宪昌,蔡仲.数学文化学[M].成都:四川教育出版社,2001.

竟包含什么内容;接着承认 Plimpton322 在本质上是一件历史文物,它从内容到风格上都应该与它所处时代和地区之文化背景相匹配;最后提出一个完整的理论框架,作为在不同复原结果之间进行选择的判据。即,一种关于 Plimpton322 的令人满意的理论应该满足 6 个条件:历史的敏感性,文化的一致性,计算的合理性,物理的实在性,文本的完整性,符合表格顺序。在接下来的具体分析中,罗伯森首先通过对泥板中题头文字的研究对泥板中呈现的信息进行了尽可能朴素和客观的解读,将泥板内容置入古巴比伦数学文化背景之中,将其界定为"为发展受训书记员的数学能力而设计出来的新的问题和情境"。她的工作为数学文化史研究提供了一个十分精彩的样本。[①]

0.2.3.5《数学文化》杂志

在数学文化研究逐步繁荣和更多的人开始关注数学文化的背景下,2010 年,我国内地和香港学者共同创办了一份《数学文化》杂志(香港 Global Science Press),主编刘建亚(山东大学)和汤涛(香港浸会大学)在发刊词中写道:"本刊的目的是将数学展示给我们的世界,在文化层面上阐释数学的思想、方法、意义。杂志的对象是对数学有兴趣的读者。当代的数学知识高速膨胀,像欧拉那样的数学通才越来越少。因此,在文化的层面上阐释数学,对于数学工作者及数学爱好与应用者之间的理解沟通也是必要的。"[②]

0.2.3.6 国内若干有代表性的"数学文化"定义

黄秦安(1999 年):"从系统的观点看,数学文化可以表述为以数学科学为核心,以数学的思想、精神、方法、技术、理论等所辐射的相关文化领域为有机组成部分的一个具有强大功能的动态系统。其基本要素是数学以及与数学有关的各种文化对象。其系统内部相互作用的方式是多向的和交叉的,包括数学以其内在力量推动文化的进步和数学从相关文化中汲取动力和养分。数学文化涉及的

---

① 本段内容主要参照:王耀杨.古算造术分析的方法论研究——以《测圆海镜》识别杂记的造术分析为例[D].北京:北京师范大学,2010.

② 刘建亚,汤涛.数学与我们的世界[J].数学文化(创刊号),2010:1-2.

基本文化领域包括哲学、艺术、历史、经济、教育、思维科学、政治及各门自然科学等。”①

顾沛(2008)的观点与此类似:“‘数学文化’一词的内涵,简单说,是指数学的思想、精神、方法、观点,以及它们的形成和发展;广泛些说,除上述内涵以外,还包括数学家、数学史、数学美、数学教育、数学发展中的人文成分、数学与社会的联系、数学与各种文化的关系,等等。”②

同样的观点也见于张知学(2010):“数学文化是指数学的思想、精神、方法、观点,以及数学的形成和发展,还应包括数学家、数学史、数学美、数学教育以及数学与社会、科学和种种文化的联系,并由此展示数学文化体现的哲学思想(如认识论和辩证法)。”③

张维忠(1999年)从三种意义上定义数学文化:

“广义的文化是与自然相对的概念,它是指通过人的活动对自然状态的变革而创造的成果,即一切非自然的、由人类所创造的事物或对象。狭义的文化则是指社会意识形态或观念形式,即人们的精神生活领域,数学作为一种量化模式,显然是描述客观世界的,相对于认识主体而言,它具有明显的客观性,在肯定数学对象的这种‘客观性’的基础上,我们确认,数学对象终究不是物质世界中的真实存在,而是抽象思维的产物,它是一种人为约定的规则系统。为了描绘世界,数学家总是在发明新的描述形式,数学家实则是发明家。同时,数学家发明的量化模式,除了在科学技术方面的应用外,同样还具有精神领域的功效(比如通常人们所说的数学观念,如推理意识、化归意识、整体意识、抽象意识、数学审美意识等)。因此从以上两方面的意义上来说,数学就是一种文化。”④

---

① 黄秦安.数学哲学与数学文化[M].西安:陕西师范大学出版社,1999:180.

② 顾沛.数学文化[M].北京:高等教育出版社,2008:2.

③ 张知学.数学文化[M].石家庄:河北教育出版社,2010:1.

④ 张维忠.数学文化与数学课程——文化视野中的数学与数学课程的重建[M].上海:上海教育出版社,1999:3.

“由于在现代文明社会中，数学家显然也构成了一个特殊的群体——数学共同体。在数学共同体内，每个数学家都必然地作为该共同体的一员从事自己的研究活动，从而也就必然地处在一定的数学传统(数学传统的具体内容一般包括以下三个方面：一是核心思想，这是指关于数学本质的总的认识，即对于‘什么是数学’的具体解答；二是规范性成分，这是指如何用一些规范或准则去进行研究，研究者的工作才有可能得到数学共同体的承认；三是启发性成分，这是指一些可以给人以启示和帮助的问题和建议)之中，这种数学传统正好可以看作是一种成套的行为系统，并具有相对的稳定性，因此，我们也就可以在第二种意义上说数学就是一种文化。”“整体性和历史性是文化的两个重要方面，数学作为一种文化的第二种意义实质上就在于强调了数学活动的整体性，数学共同体和数学传统正是表现了数学文化的整体性。因此充分肯定数学是文化体系的一部分是有远见卓识的。”①

“如果从文化的历史性角度去考虑，我们就可以在第三种意义上说数学是一种文化。作为一门有组织、独立的和理性的学科，数学不管它发展到怎样的程度，都离不开历史的积淀过程，即数学的社会历史性。任何时期的数学成果都绝非是这一时间的偶然产物。”②

“综上所述，我们通过诸多不同的角度对数学的文化性进行了分析，从而在数学的人为性、数学活动的整体性、数学发展的历史性等不同层面上指出了数学是一种文化。”③

郑毓信、王宪昌、蔡仲(2000)：“数学不应被等同于知识的简单汇集，而应主要地被看成人类的一种活动，一种以‘数学共同体’为主体、并在一定文化环境中所从事的创造性活动”，数学文化“既是一种由职业因素(在更为深入的意义上，也可关

① 张维忠.数学文化与数学课程——文化视野中的数学与数学课程的重建[M].上海：上海教育出版社，1999:3-4.

② 张维忠.数学文化与数学课程——文化视野中的数学与数学课程的重建[M].上海：上海教育出版社，1999:4.

③ 张维忠.数学文化与数学课程——文化视野中的数学与数学课程的重建[M].上海：上海教育出版社，1999:5.

系到居住地域、民族等因素)联系起来的特殊群体(数学共同体)所特有的行为、观念和态度等。”①

人民教育出版社课程教材研究所(2003)的定义与此类似:“所谓数学文化,是指以数学家为主导的数学共同体所特有的行为、观念、态度和精神等,也即是指数学共同体所特有的生活(或行为)方式,或者说是特定的数学传统。”②

张楚廷(2001):“文化即指人类创造的物质文明和精神文明。数学则既是人类精神文明又是物质文明的产物,尤其要关注到,数学是人类精神文明的硕果,数学不仅闪耀着人类智慧的光芒,而且,数学也最充分地体现了人类为真理而孜孜以求乃至奋不顾身的精神,以及对美和善的追求。”③

中华人民共和国教育部《普通高中数学课程标准(2017 年版)》:“数学文化是指数学的思想、精神、语言、方法、观点,以及它们的形成和发展;还包括数学在人类生活、科学技术、社会发展中的贡献和意义,以及与数学相关的人文活动。”④

0.2.4 数学文化教育的理论与实践

0.2.4.1 数学文化教育论著

自 20 世纪 90 年代以来,随着国内数学文化研究的不断深入,数学文化教育的研究与实践也不断稳步前进。无论是已经出版的数学文化教育专著和论文,还是基于 HPM 和数学文化观念的数学教科书和教学案例研究,都有了可观的积累,而且正在受到越来越广泛的关注。

在这类论著中,发表最早、影响最大的当推丁石孙、张祖贵合著的《数学与教育》,该书第一版出版于 1990 年,1998 年修订再版。两位作者在前言中写道:

“使每个人都能受到良好的数学教育,这是远远没能解决的问题。在某种意义

① 郑毓信,王宪昌,蔡仲.数学文化学[M].成都:四川教育出版社,2001:5-6.
② 课程教材研究所.数学文化[M].[M].北京:人民教育出版社,2003:33.
③ 张楚廷.数学文化与人的发展[J].数学教育学报,2001(3):1.
④ 中华人民共和国教育部.普通高中数学课程标准(2017 年版)[S].北京:人民教育出版社,2018:10.

上讲，这是一个世界性的问题。如果把这个问题局限于研究每个人应该掌握哪些数学知识与技能，以及如何把这些东西教好，那么数学教育的问题是解决不好的。更为根本的问题是弄清楚数学在整个教育中的地位与重要性，或者说得更广泛些，就是要弄清楚数学在整个科学文化中的地位与重要性。我们认为，长期以来，这些问题没有被人认真讨论过，甚至于数学是否有用都为一部分人所怀疑。这不但有害于我们教育水平的提高，也会影响科学、技术甚至整个社会的发展。”

“我们试图从历史发展的角度、从数学与其他科学文化部门的关系、从现代科学与技术的发展以及数学对于人的智力的培养等各个方面，来说明数学的地位和数学在教育中的作用，从而使数学得到应有的重视，促进整个教育水平的提高。”[①]

正如前言中所说的，本书虽然书名是《数学与教育》，但基本内容却是数学与人类文化各主要方面的关系（数学与自然科学的相互作用，数学与社会科学及其他学科的关系，数学与人类思维，计算机的影响），十分明显，作者是把数学教育作为一种基本的文化教育来研究的，作者在“结束语”中写道，“数学在某种程度、某种意义上影响学生的素质。因此，我们坚持认为，数学是人类文化的一部分。正是在这个认识的基础上，我们来说明数学与教育的关系，并进而阐明数学所具有的一系列作用。”[②]概括地说，作者的基本观点是：数学在现代人的基本文化素养中占有十分重要的位置，数学教育不仅是一种工具教育，而且是一种基本的文化教育。该书影响巨大，至今在国内许多讨论数学文化教育的论著中仍是一本经常被引用的基本文献。

如果说丁石孙、张祖贵上述著作中主要是在呼吁把数学教育作为基本的文化教育来看待和实施，到20世纪90年代中后期，数学文化教育的观点就进了一步，提出了要在数学教育中让学生体会数学的文化价值，领悟数学的文化精神。

1995年，严士健在《面向21世纪的中国数学教育改革》中提出：“我们培养的

① 丁石孙，张祖贵.数学与教育（第2版）[M].长沙：湖南教育出版社，1998：前言.
② 丁石孙，张祖贵.数学与教育（第2版）[M].长沙：湖南教育出版社，1998：185.

人才在数学上应该是眼界开阔、思想解放，既能够注意数学的基本作用以及数学和其他科学技术的联系，不是囿于陈规和一己之见；又具有扎实的功底，具有分析和解决问题的能力，能提出和解决所遇到的数学问题，能够创造性地工作。”①“教给学生重视应用，不仅是教给学生一种技能，而且有助于培养学生正确认识数学乃至科学的发展道路。认识数学从根本上来说来源于实际，它是人类认识世界和改造世界的工具。当然，我们需要教给中学生的，不仅是上述认识，应该从广泛的角度来向中学生介绍数学思想、发展规律、背景。简单地说，就是要讲‘来龙去脉’。而不像我们现行的教材一开篇就是纯数学的内容，很少说明这些内容是哪里需要，从哪里来，向哪里发展等。中小学数学教学内容是人民群众的基本文化素养的一部分，为了让学生真正理解这一点，就应该讲清楚这些内容的背景。”②

几乎与此同时，1995 年底，萧文强在一次演讲中以陆游的一首诗为引提出“汝果欲学数，工夫在数外”，即：“(1)不要只顾专注数学形式工夫；(2)更要注意数学思想方法；(3)也要丰富数学生活阅历；(4)还要注意数学工夫的品德修养。第一项是‘数内’工夫，其余三项是‘数外’工夫。”③关于第三点他写道：“但第三项的数学生活阅历是指什么呢？我以为可以分为三方面：纵是追溯数学概念和理论的来龙去脉，横是探讨数学文化的本质和意义，广是认识数学的应用及经常联系数学与日常生活碰见的现象。”④

1999 年，严士健连续发表了《让数学成为每个人生活的组成部分》⑤和《数学思维与应用意识、创新意识、数学意识》⑥，提出“我们讲授数学不应该只讲数学本身及其应用，而是要让人们知道，如果不从数学在思维方面所起的作用来了解它，不学习运用数学思维方法，我们就不可能完全理解人文科学、自然科学、人的所有创

---

① 刘兼.21 世纪中国数学教育展望(第二辑)[M].北京：北京师范大学出版社，1995：27.
② 刘兼.21 世纪中国数学教育展望(第二辑)[M].北京：北京师范大学出版社，1995：31－32.
③ 萧文强.心中有数——萧文强谈数学的传承[M].大连：大连理工大学出版社，2010：31.
④ 萧文强.心中有数——萧文强谈数学的传承[M].大连：大连理工大学出版社，2010：32.
⑤ 严士健.让数学成为每个人生活的组成部分[J].中国数学会通讯，1999(6)：13－17.
⑥ 严士健.数学思维与应用意识、创新意识、数学意识[J].教学与教材研究，1999(3)：16－21.

造和人类世界,从而为人类做出更大的贡献"①,又提出"让那些受过数学教育的人都知道数学在建设我国现代化社会的根本作用,并且认识到具有数学意识一直学好数学就是他们将来做好工作的关键"②。他所强调的数学教育要体现数学思维与应用意识、创新意识、数学意识,合在一起基本上就是通常所说的数学文化教育的主要内容。此后,他又在多个场合倡导让数学融入中国的文化传统,指出:"如何让数学融入我国固有的文化传统,从而改善我们的文化传统,使我国的思想和文化真正地现代化,也许是我国引进现代数学教育以来又一个里程碑式的艰巨任务。"③"数学在我国固有的文化传统中是没有什么地位的。就是在现代,人们可能更多的还是将她看成是一门科学甚至工具。因此,为了我国的现代化和民族的振兴,急切地需要在我国优秀文化传统的基础上,让数学融入中国文化传统。"④

2003 年,张奠宙等在《数学文化的一些新视角》中明确提出:"数学文化必须走进课堂,在实际数学教学中使得学生在学习数学过程中真正受到文化感染,产生文化共鸣,体会数学的文化品位和世俗的人情味。这就要从微观进行分析,将数学文化渗入到课程标准、教科书,体现在数学教学的全过程中。"⑤

2003 年教育部公布了《普通高中数学课程标准(实验)》⑥,"数学文化"成为课程中一个专门的模块,引发了数学教育界对数学文化教育的广泛关注。例如,2008—2012 年,主持义务教育数学课程标准修订的东北师范大学史宁中教授出版《数学思想概论》(共 5 辑),包括:第 1 辑,数量与数量关系的抽象(2008);第 2 辑,图形与图形关系的抽象(2009);第 3 辑,数学中的演绎推理(2009);第 4 辑,数学中的归纳推理(2010);第 5 辑,自然界中的数学模型(2012)。全书面向中小学数学教师和数学专业本科生,以数学史为线索、基于数学的文化内涵解说数学思想,出版

---

① 严士健.严士健谈数学教育[M].大连:大连理工大学出版社,2010:13.
② 严士健.严士健谈数学教育[M].大连:大连理工大学出版社,2010:30.
③ 严士健.严士健谈数学教育[M].大连:大连理工大学出版社,2010:8.
④ 严士健.严士健谈数学教育[M].大连:大连理工大学出版社,2010:43-44.
⑤ 张奠宙,梁绍君,金家梁.数学文化的一些新视角[J].数学教育学报,2003(1):37-40.
⑥ 中华人民共和国教育部.普通高中数学课程标准(实验)[S].北京:人民教育出版社,2003.

后在全国产生巨大影响。

由于相关论著数量较多,基本观点较为接近,本书对其他论著不再赘述。

自20世纪90年代末以来,在国内举行的历次全国性和国际性数学教育学术研讨会上,在2005—2022年连续9届"数学史与数学教育国际研讨会"上,数学文化研究和数学文化教育研究都是重要的论题。

0.2.4.2 大学数学文化类课程的开设及教材建设

20世纪90年代,国内许多高等院校开设了立足于素质教育的大学数学通识课程,随着数学文化和数学文化教育引起越来越多的关注,一些高等院校的大学数学通识类课程逐渐演变为数学文化类课程,还有许多高校则直接开设数学文化类课程。这些课程名称不一,例如:"数学文化""数学与文化""数学文化赏析""数学文化漫谈""数学与人类文明""数学文化与数学教育""大学数学文化""数学的美与理""感悟数学""数学的素养""身边的数学""生活中的数学""数学的思想和应用",等等。

随着数学文化类课程的开设,一批数学文化教材陆续出版,其中影响较大的有:

张楚廷的《数学文化》[①],主要内容包括:数学美学,数学与人的发展,数学哲学,数学与语言,数学与其他。

人民教育出版社课程教材研究所、数学课程教材研究开发中心编著的《数学文化》[②],主要内容包括:数学魅力,数学与文化,数学历史文化,数学文化中的符号语言,数学文化中的思维与方法,数学文化中的美学观,数学文化与创新,数学文化观下的数学教学,数学名题欣赏。

张顺燕的《数学的美与理》[③],主要内容包括:数学与人类文明,透视画与射影几何,音乐之声与傅里叶分析,漫步数学史,现代文明的发源地——希腊,大哉中

---

① 张楚廷.数学文化[M].北京:高等教育出版社,2000.

② 课程教材研究所,数学课程教材研究开发中心.数学文化[M].北京:人民教育出版社,2003.

③ 张顺燕.数学的美与理[M].北京:北京大学出版社,2004.

华——中国数学史，文艺复兴后的数学，来自几何学的思想，数学方法漫谈，辗转相除法，天文与数学，无限的世界，几何三大难题，回顾与展望。

顾沛的《数学文化》①，主要内容包括：若干数学问题中的数学文化，若干数学典故中的数学文化，若干数学观点中的数学文化，趣味游戏。

蔡天新的《数学与人类文明》②，主要内容包括：数学的起源　中东文明，希腊数学与希腊文明，中世纪的中国，印度人和波斯人，从文艺复兴到微积分的诞生，分析时代与法国大革命，现代数学与现代艺术，抽象化：20 世纪以来。

2003 年 9 月，首都师范大学与高等教育出版社联合举办了数学教育、数学史与数学文化研讨会，来自全国 30 多所高等院校和研究机构的七八十名学者参加了会议。2008 年，南开大学与高等教育出版社等单位联合举办了首届“全国高校数学文化课程建设研讨会”，2011 年 7 月又举办了第二届“全国高校数学文化课程建设研讨会”。“本次研讨会由南开大学、教育部高等学校文化素质教育指导委员会、高等教育出版社共同主办。来自美国密歇根大学、清华大学、南开大学、上海交通大学、浙江大学、南京大学、华东师范大学、北京航空航天大学、北京邮电大学、山东大学、台湾世新大学等 20 余所国内外高校的专家学者，围绕议题作了大会报告。来自 150 余所高校的 300 余位学者参加了为期两天的研讨会。”③

数学文化类课程的开设、教材的出版以及相关研讨会的召开，显示出国内高等院校的数学文化教育已经初步走向繁荣。

0.2.4.3 中小学数学课程中的数学文化教育

20 世纪 80 年代末以来，许多国家都在大力推进中小学数学课程改革，其中一个引人注目的变化是在数学课程中明确提出了进行数学文化教育的要求。例如：

美国新泽西州《核心课程内容标准》(1996 年)中的数学课程标准 4.16 为“所有

---

① 顾沛.数学文化[M].北京：高等教育出版社，2008.

② 蔡天新.科学通识系列丛书：数学与人类文明[M].杭州：浙江大学出版社，2008.

③ 陈庆滨，冀宁.全国高校数学文化课程建设研讨会在南开大学举行[OL].中国广播网，http://www.cnr.cn/newscenter/gnxw/201107/t20110714_508231516.shtml

学生都应该借助经验来解释高水平的数学思想——这些经验超越了传统的计算、代数学、几何学”。在关于数学课程的“积累性进步指标”中要求:“将数学当作一种将所有文化和公民意识整合起来的方式——对于我们的社会而言更是如此;理解数学在自己的成功——除了就业的成功之外——当中所担当的角色的重要性”。①

在2000年公布的英国高中数学课程标准中,对数学的文化意义作了如下描述:“数学是一个珍贵的工具宝库,是交流的重要手段,是科学的基础,是人类文化遗产和智力成就中的核心,也是学生全面发展的载体。”“就目前的现实而言,数学已经战胜了随着科学和社会领域快速发展而来的更丰富的变化,它已经成为迅速增长的社会成员必不可少的东西,每一个人都要应用数学,人们不能没有它。”②基于这样的认识,“新的课程纲目要求学生理解数学在社会中的作用,对个人发展的作用,全面认识、把握、判断、运用数学,并鼓励学生在对个人、社会及职业生活有实际意义的背景中运用数学,发展学生的批判性数学思维,培养学生的数学思想、对数学的兴趣和热爱。”③

在法国于2000年开始实施的高中课程大纲的数学课程大纲中,“国家教学大纲委员会指出,让学生从教学中发现过去人们已经阐明了的伟大成果和所作的一些推理证明,从而让他们感受逻辑推理的威力、代数工具的有效性、几何模型的力量,所有这些在当今的数学教育中仍然具有生命力。这是属于人类整体文化一部分的一种数学遗产。”“法国新版的数学教学大纲相当重视数学教育的实际价值或文化价值。正如国家教学大纲委员会在‘框架信’中所指出的,‘实际上数学也可以帮助人们指出日常言谈中经常出现的推理错误。这类学习是数学教育的一部分。’”“大纲还强调推行一种真实的统计和概率的教育。如今计算机使人们能够在统计方面储存和研究很多量化的事实和数据资料。20世纪初才出现的统计学概念已经找到了一个非常广泛的应用领域。而借助于作为新的方法理论和算法理论

① 转引自:钟启泉.国际普通高中基础学科解析[M].上海:华东师范大学出版社,2003:59-60.

② 转引自:钟启泉.国际普通高中基础学科解析[M].上海:华东师范大学出版社,2003:269-270.

③ 钟启泉.国际普通高中基础学科解析[M].上海:华东师范大学出版社,2003:276.

的计算机工具，人们以后可以对周围的很多事实和信息进行辩论性的统计学处理。对于学生来说，要能够在当前世界中自我定位，理解统计学的精神是不可回避的。因此完全有必要建立一种真实的统计学教育，使每一个高中生都把握其精神，以便成为一个公民，可能的话成为一名充满批判精神的科学家。”①

德国最大的州——北莱茵-威斯特法伦州1999年公布的普通高中数学课程标准指出，“现代社会对数学及其应用有很高的要求，高中阶段的数学教育任务应该是：向学生展示数学的文化意义与文明意义，让学生明白数学思维的特殊性，数学抽象的特殊性以及符号化手段的意义，使学生有各种机会体验数学内部与外部问题的解决，并且通过解决问题让学生了解数学的威力以及价值，要让学生明确数学内部文化和外部文化之间的联系，以范例方式向学生阐明为什么数学是合理认识世界的重要工具，同时也要认识数学的局限性。”②基于这样的认识，课程目标要求“学生能够借助范例，了解数学的历史以及它对文明社会发展的影响”。课程标准还要求通过数学核心概念的教学，“向学生展示数学以及非数学文化之间的联系。这些核心概念有助于人类思想的发现，而这些思想可以以普通的方式去分类、设计各种不同的问题，而这些问题又是社会发展中所必须提出的。因此对这些核心概念的各种观察，能够促进这样一种看法的形成，即数学的发展是对自然环境和社会环境所提出的挑战的一种回答。”③

日本文部省1999年颁布的新的高中数学指导纲要“强调了数学学习的内容要与学生的生活相联系，开展丰富的以学生为主解决问题的数学活动，让学生体验到学习的乐趣，培养学生能根据自己周边的事物、现象设定课题并对之探索、解释的态度，从而认识到算术、数学在文化、社会生活中的重要作用，重视算术、数学学习的意义，使学生拥有自己的学习目标”。④ 高中数学必修课程中有一个部分是“数

① 钟启泉.国际普通高中基础学科解析[M].上海：华东师范大学出版社，2003：368－369.
② 钟启泉.国际普通高中基础学科解析[M].上海：华东师范大学出版社，2003：403.
③ 钟启泉.国际普通高中基础学科解析[M].上海：华东师范大学出版社，2003：403－404.
④ 钟启泉.国际普通高中基础学科解析[M].上海：华东师范大学出版社，2003：586.

学基础”，“这是一门为终身学习打基础的科目，该科目是让学生通过对具体现象的研究，理解数学与人类的关系，数学在文化和社会中的作用，提高学生对数学的兴趣和爱好，认识数学观点、数学思维方法的作用，养成应用数学的态度。……该科目由以下三大模块的内容组成：(1)数学和人类的活动；(2)对社会生活中的数学研究；(3)身边的统计。标准学分为 2 分。”①

2001 年，中华人民共和国教育部颁布了《全日制义务教育数学课程标准(实验稿)》，课程目标中要求：“初步学会运用数学的思维方式去观察、分析现实社会，去解决日常生活中和其他学科学习中的问题，增强应用数学的意识；体会数学与自然及人类社会的密切联系，了解数学的价值，增进对数学的理解和学好数学的信心”②，并明确倡导将数学史作为学生理解数学及其作用和价值的基本途径。

在 2012 年颁布的《义务教育数学课程标准(2011 年版)》中进一步强调了数学在人类文化中的地位，进而强调了数学文化教育在义务教育数学课程中的地位。例如，前言中写道：“数学与人类发展和社会进步息息相关，随着现代信息技术的飞速发展，数学更加广泛应用于社会生产和日常生活的各个方面。数学作为对于客观现象抽象概括而逐渐形成的科学语言与工具，不仅是自然科学和技术科学的基础，而且在人文科学与社会科学中发挥着越来越大的作用。”“数学是人类文化的重要组成部分，数学素养是现代社会每一个公民应该具备的基本素养。作为促进学生全面发展教育的重要组成部分，数学教育既要使学生掌握现代生活和学习中所需要的数学知识与技能，更要发挥数学在培养人的思维能力和创新能力方面的不可替代的作用。”③

2003 年，中华人民共和国教育部颁布了《普通高中数学课程标准(实验)》，其中明确引入了“数学文化”内容，指出：“数学探究、数学建模、数学文化是贯穿于整

① 钟启泉.国际普通高中基础学科解析[M].上海：华东师范大学出版社，2003：591.

② 中华人民共和国教育部.全日制义务教育数学课程标准(实验稿)[S].北京：北京师范大学出版社，2001：6.

③ 中华人民共和国教育部.义务教育数学课程标准(2011 年版)[S].北京：北京师范大学出版社，2012：1.

个高中数学课程的重要内容,这些内容不单独设置,渗透在每个模块或专题中。"[①]关于数学文化的基本定位是:"数学是人类文化的重要组成部分。数学是人类社会进步的产物,也是推动社会发展的动力。通过在高中阶段数学文化的学习,学生将初步了解数学科学与人类社会发展之间的相互作用,体会数学的科学价值、应用价值、人文价值,开阔视野,寻求数学进步的历史轨迹,激发对于数学创新原动力的认识,受到优秀文化的熏陶,领会数学的美学价值,从而提高自身的文化素养和创新意识。"具体内容和要求是:"1.数学文化应尽可能有机地结合高中数学课程的内容,选择介绍一些对数学发展起重大作用的历史事件和人物,反映数学在人类社会进步、人类文明发展中的作用,同时也反映社会发展对数学发展的促进作用。""2.学生通过数学文化的学习,了解人类社会发展与数学发展的相互作用,认识数学发生、发展的必然规律;了解人类从数学的角度认识客观世界的过程;发展求知、求实、勇于探索的情感和态度;体会数学的系统性、严密性、应用的广泛性,了解数学真理的相对性;提高学习数学的兴趣。"[②]2018年颁布的《普通高中数学课程标准(2017年版)》对数学文化在高中数学课程中的渗透融合做了更为全面细致的处理。

0.2.4.4 数学普及读物中的数学文化教育

自20世纪90年代初以来,国内出版了许多渗透数学史和数学文化的普及读物(包括译著),其中不乏颇为精彩的内容。

国内学者的作品如:

姜伯驹主编的"七彩数学"(10册,科学出版社,2007—2009),包括:李文林、任辛喜《数学的力量——漫话数学的价值》(2007),姜伯驹、钱敏平、龚光鲁《数学走进现代化学与生物》(2007),李忠《迭代 混沌 分形》(2007),张贤科《古希腊名题与现代数学》(2007),冯克勤《数论与密码》(2007)和《通讯纠错中的数学》(2009),颜松

---

① 中华人民共和国教育部.普通高中数学课程标准(实验)[S].北京:人民教育出版社,2003:98.

② 中华人民共和国教育部.普通高中数学课程标准(实验)[S].北京:人民教育出版社,2003:104.

远《整数分解——中小学数学问题、大数学家难题》(2009),齐东旭《画图的数学》(2009),安鸿志《趣话概率——兼话〈红楼梦〉中的玄机》(2009),宗传明《离散几何欣赏》(2009)等。

李大潜主编的“数学文化小丛书”,被数学家王建磐誉为“数学为体,文化为魂”(数学教育学报,2015年第2期,第1—3页),已出版4辑,作者中既有以齐民友、李大潜为代表的数学家,也有以李文林、张奠宙为代表的数学史家,包括:第1辑(2008,10册):《人类怎样开始认识太阳系》《牛顿·微积分·万有引力定律的发现》《几何学在文明中所扮演的角色:纪念陈省身先生的辉煌几何人生》《圆周率π漫话》《黄金分割漫话》《从赵爽弦图谈起》《费马大定理的证明与启示》《二战时期密码决战中的数学故事》《数学中之类比:一种富有创造性的推理方法》《连分数与历法》;第2辑(2010,10册):《漫话e》《认识博弈的纳什均衡》《笛卡儿之梦》《奇妙的无穷》《并不神秘的非欧几何》《从欧拉的数学直觉谈起:纪念伟大数学家欧拉诞辰300周年》《走近高斯》《对称与群》《同余式及其应用》《千古第一定理:勾股定理》;第3辑(2013,10册):《从多面体到水立方》《统计知玄妙》《圆锥截线的故事:数学与文明的一个重大篇章》《堆球的故事》《开启航天大门的金钥匙:齐奥尔科夫斯基公式》《漫步数学之美》《数学与音乐》《谈天说地话历法》《探秘古希腊数学》《分形:颠覆传统的几何学》;第4辑(2017—2021)已出版的有:《冲破世俗与偏见的藩篱——记三位杰出的女数学家》《漫谈尺规作图》《神奇的伽马函数》《从圆周率计算浅谈计算数学》《莱布尼茨:从差和分到微积分》等。

哈尔滨工业大学出版社“数学中的小问题大定理”丛书,迄今已出版68种图书,其中有少量翻译或编译作品,但大多数为国内作者原创,其中包括《皮亚诺曲线和豪斯道夫分球定理》(第一辑)、《拉格朗日中值定理》(第一辑)、《卡塔兰猜想》(第一辑);《拉克斯定理和阿廷定理》(第二辑)、《中国剩余定理》(第二辑)、《拉格朗日乘子定理》(第二辑);《椭圆函数与模函数》(第三辑)、《牛顿程序与方程求根》(第三辑)、《素数判定与大数分解》(第三辑);《凸函数最值定理》(第四辑)、《无理性的判定》(第四辑)、《面积原理》(第四辑);《蒲丰投针问题》(第五辑)、《三角恒等式》(第五辑)、《伽罗华与群论》(第五辑);《我们周围的概率》(第六辑)、《代数多项式》(第六辑)、《数论三角形》(第六辑)等。这些书中所关注的大多是在数学史上颇为引人注目的问题,所获得的结果在数学中有重要意义,多数作者结合这些问题的历史背景、探索过程和实际应用展开论述,颇具启发性。

译著中较为重要的有:

史树中、李文林主编的"通俗数学名著译丛"(上海教育出版社),已出版30多种,其中一半以上融合了数学史和数学文化,有些完全是按数学史或数学文化的线索展开的,例如:丹齐克《数:科学的语言》,卡尔文·C.克劳森《数学旅行家:漫游数王国》,保罗·J.纳欣《虚数的故事》,彼得·M.希金斯《数的故事——从计数到密码学》,贝勒《数论妙趣:数学女王的盛情款待》,卡尔·萨巴《黎曼博士的零点》,帕帕斯《数学趣闻集锦》,埃克朗《计算出人意料:从开普勒到托姆的时间图景》,伊莱·马奥尔《无穷之旅:关于无穷大的文化史》,平山谛《东西数学物语》,基斯·德夫林《数学:新的黄金时代》,斯蒂恩《站在巨人的肩膀上》,卡斯蒂《20世纪数学的五大指导理论》,迪厄多内《当代数学:为了人类心智的荣耀》,曼·艾根和乌·文克勒《游戏——自然规律支配偶然性》,斯特凡·希尔德布兰特《悭悭宇宙——自然界里的形态和造型》,M.克莱因主编《现代世界中的数学》,奥里·莱赫托《数学无国界:国际数学联盟的历史》等。

李泳主编的"数学圈丛书"(湖南科学技术出版社),到2021年已出版19册,包括伊夫斯《数学圈》(1—3,2007),马科斯《素数的音乐》(2007),爱德华·伯格《数学爵士乐》(2007),利维奥《无法解出的方程》(2008),约翰·艾伦·保罗斯《数学家读报》(2009),欧谢《庞加莱猜想》(2010),列纳德·蒙洛迪诺《醉汉的脚步:随机性如何主宰我们的生活》(2010),克利福德·A.皮科夫《数学之恋》(2010),莫里斯·马夏尔《布尔巴基:数学的家的秘密社团》(2012),詹姆斯·D.斯坦因《救命的数学》(2012),列纳德·蒙洛迪诺《欧几里得之窗——从平行线到超空间的几何学故事》(2019),吉姆·亨勒《证明与布丁》(2019),詹姆斯·D.斯特因《数学的力量:从信息到宇宙》(2019),赫尔曼·外尔《对称》(2020),马克·钱伯兰《数字乾坤》(2020),约瑟夫·马祖尔《巧合》(2020),约书亚·霍尔登《密码的数学》(2021),等等。

塔巴克的"数学之旅丛书"(商务印书馆,5 册)是一套按主题展开的多卷本通俗数学文化史,包括:《代数学》(2007)、《数学和自然法则》(2007)、《概率论和统计学》(2007)、《数——计算机、哲学家及对数的含义的探索》(2008)、《几何学——空间和形式的语言》(2008)。每个主题都将数学的问题、方法、思想的背景和过程娓娓道来,内容丰富,语言活泼。迈克尔·J.布拉德利的"数学先锋丛书"(上海科学技术文献出版社)是风格迥异的另一套通俗数学史。全书按年代顺序分为 5 册,每册内容聚焦于相应时代几位代表性数学家的业绩,包括《数学的诞生(古代—1300 年)》(2008)、《天才的时代(1300—1800 年)》(2008)、《数学的奠基(1800—1900 年)》(2008)、《现代数学(1900—1950 年)》(2008)、《数学前沿(1950 年—现在)》(2011)。塔巴克的书分专题记事,布拉德利的书按时代记人,都写得很生动,配合阅读,相得益彰。

人民邮电出版社"图灵新知丛书",以译著为主,已经出版 140 多册,内容包括数学、自然科学、哲学、人文社会学科多个领域,其中数学或与数学关系密切的图书占了很大比例,融数学、数学方法与思想、数学史、数学文化于一体,例如德比希《代数的历史:人类对未知量的不舍追踪》(2010),邓纳姆《微积分的历程:从牛顿到勒贝格》(2010)以及《数学那些事儿:思想、发现、人物和历史》(2011),克里斯《历史上最伟大的 10 个方程》(2010),李维奥《数学沉思录:古今数学思想的发展与演变》(2010),马奥尔《e 的故事:一个常数的传奇》(2010)、《勾股定理:悠悠 4000 年的故事》(2010)和《三角之美:边边角角的趣事》(2010),远山启《数学与生活》(2010)、《数学女王的邀请——初等数论入门》(2020),Apostolos Doxiadis《罗素的故事》(2011),Charles Petzold《图灵的秘密:他的生平、思想及论文解读》(2012),托尼·克里利《影响数学发展的 20 个大问题》(2012)、詹姆斯·D.斯坦因《揭示宇宙奥秘的 13 个常数》(2012),约翰·D.巴罗《宇宙之书:从托勒密、爱因斯坦到多重宇宙》(2013),Alexander J. Hahn《建筑中的数学之旅》(2014),保罗·洛克哈特《度量:一首献给数学的情歌》(2015),春日真人《庞加莱猜想:追寻宇宙的形状》(2015),中岛幸子《数学与音乐的创造力》(2015),让-保罗·德拉耶《玩不够的数学》(1—2,2015—2020),结城浩《数学女孩》(1—5,2015—2021),基思·德夫林《数学思维导论》(2016),邦尼·埃弗巴克、奥林·钱恩《趣味学数学》(2016),大栗博司《用数学的语言看世界》(2017),吉尔·多维克《计算进化史》(2017),小平邦彦《惰者集》(2017)和《几何世界的邀请》(2017),杰罗姆·科唐索《数学也荒唐》(2017),陶哲轩《陶哲轩教你学数学》(2017),伊恩·斯图尔特《数学万花筒(修订版)》(1—2,2017)、《数学万花筒》(3,2017)和《不可思议的数》(2019),乔治·博克斯《统计学大师之路》(2018),神永正博《数学思考法》(2018)和《简单微积分》(2018),马库斯·杜·索托伊《悠扬的素数:二百年数学绝唱黎曼假设》(2019),吕克·德·布拉班迪尔《极简算法史:从数学到机器的故事》(2019),马里奥·利维奥《最后的数学问题》(2019),保罗·蔡茨《怎样解题(第3版)》(2019),冈洁《春夜十话》(2019),克拉拉·格里玛《红发克拉拉的数学奇想》(2020),戈弗雷·哈代《一个数学家的辩白》(2020),马丁·坎贝尔-凯利、威廉·阿斯普雷《计算机简史》(2021),詹姆斯·格雷克《混沌:开创一门新科学》(2021)和《牛顿传》(2021),斯科特·阿伦森《量子计算公开课:从德谟克利特、计算复杂性到自由意志》(2021)等。

上海教育出版社组织翻译的"趣味数学精品译丛",包括:罗勃·伊斯特威与杰里米·温德姆合作的《三车同到之谜——隐藏在日常生活中的数学》(2004)及《绳长之谜:隐藏在日常生活中的数学(续编)》(2004),赛奥妮·帕帕斯《数学走遍天涯——发现数学无处不在》(2006),约翰·艾伦·保罗士《数盲——数学无知者眼中的迷惘世界》(2006),彼得·温克勒《最迷人的数学趣题:一位数学名家精彩的趣题珍集》(2007),彼得生《数学与艺术:无穷的碎片》(2007),大卫·威尔士、罗勃·伊斯特威《智力难题与脑筋游戏》(2008),罗勃·伊斯特威、约翰·黑格《如何罚点球:隐藏在体育中的数学》(2010),马蒂亚斯·路德维希《数学与体育:数学视角下的奥林匹克项目》(2012),珍妮特·贝辛格、维拉·普莱斯《密码俱乐部:用数学做加密和解密的游戏》(2013)等。

汪宇主编的"启蒙数学文化译丛"(华东师范大学出版社),到2020年已经出版6本:米山国藏《数学的精神、思想和方法》(毛正中、吴素华,译,2019),阿尔弗雷德・S.波萨门蒂尔、英格玛・莱曼《精彩的数学错误》(李永学,译,2019),菲利克斯・克莱因《高观点下的初等数学(全三卷)》(舒湘芹、陈义章,等,译,2020),卢克・希顿《数学思想简史》(李永学,译,2020),E.T.贝尔《数学:科学的女王和仆人》(李永学,译,2020),E.T.贝尔《数学的历程》(李永学,译,2020)。

云南教育出版社"科学家讲的科学故事丛书"(110 种),是由韩国科学家和教育家推出的一套大型科普读物,融数学、科学、科学方法与科学文化于一体,通俗、直观、生动,其中数学 17 种,包括《泰勒斯讲的平面图形的故事》《毕达哥拉斯讲的三角形的故事》《欧几里得讲的几何学的故事》《丢番图讲的方程的故事》《斯蒂文讲的分数和小数的故事》《笛卡尔讲的函数的故事》《费马讲的数论的故事》《帕斯卡讲的概率论的故事》《欧拉讲的 π 的故事》《欧拉讲的数的历史的故事》《高斯讲的数列理论的故事》《柯西讲的不等式的故事》《黎曼讲的四维几何学的故事》《康托讲的集合的故事》《罗素讲的悖论的故事》《费希尔讲的统计的故事》《图灵讲的密码的故事》。与数学有密切关系的科学图书有 10 多种,例如,《默冬讲的月历的故事》《阿基米德讲的浮力的故事》《厄拉多塞讲的地球的故事》《哥白尼讲的日心说的故事》《牛顿讲的万有引力的故事》《拉格朗日讲的运动法则的故事》《麦克斯韦讲的电磁的故事》《爱因斯坦讲的相对论的故事》《薛定谔讲的量子物理学的故事》《伽莫夫讲的宇宙论的故事》《洛伦兹讲的混沌学的故事》等。

还有许多渗透数学史和数学文化的优秀普及读物散见于其他丛书或单本出版,国内学者的作品如石钟慈《第三种科学方法——计算机时代的科学计算》[①],陈希孺《机会的数学》[②],译著如丘成桐主编的"数学翻译丛书"(高等教育出版社),以经典的数学教科书为主,但其中也包括了 F.克莱因《初等几何的著名问题》(2005)和《数学在 19 世纪的发展》(第一卷,2010;第二卷,2011)、A.韦伊《数论——从汉谟拉比到勒让德的历史导引》(2010)三种难得的数学史经典著作。此外如哈

① 石钟慈.第三种科学方法——计算机时代的科学计算[M].北京:清华大学出版社,广州:暨南大学出版社,2000.

② 陈希孺.机会的数学[M].北京:清华大学出版社,广州:暨南大学出版社,2000.

里·亨德森《数学——描绘自然与社会的有力模式》①、阿米尔·艾克塞尔《神秘的阿列夫ℵ》②、戴维·福斯特·华莱士《跳跃的无穷——无穷大简史》③、德福林《数学的语言:化无形为可见》④、D.吕埃勒《数学与人类思维》⑤等,不再赘述。

0.3 研究思路

本书在笔者多年从事数学史和数学文化学研究及数学文化教育实践的基础上展开研究,由两个基本部分组成:首先,以数学史和文化理论为理论基础,理解数学文化,提出基本问题,确立核心概念,建构数学文化学的理论体系;其次,以上述对数学文化的理解和数学文化学理论体系为基础,对中学、大学本科和数学专业硕士研究生三个层次的数学文化教育提出总体构想,并具体给出相应的课程设计,分别结合相应的讲义片断对总体构想和课程设计做出说明和论证。

0.3.1 数学文化学的理论建构

从学理上说,数学文化学应该是以文化学的研究视角、理论和方法对数学、数学家共同体以及与数学有关的各种文化现象的研究。正如数学教育学的基本属性是教育学、数学史的基本属性是历史学一样,数学文化学的基本属性应该是文化学或文化研究。一方面,数学文化学的研究可以借助100多年来各种文化理论积累的丰富成果;另一方面,数学文化学的研究也应适当考虑文化理论的基本视角、观点和规范。

基于上述考虑,本书的出发点就是以文化学或文化研究为主要理论基础,以当

---

① 哈里·亨德森.数学——描绘自然与社会的有力模式[M].王正科,赵华,译.上海:上海科学技术文献出版社,2008.

② 阿米尔·艾克塞尔.神秘的阿列夫ℵ[M].左平,译.上海:上海科学技术文献出版社,2008.

③ 戴维·福斯特·华莱士.跳跃的无穷——无穷大简史[M].胡凯衡,译.长沙:湖南科学技术出版社,2009.

④ 德福林.数学的语言:化无形为可见[M].洪万生,等,译.桂林:广西师范大学出版社,2013.

⑤ D.吕埃勒.数学与人类思维[M].林开亮,等,译.上海:上海科学技术出版社,2015.

代文化研究的基本观点、方法和成果为依据，建构数学文化学的理论框架。

为此，笔者通过研读文化人类学、文化学、文化研究有关论著，整合了卡西尔、怀特、威廉斯三位文化学者的基本观点，提炼出一个在结构上更为完整、分类和概念更为精细、能体现亚文化系统及文化现象互动机制的文化理论系统，作为建构数学文化学理论框架的基础。

田野调查、对特定人群的考察、文献研究和心理分析方法从一开始就是文化人类学的主要研究方法，在起源稍晚的文化学及当代文化研究中仍然是主要的研究方法。在数学文化学研究中，它们可以相应地被代换为实地考察、数学历史遗存考古、数学家访谈、数学文献研究、数学家心理分析等。受个人力量和研究周期所限，本书主要采用文献研究方法，以数学史、数学哲学、数学社会学和数学教育的大量文献资料和研究成果作为研究素材，提出数学文化学的基本问题，归纳和提炼数学文化的基本要素，建构数学文化学的理论框架，并以之作为面向不同人群的、不同层次的数学文化教育的基础。

通过对数学发展的历史考察，笔者提炼了一组进行数学文化研究的基本问题，即，在所考虑的文化系统中：

什么人在研究数学（谁在做）；

数学家出于什么原因而研究数学（为什么做）；

第一流数学家或数学界主流关注哪些数学问题（主题）（做什么）；

研究数学的主要方式和方法是什么（如何做）；

数学问题与方法是以什么方式相互关联和发展的（如何关联和发展）。

通过对数学发展的历史考察，不难发现，如果我们把一个文明—民族—国家看作一个相对独立的文化系统，那么，当其数学发展到较为理论化的阶段，都以三对基本范畴为核心要素，即：数学的主题与方法，数学的核心概念与理论体系，数学家的观念与工作方式。它们之间的基本关系是：在数学发展过程中处于核心位置的是主题和方法，二者推动着数学的实质性进步；概念和体系则是数学发展到一定阶段时形成理论的必然结果；数学家的观念与工作方式则决定着前面诸因素的基本面貌和发展方向。

与此同时，提炼出数学文化的四类主要关注点：

（1）数学文化的主要方面和基本特征。

（2）数学创造的原因、动力、制约因素及其作用机制。

（3）数学文化对其他文化创造的影响。

（4）数学文化对人类生活方式的影响，公众对数学的理解。

从这四类主要关注点出发，利用五个基本问题，可以方便地进行宏观意义上的案例研究；利用三对范畴，可以方便地进行微观意义上的案例研究。它们自然地形成了一套从事数学文化学研究的基本思考方式，由此导致的研究工作的范围构成了数学文化学的基本领域。

根据本书第一章将要给出的数学文化的定义，五个基本问题和三对基本范畴主要用来研究数学家的创造性活动及其成果，亦即它们所涉及的主要是数学文化的第一种意义。在涉及数学文化的第二种意义（数学文化是人类生活方式的组成部分）时，四类关注点中的后两类将发挥作用。综合前两个层面进行历史考察，可以体现和理解数学文化的第三种意义。更一般意义的讨论不仅以文化理论为基础，还将随时运用文化研究的视角、观点和方法。

0.3.2 数学文化教育实践研究

0.3.2.1 数学文化教育的几个要点

① 数学的文化价值。数学深刻地影响着我们认识物质世界的方式。数学对于人类理性精神的养成与发展有着特别重要的意义。数学有着重要的思维训练功能，尤其是对创造性思维发展有重要作用。数学对人类审美意识的发展有重要贡献。

② 数学文化教育的指导思想。帮助学生了解数学科学与人类社会发展之间的相互作用，体会数学的现实来源和背景，体会数学的价值，把握作为一种文化的数学的基本特征，进而更深刻地认识和理解数学，开阔视野，激发对于数学创新原动力的认识，形成正确的数学观。

③ 数学文化课程的基本观点。数学的发展有两个基本动力，即数学自身发展与完善的需要和人类社会的现实需要。数学中很多重要问题来源于人类的现实需要，来源于科学、技术和社会的需要，很多重要的方法和思想是在解决上述问题的过程中产生和发展的，数学的发展还受到同时代诸多社会因素和文化背景的影响；另一方面，数学在其漫长的发展历程中，也对人类历史文化的几乎所有层面都产生了或直接或间接的影响，成为人类文化中十分基本而深刻的组成部分。

④ 数学文化教育的意义。数学文化教育有助于帮助学生更好地理解数学问题、方法、概念和理论的现实背景，认识数学的发展规律；有助于帮助学生认识数学在人类文化特别是当代社会中的地位和作用；有助于启发学生用数学的眼光去看待周围的事物，用数学的思考方式去处理各种现实问题，包括那些看起来与数学毫无关系的问题；有助于帮助学生通过对数学理性的认识，培育理性精神；有助于激发学生对数学的良好情感体验。

⑤ 基于数学文化的数学教育观。数学课程不仅是一门工具课，更重要的，它是一门具有基础性的文化课程，它不仅教会学生计算和度量，还帮助他们学会把握事物的本质，获得一类基本的思维方式，培育理性精神和审美情趣。这些要素共同构成通常所说的数学素养，是现代文化素养极为重要的组成部分。

0.3.2.2 中小学的数学文化教育

体现在三个方面：

① 对数学史融入中小学数学课程的研究

基本观点：数学史对于揭示数学知识的现实来源和应用，对于帮助学生体会真正的数学思维过程，创造一种探索与研究的数学学习气氛，对于激发学生对数学的兴趣，培养探索精神，对于揭示数学在文化史和科学进步史上的地位与影响进而揭示其人文价值，都有重要意义。

案例研究：课堂教学案例的研究与开发；为中小学数学教师所作的数学史与数学文化培训报告中的相关案例；为初高中学生所作的数学史与数学文化培训报告中的相关案例。

② 对高中数学课程中数学文化的研究

基本观点：

《普通高中数学课程标准(实验)》前言指出："数学是人类文化的重要组成部分。数学课程应适当反映数学的历史、应用和发展趋势，数学对推动社会发展的作用，数学的社会需求，社会发展对数学发展的推动作用，数学科学的思想体系，数学的美学价值，数学家的创新精神。数学课程应帮助学生了解数学在人类文明发展中的作用，逐步形成正确的数学观。"[①]这意味着，我们对数学的理解，不能仅仅局限在"数学是科学技术的语言和工具"这样一个狭隘的范围内，还应当通过了解数学与社会的互动，从更广泛、更深刻的文化层面去认识它；在数学课程中，不仅要学习数学知识，还要学习数学的思想和方法，领悟数学的精神。《标准》前言中的表述，无疑使数学课程具有了基本的文化课程的性质，并给出了从文化的层面理解数学的各个角度，这在教育观念上是一个巨大的进步，也为在数学课程中实施数学文化教育提供了依据。

中小学数学课程中的绝大部分内容，都可以找到数学与社会互动的相应素材，开发数学文化教学案例，使学生认识相应数学知识与方法的背景、来源和应用，领悟数学思想方法的真谛，进而认识数学在人类文化特别是当代社会中的地位和作用，体会用数学的眼光去看待周围的事物、用数学的思考方式去处理各种现实问题的过程和乐趣，从而激发学生对数学的良好情感体验。除了现实需要，数学还是一种理性文化，结合有关案例可以帮助学生认识数学理性，培育理性精神。

③ 高中生"数学与现代社会"系列讲座

基本观点：数学在其发展的早期主要是作为一种实用的技术或工具，广泛应用于处理人类生活及社会活动中的各种实际问题。早期数学应用的重要方面有：食物、牲畜、工具以及其他生活用品的分配与交换，房屋、仓库等的建造，丈量土地，兴修水利，编制历法等。随着数学的发展和人类文化的进步，数学的应用逐渐扩展和

---

① 中华人民共和国教育部.普通高中数学课程标准(实验)[S].北京：人民教育出版社，2003:4.

深入到更一般的技术和科学领域。从古希腊开始，数学就与哲学建立了密切的联系，近代以来，数学又进入了人文社会科学领域，并在当代使人文社会科学的数学化成为一种强大的趋势。与此同时，数学在提高全民素质、培养适应现代化需要的各级人才方面也显现出特殊的教育功能。数学在现代社会中有许多出人意料的应用，在许多场合，它已经不再单纯是一种辅助性的工具，它已经成为解决许多重大问题的关键性的思想与方法，由此产生的许多成果，又早已悄悄地遍布在我们身边，极大地改变了我们的生活方式。

具体工作：1995—2004 年，在北京师范大学第二附属中学连续 10 年为高中文科实验班学生作系列讲座；1997—2002 年，以《数学与现代社会》和《数学活动课》的名义多次为北京师范大学附属实验中学全国理科实验班学生开课；2000—2018 年又在北京、昆明、乌鲁木齐、白银等多个城市的多所中学为学生作过多次类似内容的报告。

0.3.2.3 大学本科生的数学文化教育

体现在两个方面：

① “数学与文化”课程

课程设计思路：本课程立足于拓展学生视野，以跨学科的多元视角，突出体现素质教育的时代要求，为本科生在数学工具课之外开辟提高数学文化素养的全新途径，帮助学生更为具体生动地体会与理解数学的价值，体会与理解数学方法的现实的与潜在的巨大力量，激发学习数学的热情，并提示一些有价值的研究方向。

② “大学文科高等数学”课程

基本观点：大学文科高等数学课程应立足于文科学生未来的发展，以跨学科的多元视角，兼顾工具课与文化素养课两个基本方面，帮助学生在学习、了解高等数学的初步知识、基本思想方法的同时，通过具体生动的实例体会与理解数学方法的现实的与潜在的巨大力量，体会与理解数学的文化价值，激发学习数学的热情，获得进一步学习的动力与初步能力，并提示一些有价值的研究方向。

具体工作：自 1993 年开始为文科系本科生讲授高等数学课程，多年来始终坚持在课程中渗透数学文化的基本思想，体现在五个方面：渗透数学史；作为工具的数学：数学方法在人文、社会学科各领域的应用；作为语言的数学：数学模型；作为思维方式的数学；作为理性文化的数学。

0.3.2.4 数学专业硕士研究生的数学文化教育

1. 数学史教育导论

本课程面向数学教育专业硕士生、数学史专业硕士生以及有志于从事数学史教育的数学专业硕士生开设，教学目标包括三个基本方面：

(1) 在本科数学思想史课程的基础上，进一步理解和把握数学发展的历史脉络，同时培养学生自主研读较为系统的数学史著作的能力和意识。

(2) 思考和探讨数学史教育的基本问题、方法和原则，初步建立数学史教育的意识和规范。

(3) 深入探讨若干具有一般性的教学案例，为具体有效地实施数学史教育奠定基础和积累经验。

2. 数学文化专题

本课程面向数学教育专业硕士生、数学史专业硕士生以及有志于从事数学史教育的数学专业硕士生开设，以前述五个基本问题、三对基本范畴和四类主要关注点为骨架设计课程，较为全面地将数学文化学的研究成果转化为课程形态。教学目标包括两个基本方面：

(1) 在本科课程的基础上，帮助学生从宏观的、历史的线索了解数学发展与人类社会发展之间的相互作用，体会数学的现实来源和背景，体会数学的科学价值、应用价值、人文价值、美学价值，开阔视野，突出数学在现代社会的地位和影响，激发对于数学创新原动力的认识，并对几个重大问题作专题研究，从而深化对数学文化的理解。

(2) 以数学文化研究为依据，界定数学文化教育，确定数学文化教育的目标和原则，并通过若干案例研讨中小学数学文化教育的具体内容和实施中的一些问题，为在中小学数学教育中融入数学史、渗透数学文化教育奠定初步基础。

上篇

数学文化学的一种理论建构

数学文化学是以数学史或当代数学发展的案例研究和整体性研究为基础，运用文化理论（例如，文化人类学、文化学或文化研究）的视角、观点和方法对数学的本质、价值、核心要素（包括问题、方法、概念、命题、体系、思想、观念、数学家的工作方式、数学传统等）、发展历程，以及数学与人类文化诸因素或亚文化系统的互动关系及其发展过程所作的理论研究。

数学文化学完整理论体系的建构及其充分论证是一件十分庞大和繁琐的工作，为了不使篇幅过分膨胀，上篇只是给出其基本框架，包括五个基本问题、三对基本范畴和四类主要关注点，以及相关的基本观点和案例，但并未展开论证和给出细节。

第一章 数学文化学的基本框架

1.1 文化・数学・数学文化

如前所述，自 20 世纪 90 年代以来，数学文化研究、数学文化教育研究与实践已经成为数学史、数学哲学和数学教育界共同关注的热点问题，取得了令人瞩目的成果，却既没有形成一个获得学术界广泛认同的数学文化定义，也没有建立一个具有内在逻辑的数学文化学体系。造成这种局面的原因相当复杂，冒着过分简单化的危险，笔者认为其主要原因是：文化概念的复杂性、宽泛性和不断演变；20 世纪以来数学基础问题的争议和数学观念的变革；作为人类文化亚文化系统的数学文化与其他亚文化系统的互动过于复杂，使得数学文化的边界十分模糊，从而带来对数学文化理解和描述的困难；迄今为止，关注数学文化的主要是数学家、数学史家、数学哲学家和数学教育家，从事一般文化理论研究的学者很少关注数学文化，而关心数学文化的人通常又不太关注一般文化理论的发展。

有鉴于此，本节尝试通过对前文概括过的关于"文化"和"数学"概念的主要观点确定笔者赞同和主张的"文化"与"数学"概念，并据此导出"数学文化"概念，作为进一步研究的出发点。

1.1.1 文化

1.1.1.1 关于文化概念的一般思考

从1871年泰勒给出他的文化定义至今，140年间，众多文化学者对“文化”给出了大量定义，使之成为最有争议、最复杂、最模糊的概念之一。对此，本书文献综述部分作了初步整理，并简单列举了导致这一状况的较为明显的原因，其中第三条是，许多差异较大的学科都在使用这个概念，各学科对其理解有层次和侧重上的差异。笔者认为，这是导致文化概念众说纷纭、莫衷一是的最本质的原因。更进一步说，如果我们不是仅从某一学科、某一流派的角度看问题，而是把以“文化”作为核心概念之一的各学科(或研究领域)中所定义的“文化”概念收集起来分类整理，就会发现，我们要面对的主要问题不是要确认哪个定义好哪个定义不好，定义要宽一点还是要窄一点，以便从中选出一个，而是要判断和区分，不同的“文化”定义所界定的文化分别处在何种层次上，要回答或解决的主要问题是什么。在此基础上，提炼和概括所有这些领域所说的“文化”的本质的、共同的内涵，得出一个具有最大包容性的、本质的、统一的文化概念，各具体研究领域则在这个一般文化定义的基础上去进一步界定本领域所说的文化概念。按照这样的方式将各领域的文化概念整合在一起，其整体结构可以形象地描述为一棵“文化概念树”。按照我们将要在下文进行的讨论，文化现象是多维(我们概括为三维)多级的，文化概念树其实只不过是文化现象这种复杂情形的反映。

各种狭义的“文化”概念，应主要指全部精神文化和规范文化的一部分，不仅范围小，更重要的是，与威廉斯的文化概念相比，它们所强调的是那些已经成形的、在某个特定的人群中占据着主导地位的观念、意识、信仰和价值取向，却并没有关注这些观念、意识、信仰和价值取向的形成过程，以及在形成这些观念、意识、信仰和价值取向的过程中所发生的事情。但是，形成过程对理解这些观念、意识、信仰和价值取向可能是至关重要的，形成过程中所发生的事情可能同样体现了某些基本和重要的观念、意识、信仰和价值，本身就属于文化研究应该关注的对象。

1.1.1.2 基于威廉斯文化定义的讨论

根据雷蒙·威廉斯的观点，文化具有三种意义：文化是艺术或智力创造活动及其产品；文化是人类的生活方式，是各种特定人群所特有的生活方式及其互动关系的总和；文化是一个不断发展的过程。下面我们尝试扩展和细化这个定义。

威廉斯文化定义的前两种意义，是发生在相应的时间横断面上的行为或事件，代表了文化的两个基本层次：

文化第一种意义的实质是创造，是文化中最核心、最具生命力的部分，在任何时代，它都代表了人类精神的制高点，引导着相应时代文化的发展方向并直接推动文化的发展。这种意义上的文化，对应于传统的文化人类学或文化学中所说的精神文化与智能文化的总和。

文化第二种意义的实质是消费和反馈。这种意义上的文化，既对应于传统的文化人类学或文化学中所说的物质文化与规范文化（包括行为文化与制度文化）的总和，也包括因社会对精神文化与智能文化成果的消费和反馈而营造的文化环境。

我们首先解释“消费”。艺术或智力创造活动不一定每次都获得产品，当确实获得了产品，这些产品就有了影响乃至成为人类生活方式的可能，而这取决于社会是否接受它，可以说成，取决于社会是否愿意并且能够消费这些产品。一件艺术品被其创作者以外的人观赏、收藏，一项科学发现被发表出来为同行和公众所知晓并产生社会影响，一项技术发明用于生产可供普通人使用的制品，一项政治主张为社会所认同并得以实施，都是我们所说的消费行为。

由消费首先派生出“复制”的概念。艺术或智力创造活动的产品分为可复制的与不可复制的两类。举例来说，人类的所有生活必需品都是可复制产品，虽然最初发明它们的人所制作的第一件（或若干件）产品属于不可复制品，但一旦它们进入常规生产环节，就都是可复制的；精神文化及智能文化产品，在手稿、原创、原件的意义上不可复制，在印刷品或工艺品的意义上可以复制；用计算机程序生成的美术作品是可以复制的，这打破了本来意义上的艺术品不可复制的情况；绝大多数传统意义上的民间工艺品以及现代批量生产的工艺美术品是可以复制的。传统意义上的绘画（如《蒙娜丽莎》）、原创性的雕塑作品（如《思想者》）和其他手工艺术品，具有特定文化内涵的建筑物（如天坛、故宫），具有标志性的其他产品（如第一台电子计算机）等是不可复制的。此外，作为原件的历史文物，有的最初就是不可复制的（如手稿），有的在当时可以复制，但在后世因其所具有的文化内涵而已经变得不可复制（如后母戊鼎）。不可复制的艺术或智力创造活动产品主要影响人类的精神生活或作为文化标志，可复制的艺术或智力创造活动产品，有的影响人类的精神生活，有的影响人类的物质生活，有的兼具双重功能。

当代文化人类学中称生活方式（文化特征）由上一代传到下一代为"濡化"，从一个文化或社会传到另一个文化或社会为"传播"，用笔者的表述方式，它们是不同类型的复制。思想、知识随其付诸实施而被消费，随其濡化和传播而被复制。行为文化所涉及的对象（例如习俗、伦理），制度文化所涉及的对象（例如政治、经济、文化、教育、军事、法律、婚姻等制度以及实施上述制度的各种具有物质载体的机构设施等）与前面所列各类文化现象类似，同样具有第一和第二两种意义。这些内容的首创者、最早使用者处在文化第一种意义的层面，其他应用和传播者处在文化第二种意义的层面，同样随其付诸实施而被消费，随其濡化和传播而被复制。

由消费又派生出物质层面的"支撑"概念。在任何一个时代，第一种意义的文化的创造者们都是相应时代的文化精英，他们当然地生活在第二种意义的文化之中，换言之，第二种意义的文化既为他们提供起码的生存条件，又为他们的创造活动提供物质保障和技术支持。

由消费又派生出"生活基本需要"的概念，包括生理需要、安全需要、交往需要、社会角色需要、审美需要、求知与自我实现需要等，对应于马斯洛的人类五种需要。显然，生活基本需要是一个不断发展变化的历史过程。布尔迪厄认为，人类的生活需求，主要是社会建构的产物。例如，他指出："科学观察表明，文化需求是培养与教育的产物：研究证实，一切文化实践（参观博物馆、听音乐会、阅读等）和对文学、绘画或音乐的偏爱，都与受教育的程度（由学历或受教育年限来衡量）以及社会出身密切相关。"[①]但无论其原因如何，只要有需求，就会促进相应的创造性工作以及相应的复制等文化过程。

再解释"反馈"。社会需要对于文化创造是基本的动力，这是反馈的首要含义。另一方面，文化创造与规范文化（行为文化和制度文化）之间又存在强烈的互动，文化创造会影响规范文化的面貌，规范文化又会推动或制约文化创造，这种推动或制约是反馈的第二种含义。

威廉斯文化定义的第三种意义代表了文化随时间流动而发生的变化。

为方便进一步的讨论，我们给出一套关于文化现象、概念和问题的表述方式。

我们用 $W_1, W_2, \cdots W_n$ 代表基本的文化领域，它们的具体含义可以根据研究者的习惯和实际需要来设定，例如，按照文化人类学或文化学较为流行的做法，将基本文化现象划分为智能文化、物质文化、规范文化（包括行为文化和制度文化）、精神文化，或者，直接在更具体的层面上划分，例如，直接将科学、技术等，房屋、器皿、机械等，社会组织、制度、政治和法律形式、经济、教育、伦理、道德、风俗、习惯、语言等，神话与宗教、信仰、审美意识、文学、艺术、历史、哲学等，作为基本文化领域，总数可能有近百或上百种，但即使如此，其下仍会划分出二级分类、三级分类等，于是，最初划分细一点或粗一点，是无关紧要的。在某种情况下，人们可能满足于简单的二分法，例如，1959 年，英国学者斯诺（C.P.Snow）出版了著名的《两种文化》（*The Two Cultures*），他说："我相信整个西方社会的智力生活已日益分裂为两个极端的集团（groups）。""一极是文学知识分子，另一极是科学家，特别是最有代表性的物理学家。二者之间存在着互不理解的鸿沟——有时（特别是在年轻人中间）还互相憎恨和厌恶，当然大多数是由于缺乏了解。他们都荒谬地歪曲了对方的形象。他们对待问题的态度全然不同，甚至在感情方面也难以找到很多共同的基础。"[②]

---

① 布尔迪厄.《区分》导言[M]//罗钢，王中忱.消费文化读本.北京：中国社会科学出版社，2003：42.

② C.P.斯诺.两种文化[M].纪树立，译.北京：生活·读书·新知三联书店，1994：3-4.

除了基本文化领域，文化现象还与文明—民族—国家紧密联系在一起，我们用 $G_1, G_2, \cdots G_s$ 代表这些文明—民族—国家。不同的文明—民族—国家有不同的文化和文化传统，于是才有了中国传统文化、日本文化、西方文化、阿拉伯文化等这样的说法。在这一层面上，“每一种文化都依存于特定的历史形成的生活方式，有着自己独特的构造、制度和行为模式。”①

除了以上两个因素，许多文化现象还有明显的阶级属性，例如，中国春秋战国时代的投壶，今日中国的“房奴”一族，欧洲近代的宫廷舞，当今世界的高尔夫球，以及人们常说的小资情调。我们用 $C_1, C_2, \cdots C_t$ 代表这些阶级。关于文化的阶级性，我们取布尔迪厄《区隔：趣味判断的社会批判》“引言”中的一段论述作为佐证：“尽管卡理斯玛意识形态认为合法文化中的趣味是一种天赋，科学观察却表明，文化需要是教养和教育的产物：诸多调查证明，一切文化实践（参观博物馆、听音乐会以及阅读等等）以及文学、绘画或者音乐方面的偏好，都首先与教育水平（可按学历或学习年限加以衡量）密切相连，其次与社会出身相关。家庭背景和正规教育（这种教育的效果和持久性非常依赖于社会出身）的相对重要性，因教育体制对各种不同的文化实践的教导和认可程度的不同而不同；如果其他因素相同，那么社会出身的影响则在‘课程外的’和先锋的文化中是最为强有力的。消费者的社会等级对应于社会所认可的艺术等级，也对应于各种艺术内部的文类、学派、时期的等级。它所预设的便是各种趣味（tastes）发挥着‘阶级’（class）的诸种标志的功能。”②

文化现象的分类，应该是综合上述三方面因素而做出的结果，我们可以把这叫作文化现象的三维分类。

出于某些更精细的考虑，文化现象还可以有其他的分类标准，从而可以导致更多的“维”，例如：男性文化与女性文化，儿童文化与成人文化，先进文化与落后文化，高雅文化与通俗文化，等等。笔者认为，尽管我们可以提出更多分类标准从而

---

① 奈杰尔·拉波特，乔安娜·奥弗林.社会文化人类学的关键概念[M].鲍雯妍，等，译.北京：华夏出版社，2005：77.

② 陶东风，金元浦，高丙中.文化研究（第4辑）[M].北京：中央编译出版社，2003：8-9.

使分类更加精细，但最本质的还是上面的三维分类，为了不使问题过于复杂，可以通过类比的方法将逻辑上可能出现的新的类别归入与之性质较为接近的类别，例如男性文化与女性文化、儿童文化与成人文化、高雅文化与通俗文化可看作一种"准阶级分类"，因为它们显然不可能归入领域分类或文明—民族—国家分类中，而其性质也确实与阶级分类有某种相似之处，而先进文化与落后文化这样的分类则超出了我们的讨论范围。

在完成上述分类之后，我们来考虑具体的文化现象。这里所说的"具体"，其含义同样可以根据研究者的习惯和实际需要来设定，例如，一位研究者可能认为"中国民居"已经是一种基本的文化现象了，另一位研究者却认为应该进一步将其细分为东北民居、北京民居、安徽民居、福建民居等。

假设我们所面对的已经是第一种意义的文化中的一个具体文化现象(艺术或智力创造活动及其产品)，记为 a。我们对 a 的表示方法作进一步细化。看下面的多脚标记号：

$$a_{L-Z-X-J}$$

其中 L 代表 a 最终所属的"类"，它本身应该是三维的和多层的，"三维"的含义如前所述，"多层"是指能区分出基本类、二级类、三级类等。Z 代表具体的"种"，同种的文化现象具有大致相似的功能，例如，北京传统民居中的四合院。X 代表这种文化现象的"型"，是这种文化现象在同一时间横断面上因功能或价值等方面差异而区分出的不同形态，同型的文化现象具有大致相似的结构并在功能上从"种"的层面上进一步细化，例如可以把四合院分为贫寒型、小康型、富有型、豪华型，或者分为单进、三进、五进、多进。J 代表这种文化现象中所包含的创造水平的"级"，在物质文化中，它往往标志着相应的技术含量。随着时间的延续、文化的发展，文化现象将不断升级，较低的级与较高的级之间的水平差可以叫作"级差"。固定前三个脚标，考察 J 按 1、2、3…变化时 a 的序列，我们将看到这种文化现象的发展过程。高级别的文化创造可能包含了低级别文化现象的思想、方法和技术等因素，也可能完全开辟新的道路，但在时间较晚者应知晓时间较早者的意义上，或在高级别应包含了低级别所具有的功能的意义上，我们总可以说高级别包含了低级别。

我们把 $a_{L-Z-X-J}$ 进入第二种意义的文化后的对应物记为 $b_{L-Z-X-J}$。

显然，由 $a_{L-Z-X-J}$ 达到 $b_{L-Z-X-J}$，通常具有时间差。同样显然地，越是高端的、抽象的文化现象，这个时间差通常会越大；级差越大，时间差通常也会越大；随着时间的延续、文化的发展，$a_{L-Z-X-J}$ 到 $b_{L-Z-X-J}$ 的时间差逐步减小。

有了上述概念和符号，可以方便很多文化问题的讨论。例如，每一个具体的 $a_{L-Z-X-J}$ 和 $b_{L-Z-X-J}$ 都像一幅静止的图画，用 A 表示这些 $a_{L-Z-X-J}$ 的和，它就像一部连续播放的动画片，对应于第一种意义的文化史，即创造性文化的历史。用 B 表示这些 $b_{L-Z-X-J}$ 的总和，它就像另一部连续播放的动画片，对应于人类生活方式的发展史，而整个人类的文化史就是 A＋B 以及 A、B 之间的互动，对应于文化的第三种意义。限于本书的性质(数学文化学和数学文化教育)，此处不能过多展开，但笔者相信这样的表述方式可以用于对更广泛的问题作更深入的讨论。

1.1.1.3 基于卡西尔-怀特-威廉斯文化理论的讨论

卡西尔文化哲学的关键词：符号，创造，发展过程。卡西尔主要关注人类精神文化和智能文化的发展历程，给出了现代意义上对文化本质的一个较好概括，但不够完整，例如他基本上没有关注人类的物质文化与规范文化，更没有关注大众文化。

怀特文化科学关键词：第一级关键词：符号，技术，能量；第二级关键词：活动，积累和进步，过程。他所说的积累和进步，其实就是人类创造性活动的产品及其体现在人类生活方式中的相应形态，而“积累和进步”本身又自然成为一个发展过程。怀特很少直接使用“创造”一词，但我们也可以找到这样的用法：“数学概念与道德价值、交通规则和鸟笼一样，是人类创造的。”[①]怀特将人类文化划分为三个层面：技术、社会和哲学，全面涵盖了通常所说的智能文化、物质文化、规范文化和精神文

① 莱斯利·A.怀特.文化的科学——人类与文明的研究[M].沈原，黄克克，黄玲伊，译.济南：山东人民出版社，1988：294.

化的主要方面。《文化的科学》第三编主要关注上述三个层面之间的互动机制，建构了一个以动力学研究为特征的文化学体系①。他写道："我们可以将文化系统视为三个层面的系列：技术层面处于底层，哲学层面则在顶层，居中的是社会学的层面。这些地位也表达了它们各自在文化进程中的作用。技术系统是基本的、原初的系统。社会系统是技术的功能，而哲学则表达技术力量，反映社会制度。技术力量因而是文化系统整体的决定力量。它决定社会系统的形态，并与社会系统一起决定着哲学的内涵与取向。这当然不是说，社会系统不能制约技术的运转，或者社会和技术系统不受哲学之影响。情况正好相反。然而，制约是一回事，决定却完全是另一回事。"②按照马克思主义政治经济学的观点，生产力包括三要素：劳动者、劳动工具和劳动对象，如果看到劳动者的技术素养、劳动工具的技术含量在生产力中的作用，我们就可以做出这样的判断：怀特以技术力量作为整个文化系统整体的决定力量的观点，以及他对技术、社会、哲学三个系统互动关系的表述，与马克思主义政治经济学的经典理论几乎完全一致。怀特的历史观也是马克思主义的，他在该书第八章"天才：它的起因和发生率"中强调指出："天才的创造和产生都被视为文化环境的功能。能否造就出天才，取决于文化聚集处的土壤和气候。"③第三编中还根据科学技术史的基本线索较为完整地重构了人类文化史的基本框架。实际上，怀特确实受到马克思经济学说和达尔文进化论的双重影响④，并且被认为是一个社会主义者。

怀特的文化科学上承卡西尔，下接威廉斯，包含了他们的文化理论中的主要成分并更为丰富：在关注物质文化和规范文化方面胜过卡西尔，而以技术和能量为基础分析文化发展的内在动力和机制又是威廉斯的文化理论所并不涉及的。但由于

---

① 莱斯利·A.怀特.文化的科学——人类与文明的研究[M].沈原，黄克克，黄玲伊，译.济南：山东人民出版社，1988：349.

② 莱斯利·A.怀特.文化的科学——人类与文明的研究[M].沈原，黄克克，黄玲伊，译.济南：山东人民出版社，1988：352－353.

③ 莱斯利·A.怀特.文化的科学——人类与文明的研究[M].沈原，黄克克，黄玲伊，译.济南：山东人民出版社，1988：210.

④ 王铭铭.20世纪西方人类学主要著作指南[M].北京：世界图书出版公司，2008：166.

怀特的注意力集中在创造性文化及其历史发展,对作为生活方式的文化关注不够,特别是基本上没有讨论大众文化。

威廉斯文化研究关键词:创造,生活方式,发展过程。与卡西尔和怀特相比,他的文化研究突出表现了对作为生活方式的文化的关注,特别是前所未有地关注大众文化。他出身于工人家庭,是公认的马克思主义者,“他毕生致力于社会主义,这一点连同他对文化交流和文化民主的渴望,对左派一代人来说具有巨大的吸引力。”①

从今天的眼光来看,卡西尔、怀特和威廉斯的文化理论都有不够完善之处,但如果我们将三者结合起来并适当扩展和深化,就可以获得一个具有高度探索性和启发性的、具有马克思主义色彩但又作了重要调整的文化理论。这一理论以威廉斯的文化定义理解文化的基本结构,以他的文化理论为基础,通过引入怀特关于技术、能量的基本观点和亚文化系统的互动机制,整合三人的主要关键词和主要观点而获得。其要点包括:

(1) 文化概念是由领域、文明—民族—国家、阶级三个维度和下述三种意义综合而成的一个整体。当我们考虑特定的文明—民族—国家的文化时,可以将其看作一个一体化的系统,但整个人类文化却必定是一个多元系统。

(2) 文化现象是由人类所专有的使用符号的能力所决定或导致的那些现象,文化是以使用符号为基础的现象体系。

(3) 文化的第一种意义:文化是由艺术或智力创造活动及其产品组成的一个多元系统,其实质是创造。当将其限定在某个文明—民族—国家时,可以将其看作一个一体化的系统。导致创造性活动的原因是多方面的,从人类社会整体角度看,其原因可以来自人类求美、求知的天性,可以来自社会需要,还可以来自原有创造活动及其产品自身完善与发展的需要;从创造活动实施者个体角度看,可以是马斯

① 阿雷恩·鲍尔德温,布莱恩·朗赫斯特,斯考特·麦克拉肯,等.文化研究导论(修订版)[M].陶东风,和磊,王瑾,等,译.北京:高等教育出版社,2004:5.

洛论述过的人类基本需要(生理需要,安全需要,交往需要,社会角色需要,审美需要,求知与自我实现需要等)。随着一般意义的人类社会的不断发展,文化创造活动的水平不断提高,从而其产品也有一个不断积累、更新、发展的过程。原初性的艺术或智力创造活动可能仅凭人的头脑和身体能力就可以进行,但在达到一定水平之后,必须借助与之相应水平的技术手段以及运用这些手段的技能才可以继续和发展。从这个意义上说,技术对于文化创造具有基本的重要性,决定着文化创造的基本水平和强度。个体的艺术或智力创造活动通常只需要很少的能量支撑,但创造活动一旦成为群体行为乃至社会建制,维持这种创造活动并不断提高其水平就需要可观的能量,人类所能运用的能量的种类、数量、手段和能量的有效利用率通常既决定着技术的发展水平,也决定着艺术或智能创造活动的水平。从这个意义上说,能量是文化创造的基本支撑和保障。

(4) 文化的第二种意义:文化是人类的生活方式,是各种特定人群所特有的生活方式及其互动关系的总和,其实质是消费和反馈。当将其限定在某个文明—民族—国家时,可以将其看作一个一体化的系统。由消费派生出复制、支撑和生活基本需要的概念。对应于文化创造产品不断积累、更新、发展的过程,作为生活方式的文化也有一个不断发展的过程。实际上,在正常情况下,这也将是一个不断进步的过程,但因为其中涉及许多复杂情况,所以我们并不笼统地、绝对地以"进步"来概括这一过程。文化创造的产品成为人类的生活方式之后,其中的技术成分以及运用这些技术的技能往往也随之进入人类的生活方式,或者说,技术成为影响生活方式的重要因素。生命个体的生存繁衍需要能量,人类的各种社会活动(其中包括对文化创造产品的各种消费活动)需要能量,物质形态的文化创造产品的复制需要能量,作为制度文化载体的各种社会机构的正常运行也需要能量。因此,能量也是第二种意义上的文化的基本支撑和保障。

(5) 文化的第三种意义:文化是一个不断发展的过程,其中包括创造性文化的发展与人类生活方式的发展两个层面及其互动。

此外,下述观点是各种文化理论较为公认的,即:文化是共享的;文化是习得的；文化是整合的。笔者赞同并采纳这些观点。

笔者认为，这样一种文化理论，对于理解文化的本质和特征，对于分析具体的文化现象进而研究某些特定的亚文化体系（如数学文化），都会有所裨益。请看下面的例子。

20世纪70年代以来，在人文社会科学的许多领域，后现代思潮迅速崛起，其基本特征是宏大叙事的消解、权威的消解、中心的消解，非主流文化、大众文化开始引人注目，不容忽视。对这一现象已有许多人文社会科学学者给出过各种解释。从怀特的观点出发，我们可以给出一种更自然的解释：技术尤其是高技术的迅猛发展是其主要因素。

在照相机出现之前，无论想获得一幅逼真传神的人物肖像，还是一幅精美的风景画，都需要画家极高的技巧。有了照相机，只要掌握了基本操作方法，大多数人都可以通过大量拍摄，筛选出少量足够精美的照片，使之成为可供欣赏的艺术作品。在有了计算机图形学的一整套理论、方法和技术之后，人们既可以对照片作进一步的加工处理，从而获得各种奇妙的效果，也可以直接在电脑上绘画，尤其是有了分形理论和方法，借助相应的迭代函数，可以绘制出精美而奇特的美术作品。这些作品现在已经风靡全世界，其中很多是青年数学家乃至大学数学系、计算机系学生创作的。使普通人不能成为画家或艺术家的原因，有的时候不是因为他们缺少发现美的眼睛或缺乏产生艺术构思的头脑，而是因为他们的绘画技能不足以实现他们的想法或表现他们的感受。照相机和电脑填平普通人与艺术家之间的技能鸿沟，帮助很多普通人成了艺术家。

对普通人来说，拥有自己的出版社或电视台纯属梦想，但在今天计算机网络普及的背景下，任何人都可以建立自己的博客、播客或公众号，无论文字、图片还是影片，只要不触犯法律，就可以自由发布。网络平台填平了普通人与商业大亨之间的地位与财富鸿沟。更一般地，非主流文化、大众文化的崛起，在很大程度上正是由于高技术为它们构筑了表现的舞台。

对绝大多数人来说，住在自己的国家，在离居住地不太远的地点工作，每天按时上下班，这是再正常不过的事情了。但是，早在 20 世纪 90 年代后期，随着计算机网络的普及，已有学者断言，一个 A 国人待在位于 B 国的家里为设于 C 国的某企业工作的这样事情很快就会不再稀奇，在这样的情形里，国籍、居住地、工作地点分离，并且不再有明确的上下班概念。这种情况的出现，必将明显地改变人们的行为方式和思考方式。

数学猜想对数学发展具有极为重要的意义，历史上大多数重要数学猜想都是由知名数学家提出的，它的提出被认为是天才的直觉和洞察力的表现。20 世纪 90 年代以来，大学数学系出现了一门名为“数学实验”的课程。其基本思想就是借助电子计算机高速度、大容量的计算性能，利用不断改进的计算技术，编制程序，以人机互动的方式去搜索和发现有价值的数学模式和规律，在此基础上提出数学猜想并加以验证，虽然不能证明，却可以获得许多有价值的信息。实际上，随着电子计算机和计算技术的迅速发展，一些数学家就是以这样的方式来发现和提出猜想的。借助高技术，过去基本上只有天才人物才能做的事情，现在普通的大学数学系毕业生也可以做了。

类似的例子可以举出很多，正如怀特所说：“由于技术比重的增长，生物因素的重要性便相对地下降。”[①]高技术平台使普通人有了参与文化创造的机会，使他们由单纯的文化消费者成为潜在的文化创造者，由于技术的特性，这一趋势显然是不可逆转的，从而结束了第一种意义的文化全由少数精英人物垄断和左右的历史。认识到这一点，无论对于理解文化的本质还是解释当今的文化现象无疑都是重要的。例如，为什么在当今大众文化不容忽视，并且必然会对未来的文化发展产生至关重要的影响。

1.1.2 数学

本书采用美国国家研究委员会在《人人关心数学教育的未来》中表述的观点：

① 莱斯利・A.怀特.文化的科学——人类与文明的研究[M].沈原，黄克克，黄玲伊，译.济南：山东人民出版社，1988：215.

“数学是关于模式和秩序的科学。”[①]虽然“数学是关于模式的科学”的定义在今天更为流行，秩序也可以作为模式的导出概念，但笔者认为，考虑到“秩序”在现代数学中的极度重要性，将其直接包括在定义中可能更稳妥、更明确，也更方便。

1.1.3 数学文化

按照前面我们对文化的讨论，可以类似地从三种意义上定义数学文化。

1.1.3.1 数学文化是数学家的创造性活动及其成果

这是数学文化的第一种意义，可进一步细分为两个层面：(1)形成过程中的数学：数学问题的提出及其求解，发展中的数学思想、方法和观念；(2)成熟形态的数学：数学的概念、公式、定理、体系，代表性的数学著作，体现在数学成果和著作中的基本数学思想、方法和观念。

为简便起见，下文经常会把数学家创造性活动的成果笼统地称为数学成果，只有在必要时才进一步区分上述两个层面。

从历史的角度看，第一种意义下的数学文化是多元的，但在20世纪以来它越来越成为一个一体化的系统。

导致数学创造性活动的原因是多方面的，从人类社会整体角度看，其原因可以来自人类求美、求知的天性，可以来自社会需要，还可以来自原有创造活动及其产品自身完善与发展的需要；从创造活动实施者个体角度看，可以是马斯洛论述过的人类基本需要(生理需要，安全需要，交往需要，社会角色需要，审美需要，求知与自我实现需要等)。随着一般意义的人类社会的不断发展，数学文化创造活动的水平不断提高，从而数学成果也有一个不断积累、更新、发展的过程。在数学发展史上的绝大多数时期，数学创造活动仅凭数学家的头脑和身体能力就可以进行，即通常所说的，数学家仅凭一支笔和一张纸就可以工作。但在20世纪70年代以来，随着

---

① 美国国家研究委员会.人人关心数学教育的未来[M].方企勤，叶其孝，丘维声，译.北京：世界图书出版公司，1993：32.

计算机技术以及计算数学的迅猛发展，越来越多的数学研究借助计算机进行，起初是计算机辅助证明，然后发展到一般意义上的数学定理机器证明，后来是数学实验，借助计算机搜索可能的、有价值的数学模式以发现数学规律，进而提出数学猜想。因此，数学的创造性活动如今也日益紧密地与以计算机技术为代表的高技术联系在一起。“计算机日益成为数学研究本身的崭新手段，它不仅极大地扩展了数学的应用范围与能力，而且通过科学计算、数值模拟与图像显示等改变着理论数学研究的面貌。另一方面，计算机的设计、制造、改进与使用提出大量问题，也是向数学理论研究的新挑战。”[①]笔者相信，从发展趋势上看，计算机技术、网络技术对于数学的创造性活动必将产生越来越大的影响，从而在一定程度上决定数学创造的基本水平和强度。

1.1.3.2 数学文化是人类生活方式的组成部分

这是数学文化的第二种意义，表现为社会对数学成果的消费与社会对数学的反馈，包括多个层面，例如：数学以外的文化领域因使用数学成果而导致的创造性活动（包括艺术创造与智能创造）及其成果；基于数学知识与方法应用的物质产品，在这个意义上，数学与普通人的生活方式联系在一起；公众对数学的理解，数学在公众中的形象；数学思想方法在规范文化中的应用，包括数学思想方法对普通人思想及行为方式的影响、数学思想方法和观念对社会运行机制的影响等；数学家通过自己的研究成果获得社会回报，社会因认识到数学的重要作用而给予数学家相应的社会地位和待遇；社会需要对数学发展的推动；规范文化既有可能促进数学的发展，也有可能阻碍数学的发展；此外，数学家共同体的社会建制、数学家的社会地位和公众形象、数学家的交往方式和行为规范等也应包括在这一层面。

从历史的角度看，类似于第一种意义下的数学文化，第二种意义下的数学文化也是多元的。而且，虽然第一种意义下的数学文化在 20 世纪以来越来越成为一个

① 杨乐，叶其孝，张恭庆，等.数学科学[M]//21 世纪初科学发展趋势课题组.21 世纪初科学发展趋势.北京：科学出版社，1996：18.

一体化的系统，但第二种意义下的数学文化即使在今天仍然表现出较为明显的国家或地区差异，从而仍保留着较高程度的多元性。

对应于数学成果不断积累、更新、发展的过程，作为生活方式的数学文化也有一个不断发展的过程。而且，与在其他亚文化系统中难以简单地定义"进步"不同，作为生活方式的数学文化的发展过程毫无疑问也是一个不断进步的过程。

数学在其发展的早期主要是作为一种实用的技术或工具，广泛应用于处理人类生活及社会活动中的各种实际问题从而对人类生活方式产生了深远影响。随着数学的发展，数学的知识不断积累，数学的观念、思想和方法也不断丰富和发展，数学不仅成为一种通用的工具和语言，也成为一类基本的思维方式和一种理性文化，从而在智能文化、规范文化和精神文化的意义上影响着人类的生活方式。20 世纪后期以来，随着计算机技术和网络技术的发展，科学计算成为第三种基本的科学方法，数学对解决科学技术中的各种问题表现出越来越强大的威力，"高技术本质上是一种数学技术"①的观点基本上已经为学术界所公认，数学技术对人类物质文化的影响也愈显强大和深远。

1.1.3.3 数学文化是一个不断发展的过程

这是数学文化的第三种意义。首先，作为一个专门领域的数学是一个不断发展进步的学科(现在已经被称为数学科学，是一个庞大的学科簇)，它的发展受到社会需要和内在需要的双重推动。其次，作为一个亚文化系统的数学与其他亚文化系统的互动关系，或者按笔者的说法，社会对数学成果的消费与反馈，也同样经历着历史的发展演变过程。再次，上述两个发展过程之间又存在着较为明显的互动关系。因此，数学文化的第三种意义应该是上述三个方面的总和。

以上述三方面意义为基础，我们给出数学文化的定义：

数学文化是数学家的创造性活动、成果及凝聚在其中的精神和传统，是在数学

---

① 严士健.面向 21 世纪的中国数学教育——数学家谈数学教育[M].南京：江苏教育出版社，1994：5；21 世纪初科学发展趋势课题组.21 世纪初科学发展趋势[M]北京：科学出版社，1996：23.

(包括其成果、精神和传统)与人类其他亚文化系统互动中形成的人类生活方式,并且是一个不断发展的过程。

1.1.3.4 数学文化学

在上述数学文化定义的基础上,我们可以把数学文化学定义为对数学文化的理论研究。

或者略微详细一点:

数学文化学是以数学史或当代数学发展的案例研究和整体性研究为基础,运用文化理论(例如,文化人类学、文化学或文化研究)的视角、观点和方法对数学的本质、价值、核心要素(包括问题、方法、概念、命题、体系、思想、观念、数学家的工作方式、数学传统等)、发展历程,以及数学与人类文化诸因素或亚文化系统的互动关系及其发展过程所作的理论研究。

1.1.4 我们为什么关注数学文化

1.1.4.1 数学在人类文化中的地位

我们关注数学文化,首先因为数学在人类文化中具有十分重要的地位。

韦伊曾说:“在我们看来,数学是我们思想的一种必要的形式。的确考古学家和历史学家曾向我们揭示过一些文明,其中数学并不存在。要是没有希腊人,没准数学仍旧只不过是一种为其他技术服务的技术;很可能我们会亲眼看见那样一种人类社会产生出来,其中数学就是那种样子。但是对于我们这些人,肩负着希腊思想传统的重担,步履艰辛地行进在文艺复兴的英雄们所开辟的道路上,没有数学的文明简直是不可想象的。”[①]中国的情况虽然明显有别于西方,但数学对中国传统文化的影响依然是巨大的、深远的、不容忽视的,数学对当今世界的影响则无疑更是如此。

数学在其发展的早期主要是作为一种实用的技术或工具,广泛应用于处理人

① 布尔巴基.数学的建筑[M].胡作玄,等,译.南京:江苏教育出版社,1999:64.

类生活及社会活动中的各种实际问题。随着数学的发展和人类文化的进步,数学的应用逐渐扩展和深入到更一般的技术和科学领域。从古希腊开始,数学就与哲学建立了密切的联系,近代以来,数学又进入了人文科学领域,并在当代使人文科学的数学化成为一种强大的趋势。“20 世纪数学科学的巨大发展,比以往任何时代都更加令人信服地确立了其作为整个科学技术的基础的地位。”①数学在现代社会中有许多出人意料的应用,在许多场合,它已经不再单纯是一种辅助性的工具,它已经成为解决许多重大问题的关键性的思想与方法,由此产生的许多成果,又早已悄悄地遍布在我们身边,极大地改变了我们的生活方式。随着科学数学化趋势的增长,数学在提高全民素质、培养适应现代化需要的各级人才方面还具有特殊的教育功能。所有这些都表明,数学科学已成为推进人类文明的不可或缺的重要因素。

数学是知识体系,是强有力的工具,是具有普遍性的语言和基本的思维方式,数学研究是一种基本的人类活动,数学在其发展过程中体现了高度的想象力、创造性和理性精神,并且与人类文化的许多重要方面有深刻的、卓有成效的互动,对照前面关于“文化”概念的界定,我们可以说,数学不仅是一种文化,而且是人类文化的基本组成部分。

1.1.4.2 数学文化研究具有多方面作用和价值

在笔者看来,以下四方面尤为重要:

(1) 对数学研究和数学事业的借鉴作用

数学文化研究有多个层面,例如从文化的角度思考今天的数学,从跨文化的比较研究或者数学文化史的研究中获得借鉴和启发。正如科学史家劳埃德所说:“在研究古代社会的过程中,我们能够越来越清楚地了解我们自己的那些偏见的局限性,我们自己的那些价值标准的狭隘性,以及在处理现代社会中呈指数增长的难题

---

① 杨乐,叶其孝,张恭庆,等.数学科学[M]//21 世纪初科学发展趋势课题组.21 世纪初科学发展趋势.北京:科学出版社,1996:18.

时，我们的社会制度潜在的不充分。我们固然不必通过研究古代文化以获得这种自知之明，但是我愿意宣称这是途径之一。”[①]大多数实际从事研究工作的数学家未必会认可数学文化研究与具体的数学研究之间能有什么关系，但作为一项社会事业或文化事业的数学，显然与其他亚文化系统之间存在互动，换言之，社会文化环境或者有利于或者不利于数学发展，或者有利于某些类型的数学研究而不利于另外某些类型的数学研究，不管人们是否承认，这种影响都是存在的。既然如此，数学文化的相关研究对于认识和改善数学发展的文化环境、协调数学与其他亚文化系统的关系具有积极的意义，应该是没有疑问的。

(2) 数学史研究

以文化学的视角和方法研究数学史，使得数学史研究获得了更为丰富的素材，突破了主要依赖于从历史上杰出数学家的数学成就勾画数学发展历程的局限，从而对一些重要问题有了全新的认识，使数学史研究从英雄史走向文化史，从而更深刻、全面，更接近历史的本来面目，正如一般历史研究从英雄史走向文化史。实际上，这一发展趋势正是20世纪以来所有历史学科的共同走向。

(3) 让公众理解数学

数学素养已经成为生活在今日世界的人们所应具备的基本文化素养，它帮助人们更有条理地处理个人事务，更有效地认识我们这个充满信息、不断发展变化的时代，并对周围的事物作出理性的判断，成为具有独立人格的、有充分理解能力和行为能力的、负责任的公民。让公众知道数学从何而来，了解数学方法的实际运用，知道数学对人类文明特别是当代世界的重大影响，无疑对帮助他们理解数学和使用数学有巨大作用。

必须说明的是，“让公众理解数学”与简单地让公众相信“数学有用”“用数学方法得到的结果是可靠的”是很不相同的两件事情，与之相似的一个问题是“公众理

① G.E.R.劳埃德.古代世界的现代思考——透视希腊、中国的科学与文化[M].钮卫星，译.上海：上海科技教育出版社，2008：217－218.

解科学”。《美国国家科学教育标准》对“有科学素养”作了这样的描述:“有科学素养就意味着一个人对日常所见所历的各种事物能够提出、能够发现、能够回答因好奇心而引发出来的一些问题。有科学素养就意味着一个人已有能力描述、解释甚至预言一些自然现象。有科学素养就意味着一个人能读懂通俗报刊刊载的科学文章,能参与就有关结论是否有充分根据的问题所作的社交谈话。有科学素养就意味着一个人能识别国家和地方决定所赖以为基础的科学问题,并且能提出有科学技术根据的见解来。有科学素养的公民应能根据信息源和产生此信息所用的方法来评估科学信息的可靠程度。有科学素养还意味着有能力提出和评价有论据的论点,并且能恰如其分地运用从这些论点得出的结论。”①

理解数学与理解科学固然有所不同,但本质上应该是一致的。例如,我们可以把上述引文中的“有科学素养的公民应能根据信息源和产生此信息所用的方法来评估科学信息的可靠程度”改写为:“有数学素养的公民应能根据信息源和产生此信息所用的数学方法来评估数据信息的可靠程度。”统计学家瓦尔特·克莱默曾写道:“许多统计数据都是错误的。其中一些统计数据是在人们有意识的操纵下形成的,而另一些统计数据仅仅是源于抽样时没有运用适当的方法所致。在一些统计数据中,数字本身已经是错误的;而在另一些统计数据中,人们是在用正确的数字作错误的引导。”②因此,“让公众理解数学”除了让公众相信“数学有用”之外,还应该让公众尽可能理解获得某一结论所使用的数学过程与方法,以及误用、滥用数据所可能导致的问题和风险。在这方面,数学文化研究和数学文化教育大有用武之地。

(4) 数学教育

作为理解数学的一种方式和途径,数学文化当然可以在数学教育中发挥重要作用。实际上,关注学生数学文化意识的养成,努力推进数学文化教育,已经成为

① 美国国家研究理事会.美国国家科学教育标准[S].戢守志,等,译.北京:科学技术文献出版社,1999:28.
② 瓦尔特·克莱默.统计数据的真相[M].隋学礼,译.北京:机械工业出版社,2008:前言,vi.

当今数学教育改革的一个重要特征。

长期以来，数学作为科学的工具和语言被人们普遍认同，通常也会关注它对思维训练所起的重要作用，却很少有人将它作为一种文化来看待。其结果是，绝大多数人会以是否“需要数学”（主要是作为一种工具）为尺度考虑自己是否应该学一点数学以及学哪些数学内容。这不仅造成了诸多从事文科领域工作的人数学素养的普遍不足，就是对那些理工科出身的人来说，也存在对数学的理解过于狭隘的问题。

实际上，数学在人文社会科学领域已经有相当广泛的应用，其中涉及一些相当深刻与抽象的数学内容。在高中数学课程乃至大学文科专业的数学课程中，都不足以为他们提供足够的数学工具以适应他们在专业发展中各种可能的需要。

但我们的数学课程应该起到这样的作用：首先，使他们认识到，对于他们将要从事的专业，数学是有用的。其次，由于学习数学，他们学到了一些处理问题的基本思想方法。再次，当需要的时候，他们有能力掌握相应的数学工具，或者可以清楚地认识到：他们在专业工作中遇到的某些困难，是可以借助数学工具加以解决的，因而他们可以和数学工作者合作来解决这些困难。数学文化教育在提高学生对数学的认识方面恰好可以发挥几乎是不可替代的作用。

数学的文化价值。数学深刻地影响着我们认识物质世界的方式。数学对于人类理性精神的养成与发展有着特别重要的意义。数学有着重要的思维训练功能，尤其是对创造性思维发展有重要作用。数学对人类审美意识的发展有重要贡献。

概括地说，数学文化教育有助于学生更好地理解数学问题、方法、概念和理论的现实背景，认识数学的发展规律；有助于学生认识数学在人类文化特别是当代社会中的地位和作用；有助于启发学生用数学的眼光去看待周围的事物，用数学的思考方式去处理各种现实问题，包括那些看起来与数学毫无关系的问题；有助于学生逐步认识数学理性，培育理性精神；有助于激发学生对数学的良好情感体验。

1.2 数学文化学的基本框架

如前所述,本书以数学史和文化理论为理论基础,理解数学文化,提出基本问题,确立核心概念,建构数学文化学的理论体系。这个理论体系的核心是五个基本问题、三对基本范畴和四类主要关注点。

1.2.1 五个基本问题

为了在文化背景上考察数学的发展,笔者提炼了一组基本问题,即,在所考虑的文明—民族—国家:

什么人在研究数学(谁在做);

数学家出于什么原因而研究数学(为什么做);

第一流数学家或数学界主流关注哪些数学问题(主题)(做什么);

研究数学的主要方式和方法是什么(如何做);

数学问题与方法是以什么方式相互关联和发展的(如何关联和发展)。

第一个问题看上去有些奇怪,因为按照一种显然的,近乎于同义反复的理解,当然是数学家在研究数学。我们的问题实际上是在问:在我们所关注的文明—民族—国家,数学家的文化背景和所属的社会阶层如何。例如,在希腊古典时期,著名数学家要么本人就是哲学家,要么从属于某个哲学流派,因此,我们可以说,在希腊古典时期,是哲学家在研究数学。与之形成鲜明对比,在中国先秦时期,在理论数学方面表现出较高水平的主要是墨家,他们是手工业者或工匠的代表。秦汉以后的数学家,大体上是官员(技术部门的官员,如从事天文历法、水利、建筑等的官员;管理部门的官员,如税收、物资等职能部门的官员)、酷爱数学的一般读书人(如赵爽、刘徽、朱世杰)以及商人。简而言之,在中国古代,主要是工匠、官员和商人在研究数学。在欧洲,文艺复兴时期数学家的成分较为复杂,从中容易看到各种文化因素的影响,17 世纪数学的哲学色彩又重新显得浓厚,大数学家中,笛卡尔、帕斯卡、莱布尼茨都是大哲学家，牛顿也有独到的哲学思考。牛顿之后，直到 19 世纪，大数学家中物理学家的比例明显上升，这包括伯努利家族的数学家、欧拉、达朗贝尔、拉格朗日、拉普拉斯、勒让德、傅立叶、高斯、泊松、柯西、狄利克雷等。1820 年以后，较为单纯的或明确以数学为主业的数学家逐渐增多，这种情况一直持续到现在。探讨不同时代、不同国家和地区数学家的文化背景和所属的社会阶层，以及由此导致的数学家在数学研究的观念、旨趣、方法等方面的差异，进而对数学发展方向和进程的影响，是数学文化学或数学文化史基本和重要的研究课题。

一旦对第一个问题有了基本认识和判断，第二个问题就变得十分自然。一方面，数学家的文化背景和所属的社会阶层会影响他们的数学观念特别是研究数学的目的，而观念和目的又可能因数学研究的传统而被继承和发扬。例如：希腊哲学家出于探寻宇宙的本原、结构和性质而研究数学，文艺复兴时期的欧洲数学家则在一定程度上继承了希腊数学的观念；而中国古代的工匠、官员和商人则主要由于实际需要（例如工艺、工程、专门技术、管理、贸易等）而研究数学。另一方面，随着时代变迁、文化演进，社会也会不断向数学提出新的要求，从而潜移默化地调整乃至改变数学家研究数学的目的。例如，希腊几何学讨论几何对象的性质和相互关系，其作用不是解决实际问题，而是为学习哲学提供推理论证方面的训练。17 世纪，笛卡尔因为觉得逻辑虽然严格但不能导出新知识，欧氏几何虽然严格但并不方便解决实际问题，代数学便于解决实际问题却又不够严格，所以想创造一门包括三者优点而去掉其缺点、方便解决实际问题的新数学，这就是解析几何。导致微积分建立的几类基本问题大多是物理学、天文学、弹道学以及实用技术（造船、确定眼镜或望远镜镜片曲率等）中提出的。

由前两个问题自然引出第三个问题，对照数学史的基本史料和基本研究结果，后三个问题的含义和讨论线索立刻变得明朗起来。

本书第五章将给出一个研究案例——“数学证明在古代希腊与中国的不同地位与方式”，以说明这套提问方式在数学史和数学文化研究中的作用。

1.2.2 三对基本范畴

纵观数学史，不难看到，在数学的过程发展中有六个要素起了至关重要的作用：数学的主题与方法，数学的核心概念与理论体系，数学家的观念与工作方式。它们不仅推动数学前进，而且决定了数学的发展方向，决定了数学的结构和面貌，决定了数学共同体的工作规范和机制，本书将其作为数学文化的三对基本范畴。

这里所说的"数学主题"，是指在一个文明—民族—国家或地区，在一个特定的时期内数学发展的核心问题，这些问题在相当长一个时期内吸引了当时一批最杰出的数学家，这些问题的解决，或者由于研究这些问题而引入的新概念、新方法，得到的新思想、新结果，有力地推动了当时数学的发展。

三对范畴的基本关系是：在数学发展过程中处于核心位置的是问题和解决问题的方法，二者推动着数学的实质性进步；概念和体系则是数学发展到一定阶段时形成理论的必然结果；数学家的观念与工作方式则决定着前面诸因素的基本面貌和发展方向。

为方便和深入地对上述三对范畴进行讨论，笔者基于两方面考虑提出了一个问题系统：

1. 在数学史和数学文化研究中经常有这样的事情：对历史上的同一数学工作，两个不同的研究者作出的结论大相径庭，我们用简单的方法又无从判断谁的结论更令人信服。一个基本的想法是分解。当我们把这项数学工作分解成若干相对简单的基本部分，对每个部分的评价结论会接近一致，或者至少对其中一些会是这样。历史研究涉及多个侧面、多个因素，将每个侧面或因素视为一个维度，我们面对的就是一个多维网格，或多维坐标。评价一个历史事件，相当于确定一个点位于这样一个多维网格系统中的哪个格子。只要维度的划分是合理的、一致的，即使不同的人也会得到同样的结果。因此，要相对客观准确地评价历史事件，一个基本方法就是将各种可能的因素全面地、合理地分解为一些基本维度，形成一个多维网格系统，或多维坐标系统。问题的关键在于我们能不能合理地分解这些因素，合理地确定不同的维度，以建立这个多维网格系统。

2. 在数学史和数学文化的比较研究中有一个常见的现象：对本质上不同的历史上的两个数学体系，从任何一个体系中选择一个数学对象，例如问题、方法、概念、具体结果乃至这个体系的一个子系统等，在另一个体系中几乎可以肯定找不到完全相同的对应物。由于两个数学体系所属的文明—民族—国家、民族诸多因素的差异，使得双方数学家群体的构成不同，数学的价值取向不同，于是，发生前面所说的事情就毫不奇怪了。托马斯·库恩所说的科学理论之间的不可通约性，大体上指的也是类似的事情。实际上，这是每个从事比较研究的人都要面对的问题。一个自然的解决办法是拆分，也就是说，当一对数学对象在整体比较时存在差异而又难以作出结论，那么，或许将其拆分之后，其中的某些局部是高度吻合的，另一些局部的差异则会更加凸显出来，从而可能使我们对其相似性与差异性都可以做出某些结论。

上述两方面考虑殊途同归，最终都要求对数学发展中所涉及的各种因素全面、合理地分解。于是笔者尝试将数学史和数学文化研究中需要考虑的主要因素划分为若干基本方面，建立起最初的问题系统。我将其称为具有自动扫描功能的多维网格系统。这个问题系统的目的，就是要在方法论的层面上解决前述两个基本问题：数学史和数学文化评价的客观性，不同数学体系之间的比较。具体来说，就是要建立一个对数学史和数学文化研究中可能涉及的所有基本因素全面、适当的分类系统，它既要符合数学的内在逻辑，也要满足文化和历史研究的基本要求，方便进行数学史和数学文化研究。

实现这一目的的途径是拆分，将数学史和数学文化研究中需要考虑的主要因素划分为满足一定要求的若干基本方面。当然，在此过程中会遇到一系列的技术性困难，包括如何恰当地分类，同类问题的逻辑结构和层次，分类作出的评价如何重新综合为一个整体性的评价，等等。

笔者最初形成这样的想法是在 1990 年，以后逐步修改完善。大约在 1995 年，笔者看到神话研究的母题方法[①]，认识到这种在神话学、民俗学中早已使用并且已

① 陈建宪.神祇与英雄——中国古代神话的母题[M].北京：生活·读书·新知三联书店，1994：10－15.

经相当成熟的方法,在本质上和笔者研究数学史的思路是一致的,于是我们可以借用"母题"这个名词,将我们的方法直接称为数学史或数学文化研究的母题方法。

由于母题方法的运用,我们可以将历史上的数学成果尽可能拆分,从而使本质上互不相同的两个数学体系的元素之间获得可比性。又由于系统的功能分析方法的使用,使得我们可以从整体上对两个本质上不同的数学体系进行比较。所以,拆分与整合,是设置问题视角的关键。

在本书第二至第四章中,上述问题系统按照维度、层次与时代的分类方式展开,这样的设置是拆分的结果,它们构成基本坐标系统,对它们的精心选择和设置,是问题系统合理性和有效性的前提,适当的开放性则可以使这个体系不断完善。目前问题系统分为 9 大类,其整体结构可划分为两部分,第一至第五类问题可算作思想史范围,第六至第九类问题可直接归入社会史或文化史范围,全部问题均具有明显的比较史特征,其中第一至第六类所涉及的正是我们的数学文化体系的三对基本范畴。

1.2.3 四类主要关注点

五个基本问题和三对基本范畴,是着眼于数学本身的研究视角。作为一种文化研究,我们需要更开阔的视角。基于数学史和文化理论的已有研究,特别是对数学文化基本性质和层次的认识,笔者提炼出数学文化的四类主要关注点,并运用上述思考方式进行了相应的案例研究。这些关注点分别是:

1.2.3.1 数学文化的主要方面和基本特征

作为一种文化的数学的主要方面(数学的文化价值):数学是关于模式和秩序的科学;数学是具有普遍意义的工具和语言;数学是一种基本的思维方式;数学是人类理性的标度。

作为一种文化的数学的基本特征:高度的抽象性和形式化;逻辑的严格性与结论的确定性;内在的统一性;应用的广泛性。

1.2.3.2 数学创造的原因、动力、制约因素及其作用机制

1. 原因和动力

在数学发展的早期，一些原初性的数学创造可能受到数字神秘主义的诱发和推动，某些数学问题的起源可能有哲学背景，某些数学研究可能源于人类求美、求真的天性，但总的来说，数学创造的基本原因和动力主要是两个：社会需要和自身发展与完善的需要。

解决现实生活、生产与科学技术中的一些重大问题，为其提供强有力的数学工具，是数学发展的原动力之一。例如，微积分，数学物理，生物数学，理论计算机科学。

在数学发展的早期，一些数学问题是在数字神秘主义和哲学的推动下提出和发展的。例如，最早研究数论的是古希腊的毕达哥拉斯学派，他们对自然数性质的兴趣，首先来自于他们的哲学信念，即，数是构成万物的基本材料。他们对完全数与亲和数的兴趣，则可能与数字神秘主义有关。类似地，中国古代数学中的纵横图(幻方)的起源和发展有两个基本动力：易数与数字神秘主义。当然，数论一旦发展成一门数学分支，在历史上的大部分时间里，其发展动力主要是理论自身发展与完善的需要。1977年密码学的RSA体制建立之后，数论的相关研究明显有了实用价值，于是实际需要成为数论发展的另一个动力。

无论最初导致某一数学问题、数学分支起源的原因和动力是什么，当它发展到一定的阶段，自身发展与完善的需要都会成为导致其不断发展的持续动力。

古代数学的发展往往有明显的区域性或民族性。例如，古希腊人发展了公理化的演绎数学体系，而中国古代数学则发展为构造性的算法体系。希腊人深为不可通约量问题所困惑，而中国古代数学中对此却完全没有给予关注。解方程是古典代数学的核心问题，欧洲人发展了公式解，中国古代数学则在数值解方面做出了令人瞩目的成就。当我们试图对导致这些差异的原因寻求解释的时候，就会发现单纯从数学内部是说不清楚的。造成这些差异的深层原因，实际上是文化差异。

近代以来数学的发展，往往伴随着人类对自然科学以及哲学中一些重大理论

问题的思考。例如:非欧几何:对空间问题的思考;哥德尔不完全性定理:对真理本质的思考;突变理论:各种突变问题的模型及其研究;分数维:对空间问题的思考。

由通常的社会问题导致的重大数学进展:赌博与概率论;社会统计与统计学的兴起;字母出现规律与马尔可夫链;金融数学;第二次世界大战与运筹学的兴起。

2. 制约因素

数学创造的制约因素同样包括社会因素与内在因素两个主要方面。

罗马人对数学理论研究的蔑视明显制约了罗马时代的数学在古希腊数学的基础上的进一步发展,例如西塞罗(M.T.Cicero,公元前 106—公元前 43)就说过:"希腊人对几何学家尊崇备至,所以他们的哪一项工作都没有像数学那样获得出色的进展,但我们把这项方术限定在对度量和计算有用的范围内。"①公元 5 世纪基督徒对希腊学者的迫害(海帕提亚的例子),7 世纪阿拉伯人占领亚历山大里亚之后焚毁希腊图书的事件,20 世纪 30 年代纳粹在欧洲大规模迫害和驱赶犹太人的事件(格廷根学派被摧毁),无疑都是社会因素制约数学发展的例子。

为了说明内在因素制约数学发展的情形,我们看中国传统数学的例子。从先秦时期到宋元时期,中国传统数学曾取得过辉煌的成就,却在 14 世纪以后逐步衰退。其社会原因暂且不论,内在原因通常认为包括:过分注重实用而对理论研究不够重视,过分注重计算而对逻辑演绎不够重视,缺少符号系统与位置表示法的局限性等。

在有些情况下,动力因素与制约因素是交织在一起的。例如,当数论作为纯数学的一个分支,尚未发现其实用价值的时候,其研究动力主要来自数学家求美、求知的欲望以及数学理论自身完善和发展的需求。但是到了 20 世纪 70 年代以后,由于密码学中公开密钥体制特别是 RSA 体制的建立,人们发现寻找大素数对应于建构更安全的密码系统,而大数分解对应于破解密码系统,在此之后,一方面有关的数论研究迅速获得各国政府、军方和财团的支持与资助,这自然成为相应研究的巨大的推动力

① M.克莱因.古今数学思想(第一册)[M].张理京,张锦炎,汪泽涵,译.上海:上海科学技术出版社,2002:204.

量，另一方面，由于其研究方法和结果的巨大实用价值，有些重要研究受到各国政府、军方和财团的控制，既不能在同行数学家中进行真正意义上的学术研讨，在相当长的时期内也不能公开发表，这自然又会制约数论作为一个数学分支的发展。

如果注意到一个已经被广泛接受的观点："高技术本质上是一种数学技术"①，同时注意到当今各国高技术竞争的态势，就不难理解，上述对数学研究动力因素与制约因素交织在一起的情形决不是个别现象，因而值得引起更多的关注。

对数学创造的原因、动力、制约因素及其作用机制的研究，自然是数学文化学研究的重要内容，但以往所见有关研究论著，更多关注数学创造的原因和动力，对其制约因素的研究已经较少，对动力因素、制约因素作用机制的研究就更为缺乏。虽然以本书的性质和篇幅，不可能对有关问题作进一步的探讨，但笔者认为，这方面的工作无论对数学史研究还是对数学文化研究都是至关重要的，应该引起数学史学者和数学文化学者的重视。

1.2.3.3 数学文化对其他文化创造的影响

在智能文化创造方面，数学对科学和技术的影响早已是老生常谈，又由于数学对技术的影响进而作用于物质文化创造，"高技术本质上就是数学技术"、IT 产业是基于数学技术的产业这样的观点已经为人们所公认。

在规范文化创造方面，20 世纪以来，数学对管理科学、经济学、政治学、法学、教育学等都产生了深刻影响，以至于明确出现了"数学社会科学"这样的提法。在当代管理科学中，正越来越多地使用着各种数学方法，其中运筹学方法的广泛而深入的应用尤为突出。数学在经济学中的应用，产生了包括数理经济学、经济计量学、经济控制论、经济预测、经济信息等分支的数量经济学科群。自 1969 年颁发诺贝尔经济学奖以来，超过 2/3 的获奖者是由于在经济学领域运用数学方法获得重大突破而获奖的。在西方政治科学的研究中，系统论、对策论、

---

① 严士健.面向 21 世纪的中国数学教育——数学家谈数学教育[M].南京：江苏教育出版社，1994：5；21 世纪初科学发展趋势课题组.21 世纪初科学发展趋势[M]北京：科学出版社，1996：23.

数学模型乃至公理化方法都已成为基本方法，并由此获得了许多令人震撼、发人深思的结果。

在精神文化方面，首先，众所周知，数学与哲学之间的相互影响从古希腊时代就开始了，近代以来，笛卡尔、莱布尼茨、洛克、康德等人的哲学中都深深地打上了数学的印记。其次，自古以来，数学对人类的审美意识就有明显的影响。历史上音乐、美术方面的著名案例包括：比例与毕达哥拉斯音列，和声学，黄金分割与古希腊建筑及近代绘画，抽象主义与立体主义艺术，艾舍尔的绘画艺术，分形与美术作品，等等。再次，20 世纪以来，数学对文学的影响至少体现在三个方面：一些具有数学头脑的作家创作了融入数学思想的作品，例如：美国作家迈克尔·克莱顿（M. Crichton）就将他对混沌理论、非线性方程和数学模型的理解融入小说《侏罗纪公园》；一些文学作品直接以数学或数学家为主要对象，例如描写数学家约翰·纳什的《美丽心灵》，可以说是数学激发了作者的创作灵感；一些数学科普作品由于具有非常好的文学想象而被认为是文学作品，例如霍夫斯塔特的《哥德尔、艾舍尔、巴赫——一条永恒的金带》（*Gödel, Escher, Bach: An Eternal Golden Braid*, 1979。商务印书馆 1996 年译本为：侯世达，哥德尔、艾舍尔、巴赫——集异璧之大成）获得了普利策文学奖，换一个角度，可以说数学想象具有了文学价值。

作为数学教育的组成部分，作为让公众理解数学的行动的一部分，我们自然可以大力宣传数学对推动人类文明进程的巨大作用，包括下文将要提到的数学对改善人类生活方式所发挥的巨大作用，以往的数学文化研究在这方面已经做了大量的工作并且取得了令人瞩目的成就。但作为一种学术研究，我们显然不能停留在证明和宣传"数学有用"这样的层面上。与前面的观点类似，笔者认为，对数学文化影响其他文化创造的机制的研究，数学文化影响人类生活方式的机制的研究，以及对公众理解数学的方式、途径和机制的研究，都是数学文化学研究的重要内容。这方面的工作无论对数学史研究还是对数学文化研究都是至关重要的。

1.2.3.4 数学文化对人类生活方式的影响,公众对数学的理解

1. 数学文化对人类生活方式的影响

数学在其发展的早期主要是作为一种实用的技术或工具,广泛应用于处理人类生活及社会活动中的各种实际问题。早期数学应用的重要方面有:食物、牲畜、工具以及其他生活用品的分配与交换,房屋、仓库等的建造,丈量土地,兴修水利,编制历法等。随着数学的发展和人类文化的进步,数学的应用逐渐扩展和深入到更一般的技术和科学领域。

与此同时,数学在提高全民素质、培养适应现代化需要的各级人才方面也显现出特殊的教育功能。

数学在现代社会中有许多出人意料的应用,在许多场合,它已经不再单纯是一种辅助性的工具,它已经成为解决许多重大问题的关键性的思想与方法,由此产生的许多成果,又早已悄悄地遍布在我们身边,极大地改变了我们的生活方式。

2. 公众对数学的理解

20 世纪后半叶以来,关于“公众理解科学”的话题越来越受到世界各国学术界和教育界的重视,其中一个十分重要的方面就是公众理解数学。数学在我们的时代的重要性已经为世人所公认,但与之形成强烈反差的是,公众中的绝大多数对数学的印象主要是抽象、枯燥、困难,很少有人真正了解数学的重要应用以及它对当今这个高科技时代的重要性。正如诺曼·列维特所说:“数学是当代文化的骨架。像大多数其他类似的结构一样,它默默地存在于事物的核心,而公民们甚至在挤满了它所支撑的大厦的时候,都会将它忽略。任何读到这段文字的人几乎肯定伸手即可碰到一些人工制品,这些人工制品的存在完全建立在对世界的理解之上,而如果不使用基本的数学语言,那么这种理解就不会获得精确的表达或编码。”“在这个意义上,我们可要算有史以来最异化的文化。我们的生计和存在依赖于一个相互连接的观念网,而它的语言对我们中的大多数人来说却毫无理解的希望。以前没有任何一个社会,构成日常生活和工作基础的对世界的认识方式,距离一般大众的经验和理解是如此的遥远。可以想象数学是以怎样的方式存在于我们所使用和制

造的所有事物之中。它不但构造了普通的实物,而且,同样还构造了我们社会、政治、经济的种种组织。但它却是看不见的,除了一小部分专家能看到它。”①

研究公众理解数学的方式、途径和机制,特别是针对公众对数学的漠视、数学在公众中的负面形象等现实问题,研究导致这些现象的影响因素,提出切实可行的解决思路和策略,并积极推进问题的解决,不仅是数学文化学应该承担的任务,也为它提供了展现其魅力和价值的舞台。

从四类主要关注点出发,利用五个基本问题,可以方便地进行宏观意义上的案例研究;利用三对范畴,可以方便地进行微观意义上的案例研究。它们自然地形成了一套从事数学文化学研究的基本思考方式,例如在研究数学创造的动力、机制和过程的时候,其相互关系大体上如下图所示:

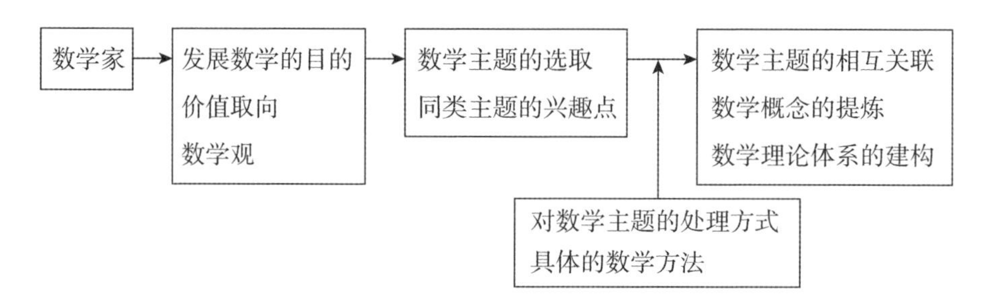

图 1.1　数学创造的动力、机制和过程

由此导致的研究工作的范围构成了数学文化学的基本领域。

① 诺曼·列维特.被困的普罗米修斯——科学与当代文化的矛盾[M].戴建平,译.南京:南京大学出版社,2005:57.

第二章 数学主题与方法

2.1 数学主题

这里所说的“数学主题”，是指在一个文明—民族—国家或地区，在一个特定的时期内数学发展的核心课题。这些课题在相当长一个时期内吸引了当时一批最杰出的数学家，这些课题的解决，或者由于研究这些课题而引入的新概念、新方法，得到的新思想、新结果，极大地推动了当时数学的发展。数学研究，从一定意义上来说就是数学家们不断地提出和试图解决各种数学问题的活动。从历史上看，各个时代、各个国家和地区的数学家都面临着各自的数学问题。这些问题，有的是前人留下来的，有的是同时代人提出的；有的来自现实生活、生产与科学技术，有的来自数学内部。历史上的数学家们都是在一定数学理论的背景下研究这些数学问题，并在这个过程中拓广旧理论或提出新理论的。数学的问题库是取之不尽的，一旦一个特殊的问题被解决，它的解决本身（或由它无解所产生的危机）又会提出其他有待解决的问题来取代它，从而推动数学的发展。

数学主题对数学发展具有至关重要的意义，这既为数学发展历程所证实，也为绝大多数数学家所公认。例如：

希尔伯特在《数学问题》(1900)的开头部分写道:“我们知道,每个时代都有它自己的问题,这些问题后来或者得以解决,或者因为无所裨益而被抛到一边并代之以新的问题。如果我们想对最近的将来数学知识可能的发展有一个概念,那就必须回顾一下当今科学提出的、期望在将来能够解决的问题。”“某类问题对于一般数学进展的深远意义以及它们在研究者个人的工作中所起的重要作用是不可否认的。只要一门科学分支能提出大量的问题,它就充满着生命力;而问题缺乏则预示着独立发展的衰亡或中止。正如人类的每项事业都追求着确定的目标一样,数学研究也需要自己的问题。正是通过这些问题的解决,研究者锻炼其钢铁意志,发现新方法和新观点,达到更为广阔和自由的境界。”①

韦伊(Andre Weil)认为:“数学历史的进程,就像一部交响乐的乐理分析那样,一共有好几个主旋律,你多少可以听出来某个特定的主旋律是什么时候首次出现的,然后,这个主旋律又怎么逐渐与别的主旋律融会在一起,而作曲家的艺术就在于把这些主旋律进行同时编排,有时小提琴演奏一个主旋律,长笛演奏另一个,然后彼此交换就这样继续下去。数学的历史正是如此。”②

阿蒂亚也指出:“前面我已提到回答‘什么是数学’很困难。一种可能的回答是数学是解决‘问题’的各种思想与智力技巧的集合体。这个回答看来不能令人满意,因为这又会引出‘哪些类问题?’这样的疑问。然而,数学的本质在于:它研究的问题的原始素材几乎可以来自任何领域,重要的不是其实际内容而是形式。无论如何,不管你是否认为这个回答可信服或不可信服,但都不能否认解决‘问题’在数学史中总是起着基本的作用。”③

李大潜也在《10000个科学难题(数学卷)》前言中说:“整个的数学发展史,可以说就是人们不断在数学上发现问题、提出问题、分析问题和解决问题的历史。”④

---

① 邓东皋,孙小礼,张祖贵.数学与文化[M].北京:北京大学出版社,1990,220.

② 李心灿.当代数学大师[M].北京:北京航空航天大学出版社,2005:24.

③ M.阿蒂亚.数学的统一性[M].袁向东,等,编译.南京:江苏教育出版社,1995:133.

④ 李大潜.10000个科学难题(数学卷)·前言[M]//“10000个科学难题”数学编委会.10000个科学难题(数学卷).北京:科学出版社,2009:前言,iii.

狄奥多涅曾把问题分成六大类[①]：

（1）没有希望解决的问题。例如完全数问题、费尔马素数的判定问题、欧拉常数的无理性问题，等等。它们之所以难于解决，是由于不能发现同其他的数学理论的联系，其本身也找不到结构，这些往往是很孤立的问题，在初等数论中特别多。

（2）没有后代的问题。所考虑的问题有可能得到解决，但是它的解决对于处理其他任何问题没有什么帮助。许多组合问题就属于此类。这主要是它们比较孤立，与其他数学理论没有联系。

（3）产生方法的问题。有些组合问题及有关数论的问题，其本身比较孤立，它们的解决对于其他问题的解决帮助并不大，特别是对于其他理论影响不大。但是，为了解决原来的问题，可以从中钻研出一些有用的技巧甚至方法，利用它们可以处理相似的问题或者更困难的问题。例如解析数论中哥德巴赫(C. Goldbach)问题、孪生素数问题、超越数论问题以及有限群论中的一些问题。这些问题虽然比较孤立，但是创造出的解决方法影响却不小。这些方法的本质以及内在的结构还值得进一步探索。

（4）产生一般理论的问题。问题从特殊情形开始，但是由于揭示出了难以预测的隐蔽结构的存在，不仅解决了原来的问题，而且提供了有力的一般工具，可以解决许多不同领域的一批问题。从而，问题本身发展成为生机勃勃的分支学科。代数拓扑学、李群理论、代数数论、代数几何学等主要问题都是属于这个类型。

（5）日渐衰落的理论问题。正如希尔伯特所强调的，一个理论的繁荣要依靠不断提出新的问题。一个理论一旦解决了最重要的问题(从本身意义上来看或者从与其他数学分支的联系上来看)之后，往往就倾向于集中研究特殊的和孤立的问题。这些问题都很难，而且前景往往也并不是十分美好。例如单复变函数论的某些分支。不变式理论就曾经有过多次起落，而主要是靠找到了同其他数学领域的联系才获得新生的。

---

① 布尔巴基.数学的建筑[M].胡作玄，等，译.南京：江苏教育出版社，1999：12－14.

(6) 平淡无聊的问题。由于理论中某些特选的问题幸运地碰到好的公理化，而且得以发展出有用的技巧和方法，就导致许多人没有明确的动机就任意地改变公理，得出一些“理论”，或平行地推出一些没有什么实际内容的问题。这种为公理而公理的“符号游戏”，在数学中占有相当的比例。

为方便研究，笔者从两个侧面描述和讨论数学主题：

1. 主题的维度，包括：(1)主题的总体分布；(2)主题的价值取向；(3)主题所属范围和适用范围；(4)主题的确定性；(5)主题的逻辑地位、有效性和丰富性（逻辑地位：主题在整个数学理论体系的逻辑链条中所处的位置；有效性：能解决问题；丰富性：足够多产。这些因素决定了主题在整个体系中的地位与作用)；(6)主题的一般性和可推广性；(7)主题的系统性与相互关联（问题链、问题系统)；(8)主题的延续与转向。

2. 主题的层次及相应时代，包括：(1)主题的呈现方式及其中所体现的思想与方法特点；(2)主题的处理方式及其中所体现的思想与方法特点；(3)阶段性成果的绝对水平和主流水平；(4)阶段性成果的时代、社会背景；(5)阶段性成果的前此基础；(6)阶段性成果的发展趋向与最终结果。

从数学的历史发展看，数学主题的提出和发展大体有三类情形：

1. 为解决现实生活、生产与科学技术中一些重大问题直接提供强有力的数学工具，或伴随着人类对自然科学以及哲学中一些重大理论问题的思考。例如：从希腊三角术到印度三角术，再到阿拉伯三角学和欧洲三角学，主要发展动力都是天文学的需要。微积分的早期发展也是这样。有些古代的数学工作过去被认为完全是由于数学自身的需要而发展的，但进一步的研究表明，它们在当时是受到实际需要的推动而发展的，或者可以说，实际需要至少是推动该项工作的重要原因。例如，在很长时间里人们都认为圆锥曲线的起源完全是纯数学内部需要的产物，“虽然我们不了解圆锥曲线的早期历史，但权威的历史学家诺伊格鲍尔（Otto Neugebauer）提出一种理论认为：它们源于日晷的建造工作。已知古代日晷使用了圆锥曲线的理论，不仅如此，圆锥曲线可以使光线聚焦的事实在阿波罗纽斯对之做出经典性工作很久之前就已为人所知了(见第一章)。物理学将圆锥曲线用于光学(希腊人为之付出了相当多的时间和精力的一门学科),自然推动了对圆锥曲线的研究。”[①]这一部分数学主题由于直接来自实际需要,可以说是数学发展的原动力。处理这些问题,首先需要的是在数学上正确地描述它们,也就是建立适当的数学模型,然后才谈得到寻找解决问题的方法。经过这两个阶段的工作之后,就需要将这些问题、模型和方法进一步理论化,以便解决更广泛的同类问题。在解决更广泛问题的过程中,往往又会遇到原有理论不能解决的问题,于是需要更进一步推广理论。在这一过程中,应用数学与纯粹数学都将获得发展。这也是数学发展的最本质的内在规律之一。

2. 数学自身发展与完善的需要。在数学从经验上升到理论之后,尤其是在希腊人发展了演绎数学之后,数学自身发展与完善的需要就成为推动数学发展的重要动力,很多数学问题正是由这样的原因而提出的,例如古希腊的几何三大难题,从希腊时代直到 19 世纪的试证欧几里得平行公设,希腊时代以来对素数的研究,16 世纪中叶至 19 世纪初对五次以上方程公式解的探求,19 世纪极限理论和实数理论的发展,集合论的建立,几何基础乃至更一般的数学基础问题的研究,等等,都是这方面的例子。

在这类问题中有一种情形值得单独提出,即对原有主题以全新的观点来看待,以全新的方法来处理,从而引发新的主题。例如,希腊人用综合几何方法研究曲线,当费尔马和笛卡尔用代数方法研究曲线,就创立了解析几何,微积分发明之后,用微积分方法研究曲线和曲面,就创立了微分几何。在数学发展史上,有太多类似的例子,例如:从试证欧几里得平行公设到非欧几何的创立;从探求高次方程的公式解到群论的创立;从发现无处可微的连续函数到分形几何学。

3. 数学美的召唤。数学中许多著名问题的起源既不是因为人们的实际需要,最初也没有明显的数学自身理论需要,例如:古希腊数学家对完全数、亲和数、整勾

---

① M.克莱因.数学:确定性的丧失[M].李宏魁,译.长沙:湖南科学技术出版社,1997:300.

股数、正多面体以及不定方程的研究;中国传统数学中的河图、洛书与纵横图;欧洲中世纪对斐波那契数列的研究;文艺复兴时期的欧洲数学家对黄金分割、带限制的尺规作图的研究;近代数学家对倍完全数、素数、费尔马大定理、哥德巴赫猜想以及四色问题的研究;等等。我们不能排除某些数学问题起源中数学神秘主义的影响,但在更多的场合,一个数学问题能够吸引数学家的主要原因是它所表现出来的数学美。当然,有些主题的形成与发展,究竟是由于数学自身发展与完善的需要,还是出于数学家对美的追求,常常难以区分,它们融于一体,因为在数学上和谐的东西往往是既重要又优美的。

由社会需要而引发的数学主题,一旦满足了社会需要,就进入了按数学自身需要发展的阶段,从而归于后两类情形,有时也可能是同时发展的。社会需要促进了应用数学的发展,也为纯粹数学提供了强大的动力与源泉。事实上,对于某个具体的数学主题而言,可能发生上述三种性质交织在一起的情形;也可能在不同的发展阶段偏重于某种特性,从而表现出数学主题发展的阶段性和时代性。

2.2 数学方法

不言而喻,任何数学方法的产生和发展,都是以解决一定的数学问题为目的的。当原有的方法不能有效地解决新提出的问题,人们就会寻求新的方法,而处理数学问题的严格性、一般性、系统性、可推广性程度以及效率、误差等指标,又可以反过来检验数学方法的效能与价值。实际上,对任何一种方法而言,它所具备的解决那些导致它的问题的能力都是检验这种方法的最基本、最重要的标准。

然而,从文化的角度来看,数学方法却又不单纯是数学问题的产物。实际上,对数学主题的选取、兴趣点及处理方式,均受到文化传统的影响,而所谓处理方式,当然也包括了具体的数学方法。

对一些重大的数学问题，或者更一般地，对绝大多数数学问题，其处理方式本来就不是唯一的。在处理同类问题的各种可能的数学方法中如何选择，不同民族或地区的数学家往往有各自的倾向性。在古代，由于信息互相隔绝，或者交流困难，这种情况就表现得更为明显，从而使不同民族或地区的数学在方法上表现出各自的风格。从历史上看，各时期的杰出数学家使用什么样的数学方法，一个重要的前提是他们对这些方法的可靠性(严格性)、一般性、系统性、效率、精度(误差)等方面情况的认识，而评价这些因素的标准，在不同的民族或地区以及不同的时代，往往都是不同的。因此，我们可以从数学家们对数学方法的认同以及使用情况，分析其中体现的数学思想，特别是通过分析与比较不同地区或民族的数学家处理同类问题的不同方法以及同类方法的不同运用，更可以清楚地看出他们各自数学思想的某些特征。

在对两个民族或地区的数学进行比较研究时，往往可以发现某些数学方法是一方所有而另一方所无的。即使是双方共有的方法，其使用的范围、所处的地位也往往大不相同：在一方处于次要地位的方法，在另一方可能成为占主导地位的方法。因此，我们不仅需要指出这种差别，更重要的还在于揭示造成这种差别的原因。

对于本书所说的方法，先要作一点技术说明。(1)数学发展到今天，其方法的种类已极为丰富。除了大量基本的，一般的，为数学各分支所通用的方法之外，更多的则是为解决某一分支内部的问题而发展起来的较为专门的方法，它们已经超出了本书所能讨论的范围。在此，我们主要涉及较为基本和通用的数学方法。(2)一般意义的数学方法，包括提出问题、发现规律的方法，解决问题的方法，构建概念的方法，建立体系的方法。本章的讨论主要关注前两类方法，而将构建概念、建立体系的方法相应归入概念与体系部分。(3)关于方法的逻辑，传统上是二分法，例如归纳与演绎、算法与演绎、计算与证明、直观与抽象。本书采用三分法：合情推理、算法、演绎，另外加入“方法的综合运用”，在逻辑上它不构成单独的一个方面，但需要单独加以考察。

方法分类：

（一）合情推理

1. 合情推理的维度：(1)归纳法；(2)类比法(实例法)；(3)图示法；(4)模型验证方法。

2. 合情推理的层次及相应时代。

（二）算法

1. 算法的维度：(1)基本算法的种类和分布；(2)一般性和可推广性；(3)程序性；(4)有效性、精确度和收敛速度；(5)严格性、逻辑基础及其论证；(6)系统性与相互关联；(7)所属范围和适用范围(通用性)。实际上，还可进一步考虑将这部分内容细分为算法与算例两部分，分别考虑维度的设置。

2. 算法的层次及相应时代：(1)基本算法完成的年代；(2)算法的绝对水平和主流水平；(3)算法的前此基础；(4)具体算法的发展趋向及最终结果；(5)具体算法的调整和转向。

（三）演绎

1. 演绎的维度：(1)证明方法的总体分布；(2)证明方法所属范围和适用范围；(3)证明方法的系统性与相互关联；(4)证明方法的发展趋向及最终结果；(5)公理化方法；(6)证明的严格性、逻辑基础及其论证；(7)证明的一般性；(8)证明的简洁性。(9)证明涉及的领域。类似于算法的情形，明显可见演绎的维度包括了证明方法与证明案例两大类内容，因此可进一步分别考虑维度的设置。

2. 演绎的层次及相应时代：(1)“证明”意识的产生；(2)证明的呈现方式及其中所体现的思想与方法特点；(3)证明的具体方法及其中所体现的思想特点；(4)阶段性成果的绝对水平和主流水平；(5)阶段性成果的时代、社会背景；(6)阶段性成果的前此基础；(7)阶段性成果的发展趋向与最终结果。

（四）方法的综合运用

2.3 案例和讨论

2.3.1 希腊数学中的案例

案例 2－1

问题：不可通约量（希腊，公元前 6 世纪。由毕达哥拉斯定理导致不可通约量的发现）。

方法：证明不可通约量存在——反证法；解决途径——以量的公理为基础的新的比例理论。

案例 2－2

问题：几何三大难题（希腊，公元前 5 世纪及其后）。

方法：截割方法与轨迹方法（导致圆锥曲线及另外几种曲线的发现），穷竭法。

案例 2－3

问题：阿基米德球体积计算（希腊，公元前 3 世纪）。

方法：基于力学原理的平衡法，类似于后世的微元法。

案例 2－4

问题：数学命题的正确性与逻辑关联（希腊，公元前 6 世纪及其后。泰勒斯，毕达哥拉斯）。

方法：公理化方法。

综合案例 1：希腊数学公理化的主要历程

（1）泰勒斯（Thales，约公元前 624—公元前 547），把“证明”引入数学。

（2）毕达哥拉斯（Pythagoras，约公元前 572—公元前 497），发展证明思想与方法。命题的逻辑证明。注意到数学证明的逻辑顺序。

（3）希波克拉底（Hippocrates of Chios，公元前 5 世纪），引入“公理”的思想。

（4）柏拉图（Plato）学派（活跃于公元前 4 世纪），发展公理及证明方法。

(5) 欧多克斯(Eudoxus,约公元前408—公元前355),借助于五条公理建立了量的概念,用公理化方法重建比例理论。

(6) 亚里士多德,对公理体系的进一步讨论,创立逻辑学。

(7) 欧几里得(Euclid,约公元前330—公元前275),《原本》,实质公理系统。欧几里得《原本》是按照"一个公理系统只有一个论域"的观点建立起来的公理系统,这样的公理系统称为实质公理系统。这种公理系统是对经验知识的系统整理,公理一般具有自明性,其论域必须先于公理而具体给定,并且是唯一的,然后引入初始概念以表示该论域中的对象,给出公理以刻画这些对象的根本特点,借助演绎推理来证明该论域中的真理。

希腊数学问题与方法随想:希腊人为什么会热衷于研究这样的问题?希腊人为什么会以这样的方式研究问题?

希腊哲学的一个基本问题是"世界的本原是什么"。在希腊,早期研究数学的都是哲学家,而哲学从一开始就代表着一种理性的思维,要求对世界的本原及其规律作出合理的解释。这种精神体现在数学中,就是要对数学对象的存在及其内在性质与相互关系作出合理的解释。这正是数学证明思想的动力与源泉。公元前5世纪后半叶,正是希腊历史上另一个著名的哲学学派——智者派形成与发展的时期。这个学派以极大地推动了辩论术和作为最早的职业教育家而闻名。而雅典民主政治的基础就在于理性与雄辩。由于辩论双方需要有一个共同的、公认正确的出发点,这就进一步促进了数学中的公理化方法。而为了使辩论无懈可击,又需要发展逻辑学。到公元前4世纪,古典逻辑在亚里士多德手中最终确立,为公理化方法在希腊数学中取得支配地位创造了先决条件。此后不久欧几里得就完成了公理化数学体系的最早典范——《原本》。

要证明一个数学命题是正确的,除了要保证它所涉及的概念是存在且恰当的之外,其依据有两类:一是已经被确认为正确的数学命题,二是正确的推理规则。如果被作为前提的数学命题也需要证明,我们就需要至少有一个更基本的已经被确认为正确的数学命题。如果每一个作为前提的数学命题都被要求有一个证明,我们就会陷入无穷的倒退，永远不会彻底解决问题。为此，公元前 5 世纪，希腊历史上的第二个哲学学派毕达哥拉斯学派（一说为开奥斯的希波克拉底，而据说他也属于毕达哥拉斯学派）提出了公理的思想，即为了防止上述的无穷倒退，事先引入一些为人们所公认正确的、不证自明的命题，作为证明的前提，即后人所说的公理和公设。这就是数学中公理化方法的开端。

可以说，公理化方法完全是希腊人数学观的产物，而希腊文化则为其提供了理想的土壤。

2.3.2 中国传统数学中的案例

案例 2－5

问题：线性方程组（《九章算术》，约公元 1 世纪）。

方法：直除法，加减消元法，西方通称高斯消去法。

案例 2－6

问题：复杂的线性问题和某些非线性问题（《九章算术》，公元 1 世纪前后）。

方法：盈不足术。

案例 2－7

问题：面积体积定量计算（公元 1 世纪及其后）。

方法：出入相补，横截面积相比，逼近，棊验法（《九章算术》。刘徽。割圆术，刘徽原理，刘祖原理。祖冲之父子：圆周率，球体积）。

案例 2－8

问题：上元积年问题（历法中的问题，公元前 2 世纪及其后）。

方法：一次同余式组解法（秦九韶）。

案例 2－9

问题：一元高次方程（源于《九章算术》，延续至南宋）。

方法：高次方程数值解法（贾宪，秦九韶）。

2.3.3 16世纪以来的案例

案例 2-10

问题:曲线的定量研究(欧洲,文艺复兴时期及其后)。

方法:关系映射反演方法(费尔马,笛卡尔)。

案例 2-11

问题:导致微积分的四类基本问题(欧洲,文艺复兴时期及其后)。

方法:无穷小方法—极限方法(牛顿,莱布尼茨)。

案例 2-12

问题:赌博中断问题与概率论(欧洲,文艺复兴时期)。

方法:从排列组合方法到分析方法(帕斯卡,费尔马,拉普拉斯等)。

案例 2-13

问题:柯尼斯堡七桥问题(18世纪,欧拉)。

方法:抽象与模型。

案例 2-14

问题:四色问题(19世纪)。

方法:计算机证明(20世纪)。

案例 2-15

问题:寻求一般解题途径和新的数学规律(20世纪)。

方法:算法,数学实验。

综合案例 2:比较数学史中的范例分析①

对不同数学体系中具有典型意义的同类数学主题进行比较研究,是比较数学史研究的基本内容之一。由于这些主题是在历史上不同的数学体系中出现的,因

① 刘洁民.比较数学史中的范例分析[G]//中国数学史论文集(四).济南:山东教育出版社,1996:163-171.

此，它们在古代与现代，在这一体系与那一体系中的意义与地位很可能既有某种相似之处，又有极大的差异，而这正是比较研究首先应该注意的。也就是说，我们不仅要看到这些主题在形式上或现代数学意义上的相似，还应注意到它们在当时，在各自体系中本来的出发点、所属范围、所处地位的异同；不仅要定性地判定它们是否是同一问题或同类，还应定量地分析它们在一般性、严格性、系统性、可推广性、效率与精度、发展趋向等方面的异同，从而对有关主题在不同数学体系中的发展水平作出尽可能客观的评价。这不仅将有助于我们正确地判定相应主题分别是什么，相应数学体系分别已经做了什么，还将有助于回答：在不同的数学体系中，为什么会提出相应的主题；同类主题为什么有不同的提出及表述方式、意义、地位及发展趋向；不同数学体系各自固有的优势与限度是什么；等等。

下面简要介绍笔者20世纪90年代在“中外古代比较数学史”方面对一些数学主题进行的研究，这些工作正是基于上述考虑进行的。限于篇幅，本书将仅仅给出作者考虑问题的基本角度和部分结论，而不作详细的分析与论证。

1. 更相减损术与辗转相除法

辗转相除法是算术、数论与代数中的一个基本算法，起着奠基性的作用，与之相关的最早工作由希腊和中国各自独立地做出，而且最初的形式都是辗转相减。

（1）在中国，更相减损术的明确记载最早见于《九章算术·方田》“约分术”（约公元纪元前后），作为一个完整而规范的算法，它的产生不会早于公元前4世纪（战国中期）。在希腊，辗转相除法的明确记载最早见于欧几里得《原本》（约公元前300年），其渊源可上溯到毕达哥拉斯学派的数论研究（公元前5世纪）。

（2）在中国，更相减损术从属于约分术，由于分数及比率算法在中国传统数学中居于核心地位，更相减损术的影响也就颇为广泛和深远。在希腊，辗转相除法始终被作为算术与数论中的奠基性方法而置于重要位置，在欧几里得《原本》中作为第7卷的开头两个命题，此后获得了广泛的应用。

（3）作为一个演算程序，辗转相除法的有效性并不是自明的，为了作出证明，需要两个关键性的引理：

① 若 a、b 是二整数，$b\neq 0$，则必有且只有二个整数 q、r，可使 $a=bq+r$（其中 $0\leqslant r<|b|$）成立。

② 若 a、b 都是正整数，且 $a>b$，$a=bq+r$，其中 $0<r<b$，q、r 都是正整数，则有 $(a,b)=(b,r)$（即最大公约数不变）。在欧几里得的证明中，有关的论证都是严格的。在中国则是刘徽"约分术注"中的一句："其所以相减者，皆等数之重叠，故以等数约之。"由此，借助直观和演算过程，可以认为刘徽已经知道引理①，且知最终结果为 a、b 的一个公约数，但为何是最大公约数，尚需进一步论证。因此，刘徽的证明在严格性上是不尽令人满意的。

2. 筹算中的空位与印度的零

（1）应当区分作为位值制记数法中空位符号的零（零号）与作为一个独立的数的零。在印度人把零作为数讨论其运算与性质之前，各古代文明所用到的零都是空位符号。印度人大约从 6 世纪起就开始讨论作为数的零的运算与性质，9 世纪已有相当好的结果，到 12 世纪给出了全面而正确的表述。中国与希腊均未曾有过将零作为一个独立的数加以研究的记载，其原因在于，中国数学以实用为主要目的，对数系并无明确的完备性要求，同时，筹算中使用的空位给人以"无"的暗示，无数故无需运算。由于这样处理的结果与零的正确运算结果一致，使全部数学运算可以有效地进行，从而使将零作为一个数讨论其性质与运算显得不是必需的了。曾有研究者将《九章算术》方程章"正负术"中的"无入"理解为作为数的零，但这种观点是缺乏充分根据的。至于希腊数学，由于其记数制度以非位值制为主，而六十进位值制基本上只在天文计算及三角术中使用（实际上，希腊三角术是天文学的一部分，而并非真正意义上的希腊数学），从实用的角度看也没有讨论零的性质及运算的迫切要求。

（2）零号当然只能是位值制记数法的产物，因此，其产生大致应经历下列各阶段：①单纯的位值制记数法（而不是非位值制与位值制的混合物）的出现；②空位的出现；③零号的出现。相当于第一阶段的年代，巴比伦不晚于公元前 19 世纪，中国约为公元前 11—前 5 世纪，玛雅不晚于公元初年，希腊不晚于公元初年在天文学中使用了巴比伦的六十进位值制，印度的可靠记载则迟至公元 4—5 世纪。至于第二阶段，位值制记数法确立后不久，空位的使用即成为必需，这在巴比伦当不晚于公元前16世纪，在中国当不晚于公元前5—前4世纪。固然，在泥板上显示的巴比伦记数法空位不够清楚，但在两个数或多个数的实际运算中，由于对位是必需的，空位的使用也就不可避免，这与中国筹算是类似的，只不过筹算用纵横相间制，空位表现得更为明显，但若脱离运算单独看一个数，101与10001是否能有效地区分尚属可疑。当然，中国早期古籍中的数字表示用汉字而不用筹码，从而无需使用空位或零号，但这与我们所讨论的问题已相去甚远。第三阶段，较为明确的零号的使用，巴比伦为公元前2世纪，玛雅为公元初年，希腊不晚于公元2世纪，印度不晚于公元4—5世纪，中国约为11—12世纪。

(3) 在以上讨论中，我们并未刻意区分十进制(中国、印度)、二十进制(玛雅)与六十进制(巴比伦)。就使用方便而言，自然十进制为优，但就位值制思想的运用、位值制的确立与零号的产生而言，它们并无本质区别。

(4) 综上所述，就位值制的确立与零号的产生而言，时间之早当推巴比伦，认识之深、影响之大(包括作为数的零)当推印度，中国则是在十进位值制中最早使用了空位。

3. 开方不尽数与不可通约量

不可通约量(或者说无理量)的发现是希腊数学史上惊天动地的大事件，它迫使希腊人重建自己的数学大厦，彻底改变了希腊数学的面貌和发展方向，其对数学的影响可以说一直持续到19世纪实数理论的建立。然而在中国，开方不尽数在《九章算术》中悄然而至，被轻描淡写地以“若开之不尽者为不可开，当以面命之”一笔带过。刘徽虽由此阐发极限思想，创立十进分数，但对其性质却未进一步讨论。此后，中国古代数学家虽然毫无限制、毫不犹豫地使用开方不尽数及圆周率，对其性质及逻辑基础终亦无人问津。由于希腊人所研究的不可通约量主要也是开方不尽数及其各种组合，这一现象就愈加令人不解：为什么对开方不尽数的态度与实际处理，中国和希腊会有如此巨大的差异？中国古代数学家真的认识到我们所说的无理数了吗：“不可开”与“不可比”在认识层次上有何异同？

(1) 希腊人以“不可比”将不可通约量同整数及分数相区分,确实抓住了问题的关键。今天的无理数定义在本质上也不过是这一认识的延续。希腊人不仅发现了不可通约量,而且证明了$\sqrt{2}$,$\sqrt{3}$,$\sqrt{5}$,$\sqrt{6}$,$\sqrt{7}$,$\sqrt{8}$,$\sqrt{10}$,$\sqrt{11}$,$\sqrt{12}$,$\sqrt{13}$,$\sqrt{14}$,$\sqrt{15}$,$\sqrt{17}$是不可通约量,即证明了它们确实无法写成两个整数之比。中国古代称开方不尽数为“不可开”,但却从未给出过无理数或不可通约量的定义,我们或可把“不可开”理解为“不能表示为十进分数的有限形式”,但是,1/3 也不能表示为十进分数的有限形式,何以与此区分?再进一步,即使我们把“不可开”理解为“无限不循环”,中国古代数学家也仅仅是猜到了这一点,并未指出哪一个数确实是“不可开”的并证明这一点。

(2) 中国古代虽有“不可开”之说,但对开方不尽数的性质却未进一步研究,尤其是它们与整数、分数有何区别,开方不尽数之间有何区别与联系,以及它们的运算等。在古希腊,泰阿泰德(Theaetetus,公元前 4 世纪)研究了形如$\sqrt{n}$ $(n\neq k^2)$,$m\pm\sqrt{n}$,$\sqrt{m}\pm\sqrt{n}$,$\sqrt{mn}$的不可通约量,并进行了分类,欧几里得还研究了形如$\sqrt{(a^2\pm b^2)}$的不可通约量。

(3) 20 世纪 80 年代末有研究者提出,刘徽用十进小数逼近开方不尽数,本质上已经完成了实数系的构造。但是,实数系的本质特征在于连续性与完备性,其严格的逻辑基础固然可以通过朴素的十进制小数来完成,但古人却从来没有认识与做到这一点。

(4) 中国古代数学家毫不犹豫地使用开方不尽数,从未担心过它们的逻辑基础,这在实用方面是十分方便和有效的,但在理论方面却是含糊的、不严密的。可以说,中国古代数学注重的是有效地解决实际问题,却从未关心过数系的逻辑基础,它在本质上是直觉的,直接以物理世界为摹写对象,对理论上可能发生的风险,还处于浑然无知的状态。希腊人则进了一层,他们不仅早于中国数百年发现了不可通约量(如果我们勉强把《九章算术》中对开方不尽数的记述与希腊的不可通约量相提并论的话),研究了它们的许多性质,而且深刻地意识到了其中存在的逻辑困难。由于无力从本质上解决这一困难，造成他们对无理量长期回避，这固然不利于数学的发展，但在致力于数系逻辑基础的研究过程中也产生出大量有价值的成果。

(5) 结论：中国古代数学家并未真正认识无理数，充其量只是猜测到了它的存在；“不可开”与“不可比”相比，含义是模糊的，理论层次也远为逊色。

4. 中国与希腊的比例理论

(1) 古代中国与希腊的比例理论，最初都源于实际计算的需要，其理论发展最初都与分数理论有着密切关系。

(2) 比例算法的数学概括，在中国最早见于公元前 2 世纪初的《算数书》，在其后的《九章算术》中则由四项比例算法衍生出各种比例算法，包括正比例、反比例、复比例、配分比例等。在希腊，公元前 6 至前 5 世纪，毕达哥拉斯学派已开始研究各种比例问题，到欧多克斯的时代(公元前 4 世纪)，比例算法的种类已大致完备，理论上也已成熟，其大量成果经欧几里得整理，保存在《原本》中。

(3) 在中国与希腊，比例算法与理论都是数学中最核心的内容与最重要的基础之一，都有着十分广泛的应用，产生了极为深远的影响。《九章算术》有三章专论比例(粟米，衰分，均输)，盈不足及勾股章与比例算法也有密切关系，直接涉及比例算法的问题占全书问题的一半以上，刘徽注《九章》，更将比例算法与理论渗透到其余各章。《原本》第 5 篇为比例论，第 6 篇为相似形，第 10 篇为不可公度比，均直接涉及比例算法与理论，第 8 篇与第 12 篇的绝大部分内容也是如此。与比例直接相关的问题也占全书问题的一半以上，许多重要原理以比例算法为基础。

(4) 中国古代的比例理论奠基于分数理论，本质上奠基于更相减损术这一处理离散量的基本算法，却被用来处理广泛的算术、代数与几何问题，而几何中的不可公度问题从来没有被考虑过。与之相反，希腊人很早就认识到，试图把比例理论奠基于辗转相除法是注定要失败的，因此转而寻找更一般的基础，并在欧多克斯引入一般的“量”的概念之后获得了极大的成功，成为希腊数学最重要的理论基础之一。

(5) 中国古代的比例算法，最初作为一种万能算法直接用以处理各种实际计算问题，进而作为算术、代数与几何中大量算法的理论基础与辅助工具，始终以实用为目的。比例算法与出入相补原理的结合，成为中国古代数学中处理各种复杂问题的重要方式。古希腊的比例理论，在经历了最初的发展阶段之后，主要沿着理论化的方向发展，形式地引入了多种比例，具有较明显的独立意义，并且成为希腊人应付第一次数学危机的主要对策。

5. 从开方程序到高次方程

中国古代的开方程序具有十分普遍的意义，即其原理对开任意 n 次方及求任意 n 次方程的正根都是一致的，而古希腊的方法最初是就开平方的特殊情况而设，难以推广。其后，虽然托勒密(Ptolemy，2 世纪)有了与中国类似的开平方法，但叙述并不十分明确，也从未考虑过 4 次以上的开方及方程求根(数值解)问题。中国的方法以 1/10 为公比收敛，希腊方法以 1/2 为公比收敛。因而，从算法的一般性、可推广性及计算效率上看，中国的方法都远远超过了希腊方法。另一方面，希腊方法均是从过剩与不足两个方向逼近，相当于极限的二夹一，理论上较为严格，而中国的方法则是单侧极限，在刘徽之前又缺乏严格的理论论证。因此，中国是以有效的算法见长，而希腊则以严密的理论突出。

从发展趋向看，《九章算术》中的开方术、开立方术及带从开方衍生出祖冲之的"开差幂、开差立"、王孝通的三次方程，以及宋元时代的增乘开方法、正负开方术、贾宪三角(西方称为帕斯卡三角)，使高次方程数值解法成为中国传统数学的一个引人注目的主题，其基本精神与方法始终是一致的。在西方，由于希腊开方术缺乏可推广性，高次方程数值解法的发展长期停滞。阿拉伯人发展了三次方程的几何解法，文艺复兴时期欧洲人转而以寻求方程的根式解为主要兴趣，产生了一系列理论成果。就算法精神的继承与嬗变而言，开方术是一个颇为有趣的例子。

6. 刘徽与欧几里得对整勾股数公式的证明[①]

巴比伦人最先发现了具有某种一般性的整勾股数推求方法，希腊数学家欧几

---

① 刘洁民.刘徽与欧几里得对整勾股数公式的证明[M]//吴文俊.刘徽研究.西安：陕西人民教育出版社，九章出版社，1993：282－295.

里得和中国数学家刘徽分别给出了整勾股数一般公式的严格证明，比较二者的工作，我们认为：

（1）成果年代及前此基础：在希腊，整勾股数是一个延续数百年的重要主题，以毕达哥拉斯学派的工作为开端，其一般公式首次出现于欧几里得的《原本》（约公元前300年），同时给出了严格证明。毕达哥拉斯学派与柏拉图学派的一对互补公式显然给欧几里得以深刻的启发。在中国，整勾股数的一般公式首次出现于《九章算术》（约公元前1世纪至公元1世纪），其预备性工作尚不清楚，严格证明由刘徽于3世纪中叶给出。

（2）所属范围与逻辑基础：中国古代的整勾股数公式是勾股定理的自然延伸。刘徽的证明，其出发点是勾股定理，思想核心是出入相补原理与比率理论的结合，数形结合，几何意义明确，所属范围实质上是几何学，并无明显的求解二次不定方程的意图。更进一步说，二次以上的不定方程在中国传统数学中是不存在的。在希腊，整勾股数问题虽然最初也有可能是与勾股定理交织在一起的，但从毕达哥拉斯时代开始，它已经成为一个独立的问题，其逻辑基础是毕达哥拉斯学派的形数理论。尽管欧几里得的证明也使用了与图形有关的平面数概念，但本质上是典型的数论方法；尽管其几何背景对应于勾股定理，但在逻辑上已不存在必然联系。欧几里得的工作，从命题的叙述到证明过程，二次不定方程的意义已十分明显。实际上，以研究不定方程著称的丢番图（Diophantus，3世纪），其绝大多数二次不定方程都是以同样的形式叙述和求解的。

（3）研究目的：《九章算术》与刘徽在于解勾股形，本质上是定解问题；欧几里得是为了对不可公度比进行分类，进一步说，是为了研究形如$\sqrt{(a^2+b^2)}$的不可通约量；丢番图则是为了形式地研究各种不定方程。

（4）一般性和严格性：二者层次相当，所给出与证明的都是一般公式，对其一般性又都无力证明；对公式的论证都是严格的，但对公式的约束条件欧几里得略胜一筹。

（5）证明技巧、简捷性及可推广性：刘徽的证明，以勾股定理、出入相补原理及中算比率理论为基础，具有鲜明的几何特征，由几何直观来看，推导过程十分自然，所需要的预备知识较少，且几乎已全部包括在证明中。作为一个独立而完整的工作，刘徽的证明是简捷的，然而，由于其对几何直观的强烈依赖，难以推广到更一般的二次不定方程研究。欧几里得的证明，奠基于毕达哥拉斯学派的形数理论，是纯粹数论的，所需要的预备知识较多，若考虑其全部思路，过程是相当复杂的，但仍不失自然，其可推广性则远远超过了刘徽的工作。

（6）系统性、相关内容及影响：在中国，整勾股数一般公式的发现与证明，已是勾股理论的极致内容之一，作为解勾股形的一种方法，它的地位是从属性的，作为一个独立的数学成果，它与勾股类的其他问题并无十分紧密的、必然的联系，可以说是一项漂亮的孤立成果。又由于其对几何直观的强烈依赖，使其难以向更一般的高次不定方程理论发展，因而不论在几何上、数论上还是代数上，都没有产生深远的影响，以至于被长期忽视和埋没；在希腊，这一问题与形数理论密切相关，后经丢番图的引申成为高次不定方程研究的重要组成部分，与之相应的成果十分丰富，可以说它是一系列重要问题中的重要一环，其对后世的影响也是显而易见的。

（7）历史地位：整勾股数一般关系的最早发现者是巴比伦人，最先对一般公式给出严格证明的是欧几里得，所给公式的形式与内容、理论上的严格与完备、应用上的便利与简捷，都丝毫不比《九章算术》及刘徽的工作逊色。中国在发现与证明这一公式的时间上均晚于希腊，但全部工作是独立、严格、完备的，其数形结合的论证是独具特色的、精巧的，具有深刻的理论价值，虽有欧几里得的证明在前，但二者是无法互相取代的。

7. 中国与希腊的平行线

至迟到公元前 4 世纪，平行线已在中国古代典籍中出现。中国古代数学家讨论过平行的概念、平行线的简单性质及其作图法，并用以解决过一些几何问题。然而，为什么在中国传统数学中平行线并不多见？为什么没有形成一套像欧几里得几何那样的平行线理论？我们认为其原因在于：在中国与希腊，平行线理论的性质和地位完全不同,从而带来了表现形式与应用范围上的明显差异。

(1) 中国古代几何主要以面积、体积的计算和各种线段的测量为核心,而不是像欧几里得几何那样侧重于研究各种几何对象的内在性质与相互关联,也就是说,由于中国古代几何学是为实用的目的而发展的,于是对于平行线来说,只要能够明确概念,建立方法,保证在解决具体问题时能正确而有效地使用,也就达到目的了,而无需再作进一步的探讨。实际情况也正是如此。

(2) 中国古代几何中涉及斜三角形、任意多边形的情况不多,因此,不依赖平行线就无法解决的问题也就不多。相反地,中国古代几何大量涉及矩形、勾股形中的平行关系,多以垂直关系代替。这一方面与中国古代几何所涉及的内容多为方、圆、平、直有关,另一方面也是由基本的几何工具为规、矩、准、绳所决定的。矩、绳均可直接处理垂直问题,与之相比,平行问题反而比较曲折。欧几里得几何的作图工具是直尺与圆规,平行问题与垂直问题相比显得更加自然。此外,中国古代几何中角度概念不发达,缺少对一般相似形的研究,这也大大减少了平行线的使用,而角度概念与相似形理论在欧几里得几何中的重要地位则是显而易见的。

(3) 在中国古代几何中,大量使用了成比例的线段或平面形,实际上都是通过比例方法去研究本属平行的问题,与此同时还常常有意识地作出一些与底或底面平行的直线或平面,这实际上可以归结为初等几何中十分基本的平行截割定理。中国古代虽然没有概括出这一定理,却有许多迹象表明是知道这一事实的。于是平行问题就转化为比例问题,而比例理论正是中国传统数学中最成熟、最辉煌的部分之一。把几何中的平行问题转化为算术中的比例问题,也体现了中国传统数学“数形结合”的基本特点。而在欧几里得几何中,平行与比例至少是同样基本的内容,一般而言上述转换已经没有必要了。

由于上述原因,中国古代几何中的平行线理论远远不如希腊几何中的平行线理论深刻、系统,应用范围及影响也远远不及后者,就是十分自然的了。

8. 中国与希腊的几何计算

中国传统数学长于计算,希腊数学长于证明,对这两大体系中的几何计算及相关问题作一番比较将是饶有兴味的。

我们对中国数学的讨论以《九章算术》及其刘徽注为核心，希腊数学则以毕达哥拉斯学派、欧多克斯、欧几里得、阿基米德及海伦的工作为主线，考虑到其渊源，兼及巴比伦、埃及的几何计算。

(1) 就对象与范围而论，中国数学限于直线形(体)与圆形(体)，大多为日用民生所需要；希腊数学除上述内容外，还由于理论发展的需要引入了圆锥曲线和多种特殊曲线，从而使几何计算的用武之地大为扩展。

(2) 就成果的表述与分布形式而论，中国数学表现为一系列相对独立的计算公式，注重可供实用的结果，强调计算的精度与效率。数学成果之间的逻辑关联往往以其排列顺序为标志。希腊数学将公式的推导展现为一系列预备命题，注重具有理论价值的中间过程，强调体系的完整、严密与内在关联；这种关联，除了通过排列顺序加以显示外，更重要的是通过公式证明中对已知命题的引用而明确表现出来。

(3) 以理论研究或体系完善为目的的几何计算，在中国与希腊都大量地存在着。《九章算术・商功》设置鳖臑一题即属此类。刘徽指出："鳖臑之物，不同器用。……然不有鳖臑，无以审阳马之数，不有阳马，无以知锥亭之类，功实之主也。"其他如《九章・勾股》中的许多内容，刘徽割圆术以及阳马术注、方亭术注、开立圆术注等均是。希腊数学中，有欧多克斯对圆柱、圆锥、圆台体积的推导，阿基米德的割圆术、球体积、抛物线弓形面积、螺线所围面积的计算。这些工作固然可以看作几何证明的一种类型，因为凡与度量有关的几何命题总离不开某种形式的计算，在这一点上理论与应用并无本质区别，但其对实用计算方法的启发与示范作用却是无论如何不应忽视的。

(4) 作为几何计算的理论基础，在中国是出入相补原理和刘祖原理，源于对面积、体积概念及特性的朴素直观；在希腊是"量"的概念与公理，源于对数与形的概念、性质及其内在矛盾的理论探讨。

(5) 作为几何计算的基本方法，二者是类似的。在中国是出入相补原理的各种具体形式(分割移补,等积变形)结合极限方法的简单应用;在希腊则有毕达哥拉斯学派的面积贴合理论与欧多克斯的穷竭法。作为辅助方法,在中国是棋验法、图示法,在希腊则有阿基米德的“力学方法”。

(6) 中国的面积计算以矩形为出发点,但尚未明确提出单位的概念;希腊人则由毕达哥拉斯学派关于数的单位(即 1)概念自然引出了单位正方形概念。对于体积计算,刘徽明确地划定了三种基本几何体,对应于希腊人由平行六面体导出的一般三棱锥。

9. 希腊的公理化演绎体系与中国的构造性、机械化算法体系

公理化与机械化是古代建立数学理论体系的两种基本方式,前者以希腊数学为代表,后者以中国古代数学为代表。

(1) 年代与基本进程:①希腊:约公元前 6 世纪初,泰勒斯把“证明”引入数学;公元前 5 世纪,毕达哥拉斯学派发展了数学证明的思想与方法,希波克拉底引入了“公理”的思想;公元前 4 世纪,欧多克斯引入量的公理,用公理化方法重建比例理论,亚里士多德建立逻辑学;约公元前 300 年,欧几里得著《原本》,建立第一个较为完整的初等数学公理体系。②中国:周朝初年(公元前 11 世纪),周公制礼,九数即被列为六艺之一,说明当时的数学已有一定规模,且有了大致分类;在不晚于公元前 2 世纪初的《算数书》中,数学内容的分类已与后来的《九章算术》接近,并形成了以具体问题及其解法为模型阐发数学理论和方法的基本模式;大约成书于公元纪元前后的《九章算术》系统总结了秦汉以前的数学成就,标志着中国传统数学理论体系的建立,书中收入 246 个数学问题,大多与当时的生产及生活实际密切相关,但也包括一些较纯粹的数学理论问题。每题大致由问(问题)、答(答案)、术(解题方法或过程)三部分组成,全书以具体问题及其解法为模型阐发数学的理论和方法;公元 3 世纪中叶,刘徽著《九章算术注》,在数学理论、方法、技巧和程序等方面多所建树和发明,为中国传统数学奠定了较为完备的理论基础。

(2) 基本特点:①希腊的公理化演绎体系:从一组(尽可能少的)不定义的基本对象(原始概念)和关于这组对象的一组基本假定(公理,最初其标准是被认为“不

证自明”，或被认为由经验所证实）出发，应用合乎逻辑的推理规则，得到新的命题，由此得到数学的理论系统。其成果的表现形式为定理，处于核心地位的数学方法是证明，特别是演绎证明，而计算则处于从属的地位，且往往是为证明服务的。一些关键结果的证明过程往往表现为一系列的过渡性命题或引理。数学对象的存在性既可以构造性地证明，亦可利用反证法间接地证明。推进方式：提出新定理；考虑旧问题的相关问题。成果呈面型（发散型）发展，考虑较为广泛的、大跨度的关联。②中国的构造性、机械化算法体系：从一组（尽可能少的）约定俗成的原始概念以及关于这些原始概念的基本运算及性质出发，以构造的方式生成新的数学概念，以明确可操作的步骤发展新的算法，由此建立数学的理论体系。其成果的表现形式为算法以及为发展算法而设计的几何构图；处于核心地位的数学方法是计算，而证明则处于从属的地位，且一般来说是为了给算法提供可靠性。数学对象的存在性是由构造性的方法保证的，极少使用反证法。倾向于使用算器，以提高计算速度和减少计算错误，而由于算器的使用，中间过程一般都不被保留。推进方式：推广旧算法，发展新算法。成果呈单线型发展。中国传统数学的显著特点之一是通过数学问题阐述理论与方法，本质上即模型化方法。

（3）优缺点：①希腊的公理化演绎体系。优点：富于思想，考虑广泛的可能性，其过程的每一步都可能给人以启发，从而孕育出新成果。抓住一环，带出一片。有时副产品的价值还可能超过原来的主题。缺点：在发展的早期长期与社会实践脱节，既缺少了从实践中得来的启示和发展的动力，也无法对科学技术的进步提供强有力的工具。在计算方面较为薄弱，其方法效率低，精度差，缺乏统一性和可推广性。②中国的构造性、机械化算法体系。优点：方法统一，易于推广；计算方法精度高，收敛速度快；具有较强的实用性和广泛的应用价值。缺点：思想较为贫乏；方法单一；成果呈单线型发展，缺少副产品；基本假定（公理集）往往是隐式的、不分明的。

（4）思维方式与价值取向：①希腊的公理化演绎体系。注重理论体系的严格性和完备性、系统性；依赖逻辑，形式推演，主要使用演绎法；注重过程；强调美与和谐。最初的发展动力主要是哲学。②中国的构造性、机械化算法体系。相信直观、经验,较多使用归纳法;强调实用,讲求效率,注重结果,倾向于发展有应用前景的成果。发展的动力主要是社会需要,特别是天文学。中国传统数学在思维方式上的显著特点之一是数形结合,今天意义上的代数问题与几何问题在中国古代往往是交织在一起的,其处理方式一般也是互相渗透的。

至此,我们已经对中外古代比较数学史中具有典型意义的一些数学主题粗略地叙述了研究角度与部分结论。我们可以由类似的角度入手做大量工作,例如:三斜求积与海伦公式;三角术对印度与中国的不同影响;几何代数化与代数几何化;中国传统数学的数形结合与早期毕达哥拉斯学派的数形结合;中国、埃及、希腊、印度、阿拉伯分数理论之异同;刘徽、祖暅与阿基米德的球体积计算;等等。本书的目的仅仅在于对比较数学史的研究引入一种思考方式,并说明作者是如何运用这种方式去提出问题与处理问题的。

第三章 数学概念与体系

3.1 数学概念

3.1.1 数学概念的提出

数学概念的起源和发展是数学史研究中一个十分重要而又相当复杂的问题。数学历史悠久,不同的文明—民族—国家,不同的时代,数学概念的提出背景和建立方法都会有所不同。为了不使讨论过于复杂,本书对其作了较为粗略的归类:

一、由对现实世界中的存在物的数量关系与空间形式的抽象而提出的数学概念。当然,由于数学概念多级抽象的特点,只有很少的数学概念是对现实世界中事物的直接抽象。例:自然数;初等几何中的基本对象和基本图形;三维欧氏空间;面积、体积度量。

二、由于人类的各种活动的需要而提出的数学概念。又可分为两类:1.一般的生产及生活需要。2.科学技术及人类一般文化发展的需要。例:比例;向量;射影;变化率;函数;概率。

三、由数学自身的发展与完善的需要而提出的数学概念。这是全部数学概念中占比例最高的部分。

例：

① 数的概念及其扩充

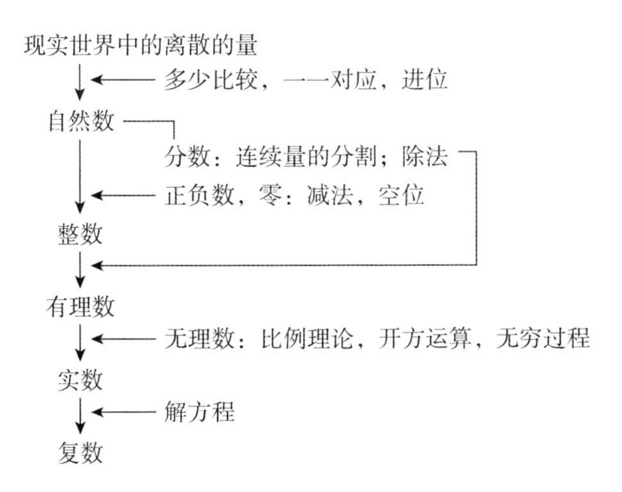

图 3.1　数的概念及其扩充

② 自然数的性质及其衍生概念

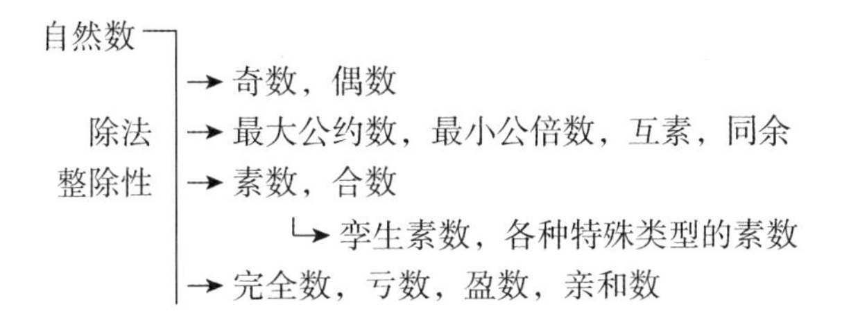

图 3.2　自然数的性质及其衍生概念

③ 比例：初始概念源于远古的物物交换，而严格的数学概念得自对数与量的概念、性质和逻辑基础的深入研究与思考。

在很大程度上，新的、具有很大概括能力的数学概念的提出，标志着数学理论的实质性进步。正如阿蒂亚在《鉴别数学进步之我见》一文中所说，“使数学保持完整与统一的主要砝码是发展更精致、更抽象的概念。在最理想的情形，它们能帮助得到总体性的综合，使大量特殊事实成为某种基本原理的不同表现。在许多领域，这种办法一直十分成功；19 世纪的数学在没有多大损失的情况下，已被吸收进更抽象的、更高的20世纪数学的观念之中。这说明现在的少数几个关键学科如群论(对称性的研究)、拓扑学(连续性的研究)和概率论(随机事件的研究)为什么会处于统治地位。""因此,新的数学概念是数学进步的基本要素。它帮助统一过去的工作并为进一步的研究扫清道路。从长远来看,它们与解决困难的问题或发展新技巧具有完全同等的重要性。实际上,真正多产的概念往往与相当具体的工作相关,并要经历一个较长时期才会出现。只是在偶然的情况下它们才会突然被创造出来。"①

3.1.2 怀尔德的观点

关于数学概念的提出和发展,怀尔德从文化学的角度概括了多个规律:②

"2.新概念的进化通常是为了回应遗传压力,或者,为了回应通过环境压力表达的源自主体文化的压力。

"3.一旦一个概念出现在数学文化中,它的接受将最终取决于这一概念富有成果的程度;它不会因为其起源、也不会因为形而上学或其他标准谴责它是'不真实的'而永远遭到拒斥。

"4.一个新的数学概念的创造者的名望或地位对于该概念的接受具有令人信服的作用,特别是如果新概念打破了传统;对于新术语或符号的发明也是这样。

"5.一个概念或理论的持续重要性将取决于它的丰富性和表达它的符号形式。如果后者趋于晦涩难懂,而其概念保持其丰富性,那么就会演化出一个更易操纵和理解的符号表示。

"6.如果一个理论的进展依赖于某一问题的解决,则这一理论的概念结构就将以允许最终解决这个问题的方式发展。一般说来,上述问题的解决将会带来大量新结果。

① M.阿蒂亚.数学的统一性[M].袁向东,等,编译.南京:江苏教育出版社,1995:140.

② Wilder, Raymond L. Mathematics as a Cultural System [M]. Pergamon Press, Oxford, 1981:126-148.

“7.如果一个数学理论将通过某些概念的整合而获得发展，尤其是它的发展取决于这种整合，那么这种整合将会发生。

“8.如果数学发展需要引入看似荒谬或‘不真实’的概念，这些概念将会通过创造适当和可接受的解释被提供。

“9.在每个时代，都存在着由数学共同体成员共享的一种文化直觉，它包含了关于数学概念的基本和普遍接受的观点。

“10.假设接收实体具有必要的概念水平，不同文化或领域之间的传播经常会导致新概念的出现和数学的加速发展。

“11.由主体文化及其各种亚文化如科学亚文化所造成的环境压力，会引起数学亚文化的一个可观察到的反应。这种反应的特征可能会增加新的数学概念的生成，也可能会减少数学概念的产出，这取决于这种环境压力的性质。

“12.当数学取得重大进展或突破，而数学界有时间吸收它们的影响时，通常会对以往只是部分理解的概念产生新的洞见以及有待解决的新问题。

“13.在当前的数学概念结构中发现不一致或不足将导致补救性概念的产生。”

3.1.3 麦克莱恩的观点

麦克莱恩(S.MacLane)在他的著作《数学：形式与功能》[①]一书中列举了15种活动及其产生的数学概念：

活动	观念	概念表述
收集	集体	(元素的)集合
数数	下一个	后继，次序，序数
比较	计数	一一对应，基数
计算	数的结合	加法、乘法规则，阿贝尔群

① Mac Lane, Saunders. Mathematics: Form and Function [M]. Springer-Verlag New York Inc. 1986: 35.

（续表）

活动	观念	概念表述
重排	置换	双射，置换群
计时	先后	线性顺序
观察	对称	变换群
建筑赋形	图形、对称	点集
测量	距离、广度	度量空间
移动	变化	刚性运动，变换群，变化率
估计	逼近，附近	连续性，极限，拓扑，空间
挑选	部分	子集，布尔代数
论证	证明	逻辑连词
选择	机会	概率（有利/全部）
相继行动	接续	结合，变换群

3.1.4 笔者的观点和讨论方式

从文化史的角度看，每一种文化都有它自己的数学；每一种数学都有它自己的目的以及为这些目的而发展起来的数学主题，从而也就有了适应于这些主题的数学概念。于是，不同文化传统下的数学，可能会引入不同的数学概念。

在两种不同文化传统下的数学中，虽然不可避免地会有许多相似（甚至在简单的意义上完全相同）的数学概念，但它们在各自体系中由于受到相关数学主题的不同含义、不同地位、不同发展趋向等的影响，其含义也就不尽相同，其地位及作用也就随之不同。

总之，数学概念是适应数学主题的需要而产生和发展的，其含义、地位与作用都与数学主题紧密相联。

一个数学概念一旦确立，为处理与之相关的数学问题，常常会引入新的研究角度，引发新的研究问题，催生新的研究方法，而新问题、新方法及其结果又可以产生出新的数学概念。

任何一个数学理论体系都有其处于核心地位的概念，这些概念与同一体系中的核心命题及核心方法共同决定了这一体系的性质与特征。因此，一般说来，任何数学概念都不是孤立的，而与产生它的数学主题、方法和数学理论体系的性质与要求紧密相关。

按照主题和方法分类的相同思路，在数学文化学中，笔者对数学概念按下面的方式分类和讨论：

1. 概念的维度：(1)概念的总体分布；(2)概念的价值取向；(3)概念所属范围和适用范围；(4)概念的确定性；(5)概念的有效性（主题在整个体系中的地位与作用）；(6)概念的一般性和可推广性；(7)概念的系统性与相互关联（概念链、概念系统）。

2. 概念的层次及相应时代：(1)概念的呈现方式及其中所体现的思想与方法特点；(2)概念的处理方式及其中所体现的思想与方法特点；(3)概念的绝对水平和主流水平；(4)概念的时代背景、社会背景；(5)概念的渊源和前此基础；(6)概念的发展趋向与最终结果；(7)概念的派生与转向。

3.2 数学体系

我们所说的“体系”，是指某一文明—民族—国家所创造的数学中具有相对独立意义的部分，它可以指这种数学的全部，也可以是它的一个局部，以现代数学为例，它可以指全部现代数学，也可以是它的一个分支，或者分支之下的某个独立部分。例如，这样的体系可以是数学分析，也可以是微积分、实变函数论、复变函数论，还可以是极限理论。

在很多情形，体系（子系统）与主题很类似，区别在于：我们在说主题的时候，重点在于它所涉及的问题，以及解决问题的过程，在说体系的时候，重点在于它的整体脉络和内在结构。说主题的时候，着眼于动态过程；说体系的时候，着眼于静态结果。

体系的分类：

1.体系的维度：(1)体系的基本面貌；(2)体系的价值取向；(3)数学内容(主题、方法、概念、成果)的总体分布；(4)突出发展的数学分支；(5)处于核心地位的主题；(6)处于核心地位的方法；(7)演绎与算法的地位；(8)公理体系的构建及其发展水平，公理体系中演算因素的发展；(9)算法体系的构建及其发展水平，算法体系理论基础的奠定；(10)处于核心地位的概念；(11)体系的内在整体逻辑结构，体系内部的分类及其依据；(12)体系的功能分析；(13)体系进一步发展的可能性。

2.体系的层次及相应时代：(1)早期的分类；(2)成熟的分类；(3)从现代数学观点看，作为一门"科学"经历了哪些基本阶段，达到什么水平？(4)各分支发展的历史考察；(5)阶段性发展的时代背景、社会背景；(6)阶段性发展的前此基础；(7)体系的发展趋向与最终结果。

3.3 案例和讨论

案例 3-1　古希腊数学中的案例

概念：形数，素数，不可通约量，平行线。

体系：欧几里得《原本》的理论体系。

案例 3-2　中国传统数学中的案例

概念：比率，正负数，"方程"，长方体—三种基本几何体，圆。

体系：《九章算术》的数学理论框架，刘徽的数学理论体系。

案例 3-3　欧洲文艺复兴时期数学中的案例

概念 1：虚数；体系 1：代数方程论。

概念 2：平行；体系 2：对欧氏几何的反思。

案例 3-4　近代数学中的案例

概念 1：二次曲线；体系 1：解析几何。

概念 2：函数，极限，实数；体系 2：微积分—数学分析。

概念 3:群;体系 3:群论。

概念 4:集合,无限;体系 4:康托的朴素集合论。

综合案例 3:中国与希腊数学中几个概念的比较

为了说明笔者的基本观点,我们对中国与希腊古代数学中一组相似概念的不同含义与地位作初步比较。

1. 素数与整除性;点、直线、平面

素数概念起源于对自然数的整除性的认识。一个基本想法是,对任意一个自然数,考虑所有比它小而又能整除它的数,即它的全部真因数。当一个数的真因数只有 1 时,它就是一个素数。由此又进一步引出自然数的因数分解问题。这些都十分清楚地体现了一种分析精神。

与之相比,中国传统数学中对整除性的认识也很早(带余除法,辗转相除),但却从未考虑过自然数的因数分解(分解质因数),也从未正式提出过素数概念。

对于希腊人或者今天的人们来说,点、直线、平面的概念在几何中是最基本、最自明的了,作为几何学研究的基本对象,它们理应受到优先的研究,它们是几何学中其他概念的出发点,它们的性质与相互关系决定了其他几何对象的性质与相互关系。

然而在中国传统数学中,点、直线、平面的抽象性质与相互关系只偶尔被作为研究的对象(如在《墨经》中),从来没有占据重要的位置。

在中国古代数学家眼中所见到的,一般来说并非抽象的点、线、面,而是与实际问题相联系的具体的几何形体。共线点和共点线在欧几里得几何中是十分重要的内容,而在中国古代,则只有在测望术中才考虑人眼、标杆与目标点三点成一线,但只要测量完成,进一步的性质及与之相关的几何问题就不再被考虑了。

类似于共点线的问题,在中国古代也会考虑某个几何形体的两条或几条边交汇于一点,而一旦面积、体积或某个特殊的边长被求出,进一步的性质与相关的几何问题也就不再被考虑了。

在希腊早期研究数学的都是哲学家，他们的数学思想与方法极大地受到他们的哲学思想的影响，并且反过来又影响到他们的哲学。哲学从一开始就代表着一种理性的思维，要求对世界的本原及其规律作出合理的解释。

这种精神体现在数学中，就是要对数学对象的存在及其内在性质与相互关系作出合理的解释。这种认识不仅导致了希腊数学的公理化发展方向，在对具体数学问题与概念的处理上也有多方面的体现。

希腊早期哲学家探讨的一个基本问题是世界（宇宙）的本原，也就是构成这个世界的最基本的材料是什么，其基本思想是分析与还原。

有了这样的背景，希腊数学家在对自然数的研究中特别关注像单位、素数这样的概念以及在几何学中关注点、线、面这样的概念也就十分自然了。相反地，中国古代数学中的实用倾向与综合倾向妨碍了对这类基本概念的关注与研究。

2. 不可通约量与开方不尽数

不可通约量的发现是希腊数学史上惊天动地的大事件，它迫使希腊人重建自己的数学大厦，彻底改变了希腊数学的面貌和发展方向。

然而在中国，开方不尽数在《九章算术》中被轻描淡写地以“若开之不尽者为不可开，当以面命之”一笔带过。刘徽虽由此阐发极限思想，创立十进分数，对其性质却未进一步讨论。

此后，中国古代数学家虽然毫无限制、毫不犹豫地使用开方不尽数及圆周率，对其性质及逻辑基础终亦无人问津。

由于希腊人所研究的不可通约量主要也是开方不尽数及其各种组合，这一现象就愈加令人不解：为什么对开方不尽数的态度与实际处理，中国和希腊会有如此巨大的差异？“不可开”与“不可比”在认识层次上有何异同？

根据欧几里得的定义：“能被同一量量尽的量叫作可公度量，不能被同一量量尽的量叫作不可公度量。”于是，是否存在整数比可以作为是否可公度的标准。

希腊人不仅发现了不可通约量，而且证明了$\sqrt{2}$，$\sqrt{3}$，$\sqrt{5}$，$\sqrt{6}$，$\sqrt{7}$，$\sqrt{8}$，$\sqrt{10}$，

$\sqrt{11}$，$\sqrt{12}$，$\sqrt{13}$，$\sqrt{14}$，$\sqrt{15}$，$\sqrt{17}$等一系列不尽根数与单位1不可通约，即证明了它们之间的比确实无法写成两个整数之比。他们不仅研究了不可通约量的许多性质，而且深刻地意识到了其中存在的逻辑困难。

中国古代称开方不尽数为“不可开”，却从未给出过无理数或不可通约量的定义。即使我们把不可开理解为“无限不循环”，中国古代数学家也仅仅是猜到了这一点，并未指出哪一个数确实是“不可开”的并证明这一点。

中国古代虽然也广泛地使用了各种比例，却并未区分可公度与不可公度，特别是从未考虑过是否存在这样一对量，它们之间的比无法写成两个整数的比。

中国古代数学家毫不犹豫地使用开方不尽数，这在实用方面是十分方便和有效的，但在理论方面却是含糊的、不严密的。可以说，中国古代数学注重的是有效地解决实际问题，却从未关心过数系的逻辑基础。

虚数的情形与此类似。虚数概念起源于代数方程的求解，最早涉及与虚数有关的问题的是15世纪末的舒开（N.Chuquet，1484）和巴乔利（L.Pacioli，1494），最先明确提出虚数概念并加以讨论的是卡尔达诺（G.Cardano，1501—1576）的《大术》（1545）。由于对三次方程的“不可约情形”的讨论，虚数成了代数方程论中不可缺少的角色。虚数是对代数方程寻求统一的公式解的产物，体现了西方数学传统中寻求严格性与完备性的精神。反之，在中国传统数学中既没有、也不可能产生虚数概念，这不仅因为中国传统数学中对方程一直是求数值解，而非公式解，而且中国传统数学要求数学问题的解一定要能有合理的实际问题的解释，而不是追求数学理论的内在完美与统一。

3. 平行

在希腊数学中，平行是最核心的概念之一。由于对无穷概念的谨慎态度，欧几里得的平行公设采取了一种相当迂回曲折的方式，引起了后世长达2000多年的研究与思考。平行概念在希腊数学中的重要地位，还因为研究相似形而得到加强。

虽然中国古代数学家讨论过平行的概念、平行线的简单性质及其作图法，并用以解决过一些几何问题。然而，在整个中国数学史上，平行线概念只是偶尔出现，而且多数情形都较为隐晦，更没有形成一套像欧几里得几何那样的平行线理论。

与希腊数学作进一步比较，我们就会理解：在中国与希腊，平行线理论的性质和地位完全不同，从而带来了表现形式与应用范围上的明显差异。

(1) 中国古代几何主要以面积、体积的计算和各种线段的测量为核心，而不是像欧几里得几何那样侧重于研究各种几何对象的内在性质与相互关联，也就是说，由于中国古代几何学是为实用的目的而发展的，于是对于平行线来说，只要能够明确概念，建立方法，保证在解决具体问题时能正确而有效地使用，也就达到目的了，而无需再作进一步的探讨。

(2) 中国古代几何中涉及斜三角形、任意多边形的情况不多，因此，不依赖平行线就无法解决的问题也就不多。相反地，中国古代几何大量涉及矩形、勾股形中的平行关系，多以垂直关系代替。

这一方面与中国古代几何所涉及的内容多为方、圆、平、直有关，另一方面也是由基本的几何工具为规、矩、准、绳所决定的。矩、绳均可直接处理垂直问题，与之相比，平行问题反而比较曲折。

欧几里得几何的作图工具是直尺与圆规，平行问题与垂直问题相比显得更加自然。此外，中国古代几何中角度概念不发达，缺少对一般相似形的研究，这也大大减少了平行线的使用，而角度概念与相似形理论在欧几里得几何中的重要地位则是显而易见的。

(3) 在中国古代几何中，大量使用了成比例的线段或平面形，实际上都是通过比例方法去研究本属平行的问题。于是平行问题就转化为比例问题，而比例理论正是中国传统数学中最成熟、最辉煌的部分之一。

把几何中的平行问题转化为算术中的比例问题，也体现了中国传统数学“数形结合”的基本特点。而在欧几里得几何中，平行与比例至少是同样基本的内容，一般而言上述转换已经没有必要了。

4. 多面体

对多面体的关注起源于人类的基本生活、生产需要，如建造房屋、粮仓、城堡、堤坝，以及计算堆积物品的数量，都需要多面体的知识，因而最初这是一类十分具有实用意义的问题。

巴比伦、埃及数学中的多面体种类较少，而且与实际需要直接相联。中国的情形已经进了一步，从《九章算术·商功》中题目的排列顺序看，前 13 题都是有明显实用背景的，包括长方体、直棱柱、方亭、方锥等，但第 14—16 三题，分别为堑堵、阳马、鳖臑，是由长方体分割出来的三种基本几何体，并无明显的实用价值。

根据刘徽的看法，这三种基本几何体完全是为了推导锥、亭之类的其他多面体的体积而设置的，具有理论上的价值，而这种理论的目的，完全在于保证实用的可靠性。

希腊数学则又有着本质的不同。一方面，希腊人对于有着明显的实用背景的一些几何体如棱柱、棱锥、棱台都进行了研究，但是这种研究却具有明显的理论色彩，而并不十分关心具体的数值计算。

另一方面，从毕达哥拉斯的时代开始，他们就以极大的兴趣研究正多面体，这种研究完全脱离了实用的背景，完全是从理论的完善、优美与和谐的角度考虑的，这是其他古代文明完全未曾涉及的一个课题。到了阿基米德的时代，人们又研究了半正多面体，都是在数学中追求美与和谐的产物。

在本书中我们关心的是：在数学概念的比较中，概念之间在多大程度上可以互相翻译？内涵、外延是否一致？在何种意义、程度上是一致的？

由于我们是在比较两个不同的系统（或其中的元素），如果没有明确的标准，很多界限就会被混淆。如果被比较的事物在含义、层次、范围等方面差异过大，也常常会使比较失去意义而推向荒谬。

在数学史的比较研究中，对于任何一对成果都不能完全孤立地加以评价。那种以今人之见代替古人原意，简单比附的方法是不可取的。

综合案例4:欧几里得《原本》的公理体系及其影响

公理化方法是运用严格的逻辑演绎规则,从原始概念和公理出发,定义其他一切概念,推演出其他一切定理,从而建立理论体系的方法。

欧几里得(Euclid,约公元前330—约公元前275)《原本》是现存最早的用公理化方法写成的数学著作。欧几里得基于人们对点、线、面和空间的直观经验设置了5条公设[①]:

1. 由任意一点到另外任意一点可以画直线。

2. 一条有限直线可以继续延长。

3. 以任意点为心及任意的距离可以画圆。

4. 凡直角都彼此相等。

5. 同平面内一条直线和另外两条直线相交,若在某一侧的两个内角的和小于二直角,则这二直线经无限延长后在这一侧相交。

他又采用了欧多克斯(Eudoxus)关于量的5条公理[②]:

1. 等于同量的量彼此相等。

2. 等量加等量,其和仍相等。

3. 等量减等量,其差仍相等。

4. 彼此能重合的物体是全等的。

5. 整体大于部分。

在《原本》的公理系统中,点、线、面这些原始概念是先于公设给定的,这个系统中的公设仅对这样理解的点、线、面有效,而不能用来描述另外的对象。更一般地说,《原本》中的公理体系的主要特征是:第一,论域是先于公理(包括公设)给定的;第二,公理是为了刻画特定的论域,也就是说,公理所描述的论域是唯一的;第三,

---

① 欧几里得.几何原本[M].兰纪正,朱恩宽,译.南京:译林出版社,2011:2.

② 欧几里得.几何原本[M].兰纪正,朱恩宽,译.南京:译林出版社,2011:2-3.

公理被认为是不证自明的。这样的公理系统,叫作实质公理系统。

由于有了这样的一个公理系统,不仅《原本》中的全部命题(共有465个)都可以运用逻辑推理方法由上述公设和公理加以证明,从而使之形成了一个严谨清晰、井然有序的理论体系,而且通常意义上的初等几何问题都可以纳入这个体系。《原本》也因此成为后世数学理论著作的范本,对《原本》内容包括对其公理系统的研究又引发出许多新的问题和发现。其中特别重要的是,由于后人认为第五公设应该可以通过另外九条公设和公理加以证明,导致了长达两千多年的试证第五公设的努力,其结果是到19世纪由此产生了非欧几何(双曲几何和椭圆几何),进而引起人们对几何基础问题的更为深刻的思考,发现《原本》公理系统的重要缺陷(缺乏顺序公理、合同公理和连续公理),推动了更为一般的数学基础研究。

由于非欧几何的建立,加之发现了由于传统的欧氏几何公理系统的缺陷导致的悖论,建立一个完备的、相容的欧氏几何公理系统的要求已经非常迫切。到19世纪末,数学中的公理化方法已经达到形式公理系统的水平,对于探讨数学各分支的理论奠基乃至数学整体意义上的理论奠基有了较为明确和统一的思路。在19世纪多位数学家对欧几里得几何公理系统所作研究的基础上,希尔伯特在其《几何基础》(1899)中给出了一个由三个基本元素(点、线、面)、三个基本关系(结合、顺序、合同)和五组公理(共20条)构成的新的欧氏几何公理系统,新的系统在推理过程中不再需要借助几何直观,消除了前人发现的欧氏几何的漏洞(主要是19世纪发现的若干悖论)。

为了证明新的公理系统的相容性,理想的方法是构造一个几何模型,它完全满足上述五组公理。希尔伯特做了初步尝试后发现这一途径难以走通,于是他构建了一个实数公理系统,它与上述几何公理系统等价。由于实数系的相容性已经被建立在皮亚诺的自然数公理系统上,只要能证明后者是相容的,实数公理系统和欧氏几何公理系统的相容性问题就获得解决。此外,自然数公理系统的相容性也是为微积分奠定理论基础所需要的。于是,希尔伯特在1900年举行的国际数学家大会上,把证明自然数公理系统的相容性列为需要优先关注的23个重要问题中的第二个。但十分不幸的是,1931年,哥德尔证明:自然数公理系统的相容性在该系统内部不可证明。

《原本》的公理化方法不仅成为后世数学理论著作的范本，也成为后世构建科学体系、哲学体系的范本，阿基米德的力学著作、托勒密的地心说体系、哥白尼的日心说体系、牛顿的经典力学体系、笛卡尔和斯宾诺莎的哲学体系乃至康德的哲学体系，直到20世纪初爱因斯坦的狭义相对论和广义相对论，其理论框架都是运用类似的方式构建的。19世纪数学家对欧氏几何公理系统完备性和相容性的研究，使数学以外多个领域的理论基础面临同样的挑战。1879年，弗雷格发表《概念文字》，继承发扬了莱布尼茨的观点：哲学中的很多争议，以及很多数学问题难以解决，是因为我们的日常语言（自然语言）的多义性、模糊性和由此带来的暗示和联想，为了使表述更加清晰，推理更加严密，需要创造一种纯粹的、符号化的人工语言，将概念表示为符号，将命题表示为由符号构成的公式，将推理过程表示为公式在一定规则下的变形过程。弗雷格的这篇论著，在莱布尼茨思想的基础上开创了现代数理逻辑，其双重意蕴是：构造一种形式语言，将数学奠定在严格的基础上；构造一种形式语言，将哲学奠定在严格的基础上。分析哲学的发展从一开始就与数理逻辑的蓬勃发展交织在一起。从弗雷格、罗素到维特根斯坦，尝试通过一种高度抽象严格的方式为哲学奠定稳固基础，后来哥德尔的工作恰好也是基于现代数理逻辑的思路、问题和方法导出的，两个工作同源同归。

从更广泛的意义上说，以公理化方法写成的《原本》，是第一个现代性文本，是现代精神的源头之一。康德在其三大批判中将人类的心灵活动或相应的能力分为三类，其中第一类是认识或认识能力，他称之为纯粹理性，即后人所说的思辨理性或理论理性，与之相应的领域是知识论。康德在《逻辑学讲义》中写道："理性是从全称命题或先验认识推导特称命题的能力。"（Reason is the faculty of the derivation of the particular from the universal or cognition a prior.）[①]按照这一观

① Immanuel Kant. Lectures on logic [M]. Translated and Edited by J. Michael Young. Cambridge University Press 1992, 442.

点,理论理性从演绎方法开始。由此出发,笔者认为,理论理性发展的第一阶段是基于事实证据和公认正确的判断、依据有条理的思维过程作出判断的意识和能力,其成熟形态是实质公理系统的建立,即达到欧几里得公理体系的水平,其对公理体系的认识基于经验直观,强调不证自明。笔者将处在这一层次的理论理性称为朴素理性。从西方现代化的进程来看,现代性的核心或根基是三种基本的文化要素,即:第一,朴素理性;第二,以实现了政教分离的基督教信仰为基础的对世界统一性、目的性和人类基本价值的信念;第三,以私有财产为基础、个人价值为核心的人文主义和个体自由观念。现代性的其他要素还有法治、现代道德秩序、现代科学、现代技术、工业经济和自由民主制度。现代是一个崇尚理性精神的时代,现代性的理论特征正是实质公理系统。简化到极点,我们可以说,现代性是以成熟的朴素理性为基础而衍生出的文化特性。在哲学史乃至文化史上,朴素理性阶段对应于现代性思想从最初的萌芽到发展成熟的漫长时期,也就是从泰勒斯到亚里士多德(从归纳到演绎)、经笛卡尔(初步公理化)到康德(实质公理系统的高级阶段)的过程。如今,全部自然科学、哲学、大部分社会科学,都已经实现了公理化,其理论理性的发展水平也早已超越了朴素理性。

综合案例5:中国与希腊数学体系的比较[①]

从数学发展的历史上看,初等数学理论体系的建立主要有两个代表,即希腊数学,为公理化的演绎体系,以欧几里得的《原本》为标志;中国传统数学,为机械化的算法体系,以《九章算术》及其刘徽注为标志。由于文化传统诸方面的巨大差异,希腊与中国发展数学的目的与方法大不相同,数学在相应文化体系中的地位也大不相同。印度人间接地受到希腊人的影响,但没有发展数学的公理化系统,阿拉伯人则明显地接受了希腊人的公理化方法。欧洲数学的发展,本质上说也是继承了希腊精神。

古希腊的数学,基本上一直保持着纯学术的性质,具有学者传统,体现着哲学

① 刘兼.21世纪中国数学教育展望(第二辑)[M].北京:北京师范大学出版社,1995,236-240.

精神。希腊人继承了埃及人、巴比伦人在数与形方面的初步知识,特别是数的基本运算与图形的度量。但是,他们没有沿着这种原始算法的方向发展下去,而是转而研究数与形的内在性质,开创了数学理论化的发展方向。这首先是因为在希腊早期研究数学的都是哲学家,或从属于一定的哲学学派,而哲学从一开始就代表着一种理性的思维,要求对世界的本原及其规律作出合理的解释。这种精神体现在数学中,就是要对数学对象的存在及其内在性质与相互关系作出合理的解释。这正是数学证明思想的动力与源泉。希腊人坚信宇宙是按照数学的规律构造和运行的,并且力图发现这种规律,这就使数学与哲学在本质上联系在一起。进入公元前3世纪之后,希腊数学与哲学间的关系渐趋松散,而更多地显现出与科学、技术的联系。但是,一方面,由于在希腊从事数学与哲学研究的人一般来说都是贵族,他们认为实用技术是奴隶们的事,因而数学与技术的联系并不受到鼓励;另一方面,数学家与哲学家始终是作为纯粹的学者,并未受到政府的制约。希腊人也搞计算,但这必须建立在数学对象的存在及性质已经通过证明而被把握的基础上。而且,他们的许多计算本来就是为理论,特别是为证明服务的。要证明一个数学命题是正确的,除了要保证它所涉及的概念是存在且恰当的外,其依据有两类:一是已经被确认为正确的数学命题,二是正确的推理规则。如果被作为前提的数学命题也需要证明,就至少要有一个更基本的已经被确认为正确的数学命题。如果每个作为前提的数学命题都被要求有一个证明,必将陷入无穷的倒退。为此,公元前5世纪,毕达哥拉斯学派(一说为开奥斯的希波克拉底,而据说他也属于毕达哥拉斯学派)提出,为防止上述的无穷倒退,需要引入一些为人们所公认的、不证自明的命题作为证明的前提,即后人所说的公理和公设。另一方面,公元前5世纪后半叶,正是以发展辩论术和作为最早的职业教育家而闻名的智者派形成与发展的时期,而雅典民主政治的基础就在于理性与雄辩。由于辩论双方需要有一个共同的、公认正确的出发点,这就进一步促进了数学中的公理化方法。为使辩论无懈可击,又需要发展逻辑学。到公元前4世纪,古典逻辑在亚里士多德手中最终确立,为公理化方法在希腊数学中取得支配地位创造了先决条件。此后不久欧几里得就完成了公理化数学体系的最早典范——《原本》。总之,古希腊数学家的社会角色决定了他们的数学观念、他们所关心的问题以及处理这些问题所使用的方法,从而自然地导向了公理化演绎数学体系的建立。

与希腊数学形成鲜明对比的是,中国传统数学在它发展的初期就被当作官方培养与选拔人才的手段,政府管理各项事务的工具以及教育贵族子弟必不可少的科目,具有明显的实用性和官方性,并与天文学紧密结盟,而且被蒙上了一层神圣的色彩。同时,它又是农民、手工业者和商人日常应用的工具。春秋战国时代的诸子百家中,与科学技术(包括数学)关系最密切的学派是墨家,而他们实际上代表了手工业者的思想与利益。一般认为,希腊的科学具有学者的传统,而中国的科学具有工匠的传统,这在数学上也不例外。

正是由于这些外在因素以及中国古代数学家的社会角色,决定了他们所关心的大多是较为实用的问题,理论研究则主要是直接为实用问题的结果提供保障。因此,中国古代数学家在解决数学问题时所关心的首先是如何得到可以直接应用的、可以方便地操作的解。另一方面,由于他们所关心的数学问题一般都有直接的现实背景,如果问题的解在物理的或一般现实的意义上是存在的,在不超出当时数学能力的前提下,这些问题也恰好是比较方便得到构造性的解的。由此又决定了在中国传统数学中处于支配地位的方法是计算和模型方法,倾向于对现实世界中的问题给出强有力的概括,从而使多种类型的问题得到统一的处理,而这种处理的核心是找到准确而高效率的算法。此外,由于缺乏符号式的表示方式,其模型又采取了具体问题的方式。这就形成了《九章算术》的问(问题—模型)、答、术(原理、规则、算法)的基本格局。中国传统数学中也有证明,特别是在刘徽的工作中,但一般来说,中国古代的数学证明是构造性的,其目的是为算法提供保障,因而处于从属的地位。这样的数学观念和方法,自然地导向机械化、构造性的算法体系的建立。

通过对上述两大数学理论体系的进一步探讨,我们有如下结论:

作为公理化演绎体系的希腊数学,其基本特征是注重理论体系的严格性和完备性、系统性;依赖逻辑,形式推演,主要使用演绎法;注重过程;强调美与和谐。最初的发展动力主要是哲学,成果的表现形式为定理,处于核心地位的数学方法是证明,特别是演绎证明,而计算则处于从属的地位,且往往是为证明服务的。一些关键结果的证明过程往往表现为一系列的过渡性命题或引理。数学对象的存在性既可以构造性地证明,亦可利用反证法间接地证明。推进方式以提出新定理或考虑旧问题的相关问题为主,成果呈面型(发散型)发展,考虑较为广泛的、大跨度的关联。优点是富于思想,考虑广泛的可能性,其过程的每一步都可能给人以启发,从而孕育出新成果,有时副产品的价值还可能超过原来的主题。缺点是在其发展的早期长期与社会实践脱节,既缺少了从实践中得来的启示和发展的动力,也无法对科学技术的进步提供强有力的工具。在计算方面较为薄弱,其方法效率低,精度差,缺乏统一性和可推广性。

作为机械化算法体系的中国传统数学,其基本特征是相信经验,较多地借助直观,较多地使用归纳法;强调实用,讲求效率,注重结果,倾向于发展有应用前景的成果,着重模型的建立和算法的概括,而不讲究命题的形式推导。发展的动力主要是社会需要,成果的表现形式为算法以及为发展算法而设计的几何构图,处于核心地位的数学方法是计算,而证明则处于从属的地位,且一般来说是为了给算法提供可靠性。数学对象的存在性是由构造性的方法保证的,基本不使用反证法。倾向于使用算器,以提高计算速度和减少计算错误,而由于算器的使用,中间过程一般都不被保留。推进方式以推广旧算法、发展新算法为主,具有较强的目的性。优点是方法统一,易于推广,计算方法精度高,收敛速度快,具有较强的实用性和广泛的应用价值。缺点是思想较为贫乏,方法单一,成果呈单线型发展,缺少副产品;基本假定(公理集)往往是隐式的、不分明的。

中国传统数学在本质上是功利主义的,一般说来,"为数学而数学"的场合(例如刘徽等人的工作)是十分罕见的。这与中国传统文化的功利主义倾向是一致的。对于中国的士大夫阶层乃至一般知识分子,知识(包括科学知识)从来就是为了"经世致用"的。

[本案例是笔者为《21世纪中国数学教育展望》(第二辑)所写"数学教育的人文研究"的一部分,此处基本上按原始状况引用。]

综合案例6:函数概念的演进

函数是现代数学的核心概念之一,在现代数学教育中也是最重要的概念之一。自从17世纪它被正式引入数学中以来,对这个概念的明确化及推广受到了极大的注意。函数概念的演变,既是数学概念起源与发展的典型例子,也在相当程度上反映了数学本身的进步与发展。

本案例的素材主要取自迪特·鲁辛(Dieter Ruthing)“函数概念的一些定义”[①]、爱德华《微积分发展史》[②]、M.克莱因《古今数学思想》第二册[③]和第四册[④]等。

从历史上看,函数概念的确立,依赖于几个重要的先决条件:①对于运动与变化问题的广泛的、定量的研究,特别是关于变速运动与非均匀变化的研究;②代数方法与几何方法的结合:解析几何的创立;③数系的发展,连续性的数,最初借助于时间概念,逐渐形成实数连续统的朦胧意识;④代数的符号表示,一般数学符号系统的发展。17—18世纪的函数概念局限于解析函数,充分说明了函数概念对代数的符号表示的依赖,特别是,符号表示使得对函数可以进行纯形式的运算,而不必在每一步推理中都提供几何的或物理的意义。

“函数”一词最早出现在莱布尼茨1673年的一篇手稿中(一说他于1694年以拉丁文形式引入了这个词),最初似乎是用来表示与曲线有联系的任何量,例如,曲线上点的坐标,曲线切线的斜率,曲线的曲率半径,等等。莱布尼茨又引入“常量”“变量”和“参变量”,这最后一词是用在曲线族中的。在他的著作《微分学的历史和起源》(1714)中,他用“函数”一词表示依赖于一个变量的量。

约翰·伯努利(Johann Bernoulli,1718):“在这里,一个变量的函数是指由这个变量和常数以任何一种方式构成的一个量。”其中的“任何方式”一词,据他自己

---

① Dieter Ruthing.函数概念的一些定义[J].数学译林,1986(3):260-263.

② C.H.爱德华.微积分发展史[M].张鸿林,译.北京:北京出版社,1987.

③ M.克莱因.古今数学思想(第二册)[M].朱学贤,申又枨,叶其孝,等,译.上海:上海科学技术出版社,2002.

④ M.克莱因.古今数学思想(第四册)[M].邓东皋,张恭庆,等,译.上海:上海科学技术出版社,2002.

说是包括代数式和超越式而言，实际上就是我们所说的解析表达式。

欧拉(L.Euler)《微分学原理》(1755)："如果某些量以如下方式依赖于另一些量，即当后者变化时，前者本身也变化，则称前一些量是后一些量的函数。这是一个很广泛的概念，它本身包含各种方式，通过这些方式，使得一些量得以由另一些量所确定。因此，若以 x 记一个变量，则所有以任何方式依赖于 x 的量或由 x 所确定的量都称做 x 的函数……"

在这里，欧拉没有强调"解析表达式"，而且首次明确地用"依赖"关系定义函数。虽然"各种方式"在当时所指的应该仍是那些标准的代数运算(包括解代数方程)和各种超越的求值过程(包括求序列的极限、无穷级数之和、无穷乘积等)。但无论如何，这个提法本身仍意味着在函数概念上的某种放宽。

18 世纪：大多数数学家相信一个函数必须处处都有相同的解析表达式。在 18 世纪，函数概念的本质是一种形式上的表示，而不是一种关系的承认。18 世纪中微积分似乎自动发展的原因，主要由于这种形式论的观点。对于这种观点，莱布尼茨的符号是如此合宜地适应。微积分所获得的成就越大，对欧拉考察他的方法的合理性的需要就越少。

函数这个狭义的解析概念在 18 世纪的微积分中曾被普遍采用，但是后来，由于欧拉、达朗贝尔(D'Alembert)和丹尼尔·伯努利(Daniel Bernoulli，1700—1782)就研究偏微分方程(例如弦振动方程)时出现的"任意函数"的性质而进行讨论，对这个概念产生了疑问。根据 18 世纪后期主要是由关于弦振动问题的争论而产生的对于函数的认识，所谓"连续性"指的是函数解析表达式的一致性，而不是函数图形的接连不断(现代的连续概念)。实际上，在 18 世纪的数学分析中讨论的绝大多数函数，在现代意义下都是连续的；那时，"间断性"既指在一些孤立点上(即解析表达式变更之处)函数失去(现代意义下的)光滑性，又指根本不存在解析表达式(例如信手画出的曲线的情形)。

18 世纪末，数学家们对函数概念的理解明显地出现了分歧。一方面，许多大数学家如拉格朗日(J.L.Lagrange)所接受的函数概念仍是解析函数，甚至相信任何给定的函数都可以被展开为一个幂级数。另外一些数学家却对函数定义作出了关键性的改变。例如，1797年，法国数学家拉克鲁瓦(Lacroix)给出了如下定义："每一个量，若其值依赖于一个或几个别的量，就称它为后者(这个或这些量)的函数，不管人们知不知道用何种必要的运算可以从后者得到前者。"这里不再强调运算，亦即不再强调函数的解析表达，而只强调自变量与因变量之间的相依关系，从而已在本质上成为今天的函数概念。当然，对于一个函数是否可以由不同的表达式在某一区间分段定义，或者由更复杂的方式定义，这里并未说明，但无论如何，这是对函数概念的第一个实质性推进。

19世纪：数学分析严格化过程中的函数概念。1829年，德国数学家狄利克雷(G.L.Dirichlet)给出了著名的狄利克雷函数："当变量 x 取有理值时 $f(x)$ 等于一个确定的常数 c；当 x 取无理值时 $f(x)$ 等于另一个常数 d。"它是第一个被明确给出的没有解析表达式的函数，也是第一个被明确给出的"真正不连续的"函数。在此基础上，狄利克雷于1837年给出了新的函数定义："让我们假定 a 和 b 是两个确定的值，x 是一个变量，它顺序变化取遍 a 和 b 之间所有的值。于是，如果对于每一个 x，有唯一的一个有限的 y 以如下方式同它对应，即当 x 从 a 连续地通过区间到达 b 时，$y=f(x)$ 也类似地顺序变化，那么 y 就称为该区间中 x 的连续……函数。""而且，完全不必要求 y 在整个区间中按同一规律依赖于 x；确实，没有必要认为函数仅仅是可以用数学运算表示的那种关系。按几何概念讲，x 和 y 可以想象为横坐标和纵坐标，一个连续函数呈现为一条连贯的曲线，对 a 和 b 之间的每个横坐标，曲线上仅有一个点与之对应。"这已完整地给出了今天流行的函数概念(在不使用集合论概念的情况下)，其中的要点是：①以相依关系定义函数；②函数的单值性；③函数可以在某一区间上分段定义，或者更一般地，分别在不同的子集(虽然当时还没有这个词)上定义；④函数概念并不依赖于常规的数学运算。这一定义可以看作函数概念的第二次实质性推进。它可以被看作是由傅立叶开始、由狄利克雷加以深化并更为清晰地表述的。

戴德金(R.Dedekind，1887)："系统S上的一个映射蕴含了一种规则，按照这种规则，S中每一个确定的元素s都对应着一个确定的对象，它称为s的映像，记作$\varphi(s)$。我们也可以说，$\varphi(s)$对应于元素s，$\varphi(s)$由映射φ作用于s而产生或导出；s经映射φ变换成$\varphi(s)$。”采用映射的语言，不再局限于普通的数系，使得函数概念极大地一般化了，也为后来用集合论的语言定义函数概念作了准备，因此，可以认为这是函数概念的第三次实质性推进。

布尔巴基(Bourbaki，1939)：“设E和F是两个集合，它们可以不同，也可以相同。E中的一个变元x和F中的变元y之间的一个关系称为一个函数关系，如果对每一个$x\in E$，都存在唯一的$y\in F$，它满足跟x的给定关系。”“我们称这样的运算为函数，它以上述方式将跟x有给定关系的元素$y\in F$与每一个元素$x\in E$相联系。我们称y是函数在元素x处的值，函数由给定的关系所确定。两个等价的函数关系确定同一个函数。”这是今天许多标准的数学分析教科书中采用的定义，可以认为是戴德金定义在引用集合论语言后的自然结果，也可以认为是函数概念的第四次实质性推进。

第四章

数学家的数学观念与工作方式

4.1 数学观念的历史演变

4.1.1 有关数学观的基本观点

粗略地说，数学观就是人们对数学及其性质的总体的、基本的看法，包括数学的目的、对象、方法、价值等。就一个时代的数学共同体而言，对其数学观产生重要影响的主要因素有三个，即数学研究与应用、文化传统以及对数学的哲学思考。

本节的核心问题是，从数学可以考察的历史来看，不同地区和时代的数学家们心目中的数学究竟是什么，这些观点又是如何随着时代的变迁而改变的。

数学观的变革，最集中地体现在对数学性质的认识的变革，特别是数学真理观的变革上。数学观是文化的产物。笼统地说，一定的文明—民族—国家产生相应的数学，而一定的数学，因其特定的数学内部及外部条件而产生与之匹配的数学观，其基本关系如下图所示。

有关数学观的一些观点：

数学观与数学主题：不同的数学观往往关注不同的数学主题。对同一数学主题，不同的数学观引导不同的兴趣点，导致同一主题的不同发展趋向。

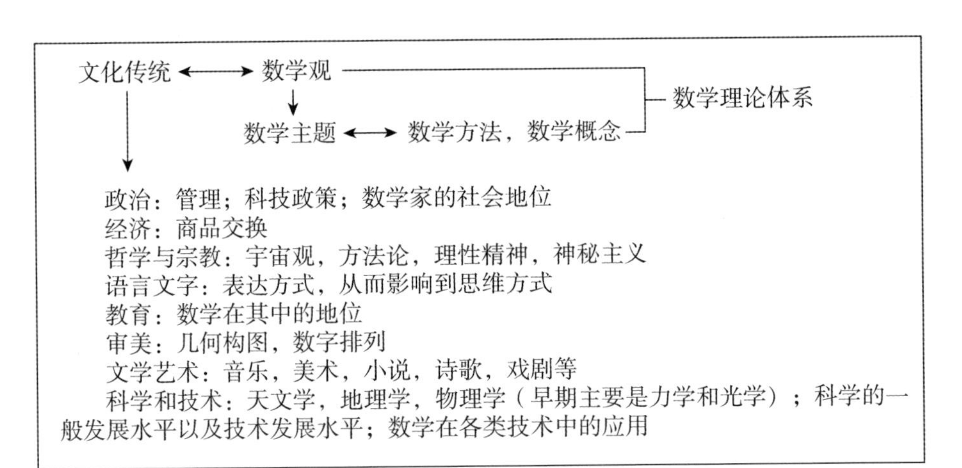

图 4.1　数学观与文化传统

数学观与数学方法：对同一数学主题，不同的数学观往往引导不同的数学方法。对同一数学方法，不同的数学观引导不同的表现方式和不同的应用。实际上，在一个民族或地区数学发展的过程中，什么样的数学方法占据主导地位，在很大程度上并不取决于个别杰出数学家的选择，而是取决于在这个民族或地区，推动数学前进的主要动力是什么，也就是说，取决于他们发展数学的目的、他们的数学观。数学观影响着数学问题的选择和走向，影响着数学方法的选择和使用情况，而数学观又受到相应民族或地区哲学基础与文化背景的支配。

数学观与数学概念：数学观会很大程度上决定数学核心概念的选取，影响对数学概念的引入方式，影响数学概念之间的关联方式。

数学观与数学理论体系：参看关于数学理论体系中希腊与中国的比较。此外，20 世纪逻辑主义、形式主义、直觉主义对数学基础的认识和处理方式显然取决于他们的数学观。

数学观与数学发展状况的相互作用：数学观在很大程度上决定着数学的发展方向和整体面貌，而数学的发展水平，包括认识层次的深化、研究领域的拓展、应用范围的扩大等，都将对数学观产生深远的影响。

4.1.2 考察数学观的基本方式

按照主题、方法、概念、体系分类的相同思路，在数学文化学中，笔者对数学观按下面的方式分类和讨论：

1. 观念与思想的维度：(1)证明的思想；(2)公理的思想；(3)模型的思想；(4)程序化的思想；(5)数形结合的思想；(6)变量数学思想；(7)数学的理论基础（人们往往习惯说逻辑基础，但像中国传统数学这样的数学体系并不是用我们所熟悉的逻辑方法构建的，而是基于典型问题和相应的算法，体系的可靠性是由算法的可靠性保障的。）；(8)数学的本体论；(9)数学的真理性；(10)悖论；(11)一些典型问题。

2. 观念与思想的层次及相应时代：(1)具体观念、思想的形成；(2)观念、思想的发展和成熟；(3)观念、思想的变革与突破。

4.1.3 数学观的历史发展概观

在人类开始建立数学中最初步的概念和方法的时代，例如在古代巴比伦与埃及，数学只是被作为一种经验的总结，一种有用的技术，一些彼此并无逻辑关联的法则，它们的正确性完全是由经验决定的，具体的经验决定了每一条法则的具体应用范围。进入公元前 6 世纪以后，希腊人以理性的精神创造理论形态的数学，从而将证明引入了数学，进而将公理化方法引入了数学，从少数被认为是不证自明的公理出发，建立了庞大而严整的数学理论体系。数学因其高度抽象性而获得了极大的一般性，过去的经验性结果变成了公理系统中的必然推理，许多复杂而深刻的结果也由于数学方法的发展而被揭示出来，它们并不来自人类的直接经验，却与经验事实相吻合，演绎数学方法获得了空前的成功。公元前 5 世纪，由于不可通约量的发现，希腊数学理论体系的大厦几乎崩溃，但欧多克斯以高超的智慧建立了量的公理系统，挽救了希腊数学。随着希腊数学的蓬勃发展，由最初只有少数数学家，到后来所有数学家都相信，数学方法所揭示的正是宇宙中最根本的真理。此后直到 18 世纪，这种信念不仅从来没有被怀疑过，而且由于数学的一次又一次重大进步以及它在各个领域应用的巨大成功而不断被加强。

然而，上述信念却因为 19 世纪一项杰出的数学创造而遭到毁灭性的打击，这项创造就是非欧几何。从此,数学家们逐渐放弃了数学的绝对真理观,数学成了人类思维的自由创造物。但是数学家们仍然坚信,只要公理集是恰当的,由此获得的数学理论体系就是可靠的,数学结论可以被视为公理集下的真理。这样一来,数学真理就成了相对真理。19世纪末至20世纪初,由于集合论悖论的发现,数学家们意识到数学中可能存在着某些根深蒂固的矛盾,它们不是由于对某些具体方法和结果的错误使用造成的,而是由公理系统本身的性质所决定的。由于对应当如何消除悖论持有不同见解,数学家被分成了几个不同的阵营,但他们无一例外地相信,和谐而完备的数学理论体系是完全可以建立的。

但是,1931年,更大的灾难降临了。这一年,奥地利数学家哥德尔在《论数学原理中的形式不可判定命题及有关系统》中发表了他的两个著名的不完全性定理。简单地说,这两条定理表明,如果我们希望一个数学系统是无矛盾的,那么这个系统中就必然会存在一些我们无法判明其真伪的命题;即使一个数学系统是无矛盾的,我们也无法最终证明它是无矛盾的。

数学史家M.克莱因写道:“哥德尔的两个结果都是毁灭性的。相容性不能证明给予希尔伯特形式主义哲学以沉重打击,因为他计划了以元数学为工具的这样一种证明,而且相信它能成功。然而,灾难大大超出了希尔伯特的方案,哥德尔关于相容性的结论表明,我们使用任何数学方法都不可能借助于安全的逻辑原理证实相容性,已提出的各种方法概莫能外。这可能是本世纪某些人声称的数学的一大特征,即其结果的绝对确定性和有效性已丧失。更为糟糕的是,由于相容性的不可证明,数学家们正冒着传播谬误的危险,因为不定什么时候就会冒出一个矛盾。如果真的发生了这种情况,而且矛盾又不能消除,那么全部数学都会变得毫无意义。因为对于两个相互矛盾的命题,必定有一个是假的,并且被所有的数理逻辑学家采用的蕴涵的逻辑概念,称为实质蕴涵,都允许一个假命题推出任何命题,因而数学家们正工作在厄运即将来临的威胁之下。”①

① M.克莱因.数学:确定性的丧失[M].李宏魁,译.长沙:湖南科学技术出版社,1997:269.

4.2 数学家的工作方式与社会环境

4.2.1 基本观点和考察方式

本节的核心是讨论集中体现数学成果的数学著作，但又并不局限于文本分析，而是把数学著作置于更宽广的文化背景之中加以考察，包括数学著作的分布、背景、内部及外部特征、流传和影响，数学家的时代分布、工作方式等。仿照主题、方法、概念、体系、数学观分类的相同思路，在数学文化学中，笔者对数学家的工作方式及其社会环境按下面的方式分类和讨论：

1. 数学著作和数学家

(1)数学著作的数量及时代分布；(2)数学著作的内容分配比例；(3)数学著作的层次与价值；(4)数学著作的流传与影响；(5)典型数学著作的著述背景与写作方式；(6)做出同类工作的数学家；(7)杰出数学家的工作方式；(8)杰出数学家的时代分布；(9)杰出数学家所关注的数学问题的类型；(10)杰出数学家的代表性工作及总体评价；(11)数学家的师承关系；(12)数学家之间的交流(包括模式和结构)；(13)数学学派；(14)数学家与外来文化、外来数学。

根据20世纪末以来的文化理论，有两个基本的观点值得我们在这里注意："万事万物都可视为文本""文本的开放性要求我们不能将文本看成单个作者的封闭的、自足的作品。文本不是一个固定的实体，而是一个过程：文本在文化环境中的生产和消费，读者接受和感受文本的方式，使得文本不断发生改变并获得新的含义。""文本既非封闭自足，亦非文本制作者所能独占，这一观念所强调的是：文本'架构'(fabric)的建造和拆除，是永无止境的。"[①]那么，数学著作如何呢？比如，欧几里得《原本》在古希腊，在中世纪的欧洲，在文艺复兴时期，在明末清初的中国，在20世纪以来直到今天的世界各国中学课程中，情况是各不相同的。

---

① 丹尼·卡瓦拉罗.文化理论关键词[M].张卫东，等，译.南京：江苏人民出版社，2006：64.

2. 数学的高峰期与低谷期

任何一个文化体系的数学发展总会有涨有落，导致这种涨落的根本原因可能是数学内部因素，也可能是社会、文化因素。对其原因的研究，显然是数学史的重大问题。

(1)高峰期与低谷期所处的时代；(2)形成高峰期与低谷期的原因；(3)高峰期、低谷期数学家的社会构成与社会地位；(4)高峰期、低谷期数学水平的估计；(5)高峰期的典型数学成果；(6)高峰期、低谷期数学家的工作方式与数学交流；(7)高峰期、低谷期的代表性数学家；(8)一般数学断代史的比较研究。

3. 数学、数学家与社会

本组问题主要关注数学社会史层面，进而深入到文化史层面。

(1)数学的社会地位；(2)数学与天文学的关系；(3)数学与物理学的关系；(4)数学与其他自然科学的关系；(5)数学与实用技术的关系；(6)数学与哲学的关系；(7)数学与宗教的关系；(8)数学与政治、经济的关系；(9)数学家的社会构成与社会地位；(10)数学教育的状况；(11)数学家的成长机制和师承关系；(12)数学研究机构与团体；(13)数学的传播方式与途径；(14)高水平数学工作的社会背景。

4. 数学交流与影响

本组是数学文化史比较研究中一类基本而重要的问题：影响研究。

(1)交流发生的历史时期；(2)参与交流的数学内容；(3)交流的方式与途径；(4)关于排外倾向；(5)交流的范围与频率；(6)交流的结果与影响；(7)数学成果的异国渊源。

4.2.2 几个初步案例

案例 4－1：欧几里得与刘徽著述方式的比较

欧几里得《原本》中的绝大部分内容都是前人成果，他却以个人名义撰写了《原本》并使之成为不朽的数学名著，他的主要工作是引入了一套清晰的公理，以此为出发点证明了《原本》中的全部命题，将具有多个来源的多方面数学内容组织成一个逻辑严谨的整体，从而为后人留下了古典公理法的第一个典范。

刘徽是中国古代最伟大的数学家，是中国传统数学理论体系的奠基者，对传统数学的理论和方法有许多创见，但著述方式却限于为《九章算术》作注。他对《九章算术》中的数学概念分别给出定义，对其中的数学公式、定理分别给出证明，如果把这些概念、定理和全书内容按照刘徽下定义、作证明的逻辑顺序和内在关联重排，可以得到一个与《九章算术》在结构上非常不同的、更符合后人对数学工作严谨性要求的数学理论系统，将会使中国传统数学的理论水平和整体面貌有质的提升乃至飞跃。从刘徽所做的工作来看，他完全有能力做到这一点，遗憾的是他并没有这样做。

案例 4－2：阿基米德与中国古代数学家

阿基米德留到今天的著作都是短篇，每篇著作围绕一个相当具体的主题进行研究。与其他绝大多数数学家不同，目前可见的阿基米德数学著作，无一例外的都是他的个人创造，因此，他的著作实质上就是今天的研究论文。

在中国古代数学家中，如果综合考虑数学成果的独创性和丰富性，可以和阿基米德相比的大概是刘徽、祖冲之父子、秦九韶和朱世杰。刘徽和祖冲之都采取了为《九章算术》作注的工作方式，祖暅将祖氏父子的著述独立成书，秦九韶和朱世杰都采取了独立著述的工作方式。尽管如此，这些独立著作仍保留着与《九章算术》十分相似的基本形式。相比之下，阿基米德的著作不拘一格，完全根据研究和表述的需要来展开。

案例 4－3：费尔马与笛卡尔的解析几何著作

17 世纪 20—30 年代，费尔马与笛卡尔各自独立地写出了解析几何的开创性著作。费尔马认为自己的工作只是古代著作的翻译，而笛卡尔则高度强调自己工作的独创性，为显示自己的卓越才能，他把《几何学》写得十分简约，以致令读者深感困难。

案例 4－4：牛顿与莱布尼茨的微积分著作

虽然同为微积分的创立者，虽然处在相同的时代甚至彼此知晓，但牛顿与莱布尼茨微积分著作的风格是完全不同的，许多数学史家已经明确地对他们的著述方式作过对比，从中可以看出二者的明显区别：

牛顿：物理的；连续的；首末比方法；解决具体问题；对于符号表示方法不够重视；不定积分；自由地用级数表示函数。

莱布尼茨：哲学的；离散的；无穷小量方法；建立一般方法和算法；重视发展符号系统；定积分；宁愿用有限的形式。

案例4－5：希腊数学与中国古代数学的高峰期

希腊数学的高峰期，基本上都对应于其文化社会发展的繁荣时期，包括古典时期与亚历山大里亚时期。与之形成鲜明对比，中国古代的几次数学高峰，即战国后期，西汉与东汉之交，魏晋南北朝时期，金元之际至南宋末年，基本上都处于社会动荡的时期。

关于希腊哲学（包括自然哲学）的起源和繁荣，亚里士多德写道："古往今来人们开始哲理探索，都应起于对自然万物的惊异；他们先是惊异于种种迷惑的现象，逐渐积累一点一滴的解释，对一些较重大的问题，例如日月与星的运行以及宇宙之创生，作成说明。一个有所迷惑与惊异的人，每自愧愚蠢（因此神话所编录的全是怪异，凡爱好神话的人也是爱好智慧的人）；他们探索哲理只是为想脱出愚蠢，显然，他们为求知而从事学术，并无任何实用的目的。这个可由事实为之证明：这类学术研究的开始，都在人生的必需品以及使人快乐安适的种种事物几乎全都获得了以后。这样，显然，我们不为任何其他利益而找寻智慧；只因人本自由，为自己的生存而生存，不为别人的生存而生存，所以我们认取哲学为唯一的自由学术而深加探索，这正是为学术自身而成立的唯一学术。"[①]后人总结的亚里士多德哲学或科学发展三要素——惊异、闲暇和自由就源出于此。

中国传统哲学和科学思想中思辨因素极强，阴阳五行学说很容易对各种自然及社会现象作出似乎玄妙但又并未说明的解释，从而使得中国学人觉得一切均已

① 亚里士多德.形而上学[M].吴寿彭，译.北京：商务印书馆，1995：5.

了然，少了惊异。中国古代学人深受儒家入世思想的影响，为求仕进不惜皓首穷经，因而没有闲暇。在中国古代，历代统治者几乎没有例外地相信“君权神授”“天人感应”，皇帝是天子，要时刻知晓和领会上天的启示，这也成为皇家的特权，从而对一般读书人学习和精通天文大多采取打压政策。与之相应的高深数学也变得神秘起来。只有在社会动荡时期，一些读书人仕进之途受阻，大一统高压又暂时缓解的情况下，才有较多机会令那些有天分的数学家脱颖而出。其中一个十分典型的人物是南宋末数学家秦九韶，他在《数书九章序》中写道：“九韶愚陋，不闲于艺。然早岁侍亲中都，因得访习于太史，又尝从隐君子受数学。际时狄患，历岁遥塞，不自意全于矢石间。尝险罹忧，荏苒十祀。心槁气落，信知夫物莫不有数也。乃肆意其间，旁诹方能，探索杳渺，粗若有得焉。所谓通神明，顺性命，固肤末于见。若其小者，窃尝设为问答，以拟于用。积多而惜其弃，因取八十一题，厘为九类，立术具草，间以图发之，恐或可备博学多识君子之余观，曲艺可遂也。”①描画出他当时的处境和心情，也透露了他能够作出重大数学创造的原因。

4.3 进一步的案例

案例 4－6　巴比伦和埃及

数学观：将数学视作经验总结与实用技术。

数学著作的形式：典型问题与解题方法和规则的汇编。

“从广义的、使用数字和几何图形这方面来看，数学早于古典时期希腊人的研究几千年就开始形成了。广义来讲数学包括了许多已经消失了的文明(最有名的有埃及文明和巴比伦文明)的贡献。除了希腊文明外，在其他文明中数学并不是一个独立体系，它没有形成一套方法，仅为了直接而实用的目的被研究。它是一种工具，是一系列相互无关的、简单的、帮助人们解决日常问题的规则，如推算日历、农

① 王守义.数书九章新释[M].李俨，审校.合肥：安徽科学技术出版社，1992：1－2.

业和商业往来。这些规则是由试探、错误、经验和简单的观察得到的，许多都只是近似的正确。这些文明中的数学的最优之处在于，它显示了思维的某些活力和坚韧，尽管不严格，成就也远非辉煌。这类数学的特点可用经验主义一言蔽之。巴比伦人和埃及人的经验主义数学为希腊人的研究工作揭开序幕。"①

案例 4－7　希腊：古典时期和亚历山大里亚前期

希腊人继承了巴比伦人和埃及人的数学遗产，但在数学观方面发生了根本性的转变，他们把数学看作哲学的基础与探索宇宙的基本工具。数学由应用于一些实际问题的工具变为理解宇宙的途径，试图寻求宇宙的数学设计；数学由实用技术变为理论科学。无论毕达哥拉斯说"数统治着宇宙"（或按照另一种广泛流传的说法是"万物皆数"），还是柏拉图说"上帝常以几何学家自居"，都是这种数学观的体现。

正如 M.克莱因所说："自公元前 6 世纪以降希腊人有了一种洞察，其精义是：自然是理性地设计的，所有的自然现象都遵循一个精确不变的计划，可以说是数学计划。人类的心智有高超的能力，如果将这种能力用于研究自然，理性的数学的模式就能被辨认出，并且变得可理解。"②

正是基于这样的认识，希腊古典时期的各主要哲学学派都高度重视数学，并且做了大量数学研究，极大地推动数学的发展，而正是由于得益于哲学家思考问题的方式，公理化的演绎数学体系才得以建立起来，其集大成者就是众所周知的欧几里得《原本》。亚历山大里亚时期，希腊数学的哲学色彩逐渐减退，物理学的因素发挥了更大的作用，例如阿基米德就主要是个物理学家而不是哲学家。

案例 4－8　罗马：亚历山大里亚后期

公元前 1 世纪，罗马人占领亚历山大里亚。罗马人是务实的，他们认为希腊人在哲学和数学方面花费巨大精力是没有太大意义的，这种态度可以西塞罗（M.

---

① M.克莱因.数学：确定性的丧失[M].李宏魁，译.长沙：湖南科学技术出版社，1997：10.

② M.克莱因.数学与知识的探求[M].刘志勇，译.上海：复旦大学出版社，2005：40－41.

T.Cicero，公元前106—公元前43)作为代表："希腊人对几何学家尊崇备至，所以他们的哪一项工作都没有像数学那样获得出色的进展，但我们把这项方术限定在对度量和计算有用的范围内。"[①]不仅如此，罗马人实际上对数学家采取排斥的态度，例如，古罗马法官裁决"对于作恶者、数学家诸如此类的人"应该禁止他们"学习几何技艺和参加当众运算像数学这样可恶的学问"。教父哲学的代表人物圣·奥古斯丁(St. Augustine，354—430)则说："好的基督徒应该提防数学家和那些空头许诺的人。这样的危险已经存在，数学家们已经与魔鬼签订了协约，要使精神进入黑暗，把人投入地狱。"[②]在这样的背景下，希腊数学逐渐衰退，虽然公元2世纪有托勒密，3世纪有丢番图，他们对数学都有重要的贡献，但4—5世纪的泰奥恩及其女海帕提亚虽为当时的数学领袖，却只能为古代数学著作作注了。

案例4-9 中国古代的数学观

上至汉魏，下至宋元，中国数学家认为数学既可用来探索自然规律、描述世间万物，揭示各种神秘现象的奥秘、探知个人乃至国家的吉凶祸福，又可用来处理各种具体的实际问题，另一个不言而喻的作用是通过前面两种途径充当统治者的工具。所谓探索自然规律，较多集中于通过天文观察和测量收集数据，计算日月五星运行周期和交会周期，制定历法。中国传统数学与所谓"数术"或"术数"(用以推断未来以趋吉避凶的各种方术)有密切关系，于是历代都有人相信数学可以揭示神秘现象的奥秘、探知吉凶祸福，但南宋时数学家秦九韶对此明显表现出怀疑。至于处理各种具体的实际问题，则是中国传统数学最基本、最经常的用途，无论是历法中的应用，还是各种具体实际问题中的应用，都凸显了中国传统数学的实用性，更一般的探索自然规律、描述世间万物的作用很少能够体现，而后者正是希腊数学所强调的一个方面。

刘徽是中国传统数学最杰出的代表，他在《九章算术注原序》中对数学的对象、

---

① 转引自：M.克莱因.古今数学思想(第一册)[M].张理京，张锦炎，江泽涵，译.上海：上海科学技术出版社，2002：204.

② M.克莱因.西方文化中的数学[M].张祖贵，译.上海：复旦大学出版社，2004：2.

价值和方法作了概括:“昔在包牺氏始画八卦,以通神明之德,以类万物之情,作九九之术以合六爻之变。暨于黄帝神而化之,引而伸之,于是建历纪,协律吕,用稽道原,然后两仪四象精微之气可得而效焉。记称隶首作数,其详未之闻也。按周公制礼而有九数,九数之流,则《九章》是矣。”[①]“事类相推,各有攸归,故枝条虽分而同本干者,知发其一端而已。又所析理以辞,解体用图,庶亦约而能周,通而不黩,览之者思过半矣。且算在六艺,古者以宾兴贤能,教习国子。虽曰九数,其能穷纤入微,探测无方。至于以法相传,亦犹规矩度量可得而共,非特难为也。”[②]

类似的观点在中国古代数学著作中十分普遍,例如:

《孙子算经·序》:“孙子曰:夫算者,天地之经纬,群生之元首,五常之本末,阴阳之父母,星辰之建号,三光之表里,五行之准平,四时之终始,万物之祖宗,六艺之纲纪。稽群伦之聚散,考二气之降升,推寒暑之迭运,步远近之殊同。观天道精微之兆基,察地理从横之长短。采神祇之所在,极成败之符验。穷道德之理,究性命之情。立规矩,准方圆,谨法度,约尺丈,立权衡,平轻重,剖毫厘,析黍垒。历亿载而不朽,施八极而无疆。散之不可胜究,敛之不盈掌握。”[③]

王孝通《上缉古算术表》:“臣闻九畴载叙,纪法著于彝伦;六艺成功,数术参于造化。夫为君上者司牧黔首,有神道而设教,采能事而经纶,尽性穷源莫重于算。昔周公制礼,有九数之名。窃寻九数即九章是也。其理幽而微,其形秘而约,重句聊用测海,寸木可以量天,非宇宙之至精,其孰能与于此者。”[④]

杨辉《详解九章算法》(1261)载《九章算术》荣棨序(1148):“爰昔黄帝,推天地之道,穷万物之始,错综其数,列为九章。……若施之于诸术,则万物之情可察。经纬天地之间,笼络覆载之内,凡言数之见者,又焉得逃于此乎。……可谓包括三才,

---

① 白尚恕.《九章算术》注释[M].北京:科学出版社,1983:1.
② 白尚恕.《九章算术》注释[M].北京:科学出版社,1983:4.
③ 钱宝琮校点.算经十书[M]//李俨 钱宝琮科学史全集(第四卷).沈阳:辽宁教育出版社,1998:220.
④ 钱宝琮校点.算经十书[M]//李俨 钱宝琮科学史全集(第四卷).沈阳:辽宁教育出版社,1998:376.

旁通万有之术也。"[①]

秦九韶《数书九章·序》:"周教六艺,数实成之,学士大夫所从来尚矣。其用本太虚生一,而周流无穷。大则可以通神明,顺性命;小则可以经世务,类万物,讵容以浅近窥哉。若昔推策以迎日,定律而知气,髀矩浚川,土圭度晷,天地之大,囿焉而不能外,况其间总总者乎。爰自河图洛书,闿发秘奥;八卦九畴,错综精微,极而至于大衍、皇极之用,而人事之变无不该,鬼神之情莫能隐矣。圣人神之,言而遗其粗;常人昧之,由而莫之觉。要其归,则数与道非二本也。"[②]

李冶《测圆海镜·序》:"彼其冥冥之中,故有昭昭者存。夫昭昭者,其自然之数也;非自然之数,其自然之理也。数一出于自然,吾欲以力强穷之,使隶首复生,亦未如之何也已。苟能推自然之数,以明自然之理,则虽远而乾端坤倪,幽而神情鬼状,未有不合者矣。"[③]

朱世杰《算学启蒙·赵城序》:"明天地之变通,演阴阳之消长,能穷未明之明,克尽不解之解,索数隐微,莫过乎此。"[④]

案例 4-10 文艺复兴与近代:希腊数学观的回归

文艺复兴时期,许多哲学家和数学家深受希腊数学观的影响。例如:

罗杰尔·培根(Roger Bacon 约 1214—1293):"数学是科学的大门和钥匙。……忽视数学必将伤害所有的知识,因为忽视数学的人是无法了解任何其他科学乃至世界上任何其他事物的。更为严重的是,忽视数学的人不能理解到他自己这一疏忽,最终将导致无法寻求任何补救的措施。"[⑤]

伽利略(Galileo Galilei,1564—1642)《试金者》(1610):"哲学[自然]是写在那

---

① 《续修四库全书》编纂委员会.续修四库全书·一〇四二·子部·天文算法类[M].上海:上海古籍出版社,2002:68.

② 王守义.数书九章新释[M].李俨,审校.合肥:安徽科学技术出版社,1992:数书九章:序,1.

③ 白尚恕.《测圆海镜》今译[M].济南:山东教育出版社,1985:序,1.

④ 《续修四库全书》编纂委员会编.续修四库全书·一〇四三·子部·天文算法类[M].上海:上海古籍出版社,2002:153-154.

⑤ R.E.莫里兹.数学家言行录[M].朱剑英,编译.南京:江苏教育出版社,1990:16.

本永远在我们眼前的伟大书本里的——我指的是宇宙——但是，我们如果不先学会书里所用的语言，掌握书里的符号，就不能了解它。这书是用数学语言写出的，符号是三角形，圆形和别的几何图像。没有它们的帮助，是一个字也不会认识的；没有它们，人就在一个黑暗的迷宫里劳而无功地游荡着。”①

开普勒(Johannes Kepler)：“对外部世界进行研究的主要目的在于发现上帝赋予它的合理次序与和谐，而这些是上帝以数学语言透露给我们的。”②

这种数学观自然有利于激发人们对数学的兴趣，加之远洋探险、商贸和技术对数学的需要，数学在这一时期获得大发展也就十分容易理解了。

案例 4-11　17—18 世纪的数学观：从哲学到物理学

17 世纪，以解析几何和微积分的创立为标志，形成了近代数学。近代早期的数学观在很大程度上是文艺复兴时期的延续，但更看重数学的现实应用，并且从 17 世纪初到 19 世纪初逐渐经历了由哲学观点向物理学观点的演变。以下是这个时期一些有代表性的论断：

笛卡尔(Rene Descartes，1596—1650)《思想的指导法则》(大约完成于 1628 年，但直到 1692 年才出版)：“我决心放弃那个仅仅是抽象的几何。这就是说，不再去考虑那些仅仅是用来练习思想的问题。我这样做，是为了研究另一种几何，即目的在于解释自然现象的几何。”③“应该有一门普遍的科学，去解释所有我们能够知道的顺序和度量，而不考虑它们在个别科学中的应用。事实上，通过长期使用，这门科学已经有了它自身的专名，这就是数学。……它之所以在灵活性和重要性上远远超过那些依赖于它的科学，是因为它完全包括了这些科学的研究对象和许许多多别的东西。”④

---

① M.克莱因.古今数学思想(第二册)[M].朱学贤，申又枨，叶其孝，等，译.上海：上海科学技术出版社，2002：33.

② M.克莱因.数学：确定性的丧失[M].李宏魁，译.长沙：湖南科学技术出版社，1997：22.

③ M.克莱因.古今数学思想(第二册)[M].朱学贤，申又枨，叶其孝，等，译.上海：上海科学技术出版社，2002：1.

④ M.克莱因.数学：确定性的丧失[M].李宏魁，译.长沙：湖南科学技术出版社，1997：36.

笛卡尔《谈谈方法》(1637):“我早年在哲学方面学过一点逻辑,在数学方面学过一点几何学分析和代数。这三门学问似乎应当对我的计划有所帮助。可是仔细一看,我发现在逻辑方面,三段论式和大部分其他法则只能用来向别人说明已知的东西,……并不能求知未知的东西。至于古代人的分析和近代人的代数,都是只研究非常抽象,看来毫无用处的题材的,此外,前者始终局限于考察图形,因而只有把想象力累得疲于奔命才能运用理解力;后者一味拿规则和数字来摆布人,弄得我们只觉得纷乱晦涩、头昏脑涨,得不到什么培养心灵的学问。就是因为这个缘故,我才想到要去寻找另外一种方法,包含这三门学问的长处,而没有它们的短处。”①

笛卡尔《哲学原理》(1644):“对于属于算术和几何以及一般的纯抽象数学的图形、数字以及其他一些符号来说,我认为它们是最可靠的真理,对此我感觉得一清二楚。”“自从数学家从最容易的和最简单的东西开始研究后,只有他们才能找到确知的真理及相关的事实。”②“我坦率承认,在现实物质中,我还不知道有什么其他的物质存在……除了几何学家用数值给它记上符号并且作为其论证的对象的那种物质。对于这种物质,我只考虑分界线、形状以及变化。简言之,除了可以由那些普通信条(它们的正确性毋庸置疑)用在数学证明中所推出的以外,我不相信任何事。而且到现在,通过这种方法我们可以解释自然界的一切现象。……我不认为我们还可以承认什么其他的客观原理,或者说我们还有理由再寻找其他任何一条。”③

帕斯卡尔(Blaise Pascal)《思想录》:“因为有关最初原理的知识,例如空间、时间、运动、数量的存在,正如我们的推理所给予我们的任何知识[是]一样地坚固。理智所依恃的就必须是这种根据内心与本能的知识,并且它的全部论证也要以此为基础。(内心感觉到了空间有三度,以及数目是无穷的;然后理智才来证明并不存在两个平方数,其中之一为另一个的一倍。原理是感觉到的,命题是推论得出

---

① 笛卡尔.谈谈方法[M].王太庆,译.北京:商务印书馆,2001:15.

② M.克莱因.数学:确定性的丧失[M].李宏魁,译.长沙:湖南科学技术出版社,1997:34.

③ M.克莱因.数学:确定性的丧失[M].李宏魁,译.长沙:湖南科学技术出版社,1997:35.

的;而它们全都是确切的,尽管通过不同的方式。)理智若向内心要求其最初原理的证明才肯加以承认,那就犹如内心要求理智先感觉到其所证明的全部命题才肯加以接受是同样地徒劳无益而又荒唐可笑的。"①

牛顿(I.Newton)《自然哲学的数学原理》第一版序言(1687):"由于古代人(如帕普斯告诉我们的那样)在研究自然事物方面,把力学看得最为重要,而现代人则抛弃实体形式与隐秘的质,力图将自然现象诉诸数学定律,所以我将在本书中致力于发展与哲学有关的数学。古代人从两方面考察力学,其一是理性的,讲究精确地演算,再就是实用的。实用力学包括一切手工技艺,力学也由此而得名。但由于匠人们的工作不十分精确,于是力学便这样从几何学中分离出来,那些相当精确的即称为几何学,而不那么精确的即称为力学。……几何学的荣耀在于,它从别处借用很少的原理,就能产生如此众多的成就。所以,几何学以力学的应用为基础,它不是别的,而是普遍适用的力学中能够精确地提出并演示其技巧的那一部分。……因此,我的这部著作论述哲学的数学原理,因为哲学的全部困难在于:由运动现象去研究自然力,再由这些力去推演其他现象;为此,我在本书第一和第二编中推导出若干普适命题。在第三编中,我示范了把它们应用于宇宙体系,用前两编中数学证明的命题由天文现象推演出使物体倾向于太阳和行星的重力。再运用其他数学命题由这些力推算出行星,彗星,月球和海洋的运动。"②

牛顿致理查德·本特利的信(1692年12月10日):"为了形成(宇宙)系统及其全部运动,就得有这样一个原因,它了解并且比较过太阳、行星和卫星等各天体中的质量以及由此确定的重力,也了解和比较过各个行星与太阳的距离,各个卫星与土星、木星和地球的距离,以及这些行星和卫星围绕这些中心体中所含的质量运转的速度。要在差别如此巨大的天体之间比较和协调所有这一切,可见那个原因绝不是盲目的和偶然的,而是非常精通力学和几何学的。"③

---

① B.帕斯卡尔.思想录[M].何兆武,译.北京:商务印书馆,1985:131.
② 牛顿.自然哲学之数学原理·宇宙体系[M].王克迪,译.武汉:武汉出版社,1992:序言,1-2.
③ 孙启贵,邓欣.科学大师启蒙文库:牛顿[M].上海:上海交通大学出版社,2007:175.

欧拉(L.Euler)："虽然不允许我们看透自然界本质的秘密，从而认识现象的真实原因，但仍可能发生这样的情形：一定的虚构假设足以解释许多现象。"①

拉普拉斯："我们应该把宇宙在现时的状态，看成是它先前状态的结果，又看成是随后状态的原因。假设在某个时刻有这么一个全智全能的生灵，它能理解支配着自然的一切力量，掌握住自然界中一切存在的位置与态势，——它还大得足以接受所有有关的数据资料并进行分析——则不仅宇宙间最大天体的运动，而且甚至是最精微的原子的运动，都应当能在同一公式中由它把握；对它来说，没有什么事是不肯定的，而且不仅是过去，即使是未来也同样袒露在眼前。"②

傅立叶(Fourier)《热的解析理论》(1822)"绪论"：

"对自然的深刻研究是数学发现最丰富的源泉。在提供一个确定研究目的时，这一研究不仅具有排除模糊问题和盲目计算的优点；它还形成分析本身，发现我们想弄清、自然科学应当永远保留的那些基本原理的可靠方法：这些基本原理再现于一切自然作用之中。"③

"从这样一种观点来看，数学分析和自然界本身一样宽广；它确定一切可感知的关系，测量时间，空间，力和温度等；这门艰深的科学是缓慢形成起来的，但是它保留它曾经获得的每一条原理；它在人类精神的许多变化和错误中不断使自己成长壮大。""它的主要特征是清晰；它没有表示含混概念的痕迹。它把最不相同的现象联系在一起，并且发现统一它们的隐秘相似性。如果物质像空气和光那样，因其稀薄而不为我们所注意，如果物体在无限空间中处于远离我们的地方，如果人类想知道在以许多世纪所划分的逐个时期的太空状况，如果在地球内部，在人类永远不可企及的深度上发生重力作用和热作用，那么，数学分析仍然可以把握这些现象的规律。它使得它们显现和可测，它似乎是注定要弥补生命之缺憾、感官之不足的人

① M.克莱因.古今数学思想(第三册)[M].庄圻泰，等，译.上海：上海科学技术出版社，2002：132.

② 罗伯特·哈钦斯，莫蒂默·艾德勒.西方名著入门(第8册)：数学[M].王铁生，陈尚霖，等，译.北京：商务印书馆，1995：376-377.

③ 约瑟夫·傅立叶.热的解析理论[M].桂质亮，译.武汉：武汉出版社，1993：6.

类心智的能力;更令人惊异的是,它在一切现象的研究中遵循同一过程;它用同一种语言解释它们,仿佛要证明宇宙设计的统一性和简单性,仿佛要使统辖一切自然动因的不可更改的次序更加显然似的。"①

案例 4-12　19 世纪 20 年代之后的数学观:数学是人类思维的自由创造物

19 世纪,"自然是上帝的数学设计这一信条正在为数学家们的工作所削弱。学者们越来越多地相信,人的推理是最有力的工具和最好的证明,因为它是数学家的成功。"②

非欧几何的建立宣告了数学的绝对真理观的破产。从此,数学家们的观念逐渐发生了由实证的观点向逻辑的观点的转变,数学逐渐被认为是人类思维的自由创造物。以下是这一时期一些有代表性的论断:

雅可比(Jacobi):"傅立叶确实有过这样的看法,认为数学的主要目的是公众的需要和对自然现象的解释;但是像他这样一个哲学家应当知道,科学的唯一目的是人类精神的光荣,而且应当知道,在这种观点之下,数[论]的问题和关于世界体系的问题具有同等价值。"③

高斯致贝塞尔的信(1811.11.21):"我们不该忘记,(复变)函数与其他所有的数学构造一样,只是我们自己的创造物,因此当我们由之开始的定义不再有意义的时候,我们就不应当再问它是什么,而应该问,如何作出合适的假设,使它继续有意义。"④

西尔维斯特(James Joseph Sylvester):"有人说:'数学是这样的学科,它对观察、经验、归纳与因果关系都是不了解的。'但我认为如下的事实也是无可辩驳的:即数学分析经常需要借助于某些新原理、新思想和新方法,这些都不是随意地用一些文字就能定义出来的。它们都来自于人类智力活动的一种内在能力,来自思想

---

① 约瑟夫·傅立叶.热的解析理论[M].桂质亮,译.武汉:武汉出版社,1993:7.

② M.克莱因.数学:确定性的丧失[M].李宏魁,译.长沙:湖南科学技术出版社,1997:67.

③ M.克莱因.古今数学思想(第三册)[M].庄圻泰,等,译.上海:上海科学技术出版社,2002:218.

④ M.克莱因.数学:确定性的丧失[M].李宏魁,译.长沙:湖南科学技术出版社,1997:81.

内部世界的不断更新。在这个内部世界中，现象也是不断地变化着的，因而也要像人们分辨外部物理世界那样细心地去分辨这些现象，就像分辨物体及其影子，或像分辨一个人握住另一个人的拳头那样去分辨其间的关系。因而经常需要观察和比较，而进行观察和比较的主要武器之一就是归纳。所以数学分析就经常求助于实验和检验，它给想象与发明提供了无数个练习的机会。”①

康托(G.Cantor)：“数学的本质就在于它的自由。”②“数学在其发展中是十分自由的，它所受的唯一限制就是要考虑到其概念本身不能矛盾，并且这些概念必须用定义明确和有秩序地与已经存在并确立了的概念联系起来。”③

赫尔曼·汉克尔(Hermann Hankel)：“数学沿着它自己的道路无拘无束地前进着，这并不是因为它有什么不受法律约束之类的种种许可证，而是因为数学本来就具有一种由其本性所决定的、并且与其存在相符合的自由。”④

F.克莱因(Christian Felix Klein)：“一般说来，数学基本上是一种自我证明的科学。”⑤

案例 4-13　庞加莱的约定论⑥

如前所述，19 世纪中叶至 20 世纪初，数学界居于主导地位的数学观是“数学是人类思维的自由创造物”，对它的唯一限制就是不能自相矛盾。由于原始概念是不定义的，主要受原始假设(公理)约束，于是，公理的来源及其无矛盾性就成了关键问题。20 世纪初，法国数学家、物理学家庞加莱(J.H.Poincare，又译为彭加勒，1854—1912)提出，数学和物理学的原始假设不是任意规定的，而是基于理论和经验相结合的约定。他在《科学与假设》(1902)和《最后的沉思》(1913)中阐述了如下观点：

---

① R.E.莫里兹.数学家言行录[M].朱剑英，编译.南京：江苏教育出版社，1990：12-13.

② R.E.莫里兹.数学家言行录[M].朱剑英，编译.南京：江苏教育出版社，1990：6.

③ J.N.卡普尔.数学家谈数学本质[M].王庆人，译.北京北京大学出版社，1989：178.

④ R.E.莫里兹.数学家言行录[M].朱剑英，编译.南京：江苏教育出版社，1990：7.

⑤ R.E.莫里兹.数学家言行录[M].朱剑英，编译.南京：江苏教育出版社，1990：4.

⑥ 刘洁民.从庞加莱到拉卡托斯——数学与物理学在方法论意义上的一致性[M]//纪志刚，徐泽林.数学·历史·教育——三维视角下的数学史.大连：大连理工大学出版社，2022：198-211.

(1) 几何学(一般地,数学)的公理是人们约定的。

庞加莱写道:"几何学的第一批原理从何而来?它们是通过逻辑强加给我们的吗?罗巴切夫斯基(Lobachevsky)通过创立非欧几何学证明不是这样。空间是由我们的感官揭示的吗?也不是,因为我们的感官能够向我们表明的空间绝对不同于几何学家的空间。几何学来源于经验吗?进一步的讨论将向我们表明情况并非如此。因此,我们得出结论说,几何学的第一批原理只不过是约定而已;但是,这些约定不是任意的,如果迁移到另一个世界(我称为非欧世界,而且我试图想象它),那我们就会被导致采用其他约定了。"[①]"几何学的公理既非先验综合判断,亦非经验的事实。""换句话说,几何学的公理(我不谈算术的公理)只不过是伪装的定义。"[②]"几何学研究一组规律,这些规律与我们的仪器实际服从的规律几乎没有什么不同,只是更为简单而已,这些规律并没有有效地支配任何自然界的物体,但却能够用心智把它们构想出来。在这种意义上,几何学是一种约定,是一种在我们对于简单性的爱好和不要远离我们的仪器告诉我们的知识这种愿望之间的粗略的折中方案。这种约定既定义了空间,也定义了理想仪器。"[③]

非欧几何建立后,人们发现,我们接受欧几里得几何,并非因为它是绝对真理,而仅仅在于它符合我们的直观经验,它的公理只不过是这种直观经验的体现。不仅如此,直观经验给予我们的只能是近似的和局部的结果,但欧几里得公设的表述却是绝对的和全局性的。虽然数学史的研究结果表明,欧几里得尽可能避免直接涉及无穷,但根据这些公设,必然得出空间是三维、平直和无限的结论。因此,欧几里得给出的公理和公设,既不是绝对真理,也不是严格意义上的直观经验,而是对直观经验人为加工的结果。这些直观经验本来只是近似的和局部的,但成为公理后,变为严格的和全局性的了。

---

① 彭加勒.科学的价值[M].李醒民,译.北京:光明日报出版社,1988:5

② 彭加勒.科学的价值[M].李醒民,译.北京:光明日报出版社,1988:43.

③ 彭加勒.最后的沉思[M].李醒民,译.北京:商务印书馆,2007:22.

（2）物理学的一些基本概念和基本原理也具有约定性质。

庞加莱写道："在力学中，我们会得出类似的结论，我们能够看到，这门科学的原理尽管比较直接地以实验为基础，可是依然带有几何学公设的约定特征。"①

（3）约定是理论和经验相结合的产物。

庞加莱写道："我们将认识到，不仅假设是必要的，而且它通常也是合理的。我们也将看到，存在着几类假设；一些是可以检验的，它们一旦被实验确证后就变成富有成效的真理；另一些不会使我们误入歧途，它们对于坚定我们的思想可能是有用的；最后，其余的只是表面看来是假设，它们可化归为伪装的定义或约定。"②"那么，加速度定律、力的合成法则仅仅是任意的约定吗？是的，是约定；要说是任意的，那就不对了；它们能够是约定，即使我们没有看到导致科学创造者采纳约定的实验，这些实验尽管可能是不完善的，但也足以证明约定是正当的。我们最好时时留心回想这些约定的实验根源。"③

《科学与假设》"第三编总的结论"进一步阐明上述观点：

"这样一来，力学原理以两种不同的姿态出现在我们的面前。一方面，它们是建立在实验基础上的原理，就几乎孤立的系统而言，它们被近似地证实了。另一方面，它们是适用于整个宇宙的公设，被认为是严格真实的。

"如果这些公设具有普遍性和明确性，而这些性质反为引出它们的实验事实所缺乏，那么，这是因为它们经过最终分析便化为约定而已，我们有权利作出约定，由于我们预先确信，实验永远也不会与之矛盾。

"然而，这种约定不是完全任意的；它并非出自我们的胡思乱想；我们之所以采纳它，是因为某些实验向我们表明它是方便的。

"这样就可以解释，实验如何能够建立力学原理，可是实验为什么不能推翻

① 彭加勒.科学的价值[M].李醒民，译.北京：光明日报出版社，1988：5.
② 彭加勒.科学的价值[M].李醒民，译.北京：光明日报出版社，1988：3－4.
③ 彭加勒.科学的价值[M].李醒民，译.北京：光明日报出版社，1988：87.

它们。”①

简而言之，类似于欧几里得几何的公理体系，经典力学的原理是基于经验证据概括提炼得出的，这些经验证据本身是局部的和近似的，但是力学原理将其上升为一种全局的和绝对的形式。实际上，力学原理在常规的宏观尺度和远低于光速的速度范围内确实是有效的，但是对于微观尺度和宇观尺度以及与光速具有可比性的速度直至接近光速的速度就会显现出明显的误差。在庞加莱的时代，通常意义上的物理实验还无法在这样的条件下进行，天文观测也尚未达到足够的尺度，所以他才会说实验不能推翻这些力学原理。

由数学家的只言片语断言其数学观，有时未免过于简单武断，对于早期的数学家，由于在很多场合，用以说明其数学观的言论过于零碎，而且缺少具体明确的语境，这种风险就会更大。一个更为适当的方法，是将数学家的言论与他们的工作联系起来考察。对于较为晚近的数学家，其中多数人有较为丰富的各类相关文献资料留存，将这些资料关联起来考察，自然更为稳妥。再进一步，就是综合考察一个时期处于主流地位的多位数学家的观点，结论就会更加明显。按照这样的要求，本书列举不同时代数学家的言论以展现数学观的演进，显然过于粗疏和表面化，但通过上述案例，对于把握数学观历史演进的基本线索和大致走向，还是有一定帮助的。

① 彭加勒.科学的价值[M].李醒民，译.北京：光明日报出版社，1988：105.

基于五个基本问题的一个研究案例

——数学证明在古代希腊与中国的不同地位与方式

1995年，一位英国数学史家曾提出一个重要而又有趣的问题：为什么中国古代的数学家对“什么是成功的证明”这样的问题不感兴趣，而这个问题在古希腊却经常被讨论。

这位数学史家分析了《周髀》中的以下几段文字：

“昔者荣方问于陈子曰：‘今者窃闻夫子之道，知日之高大，光之所照，一日所行，远近之数，人所共见，四极之穷，列星之宿，天地之广袤，夫子之道皆能知之。其信有之乎？’陈子曰：‘然。’荣方曰：‘方虽不省，愿夫子幸而说之。今若方者可教此道邪？’陈子曰：‘然。此皆算术之所及。子之于算，足以知此矣。若诚累思之。’”（赵爽注：“累，重也。言若诚能重累思之，则达至微之理。”）

“于是荣方归而思之，数日不能得，复见陈子曰：‘方思之不能得，敢请问之。’陈子曰：‘思之未熟。此亦望远起高之术，而子不能得，则子之于数，未能通类。是智有所不及，而神有所穷。夫道术，言约而用博者，智类之明。问一类而以万事达者，谓之知道。今子所学，算数之术，是用智矣，而尚有所难，是子之智类单。夫道术所以难通者，既学矣，患其不博。既博矣，患其不习。既习矣，患其不能知。故同术相学，同事相观，此列士之愚智，贤不肖之所分。是故能类以合类，此贤者业精习知之质也。夫学同业而不能入神者，此不肖无智而业不能精习。是故算不能精习，吾岂以道隐子哉。固复熟思之。’”（赵爽注：“凡教之道，不愤不启，不悱不发。愤之悱之，然后启发。既不精思，又不学习，故言吾无隐也，尔固复熟思之。举一隅，使反之以三也。”）

“荣方复归，思之，数日不能得。复见陈子曰：‘方思之以精熟矣。智有所不及，而神有所穷，知不能得。愿终请说之。’陈子曰：‘复坐，吾语汝。’于是荣方复坐而请。陈子说之曰：……”①

他认为，由于中国古代政治制度中缺乏平等的观念，政治的问题主要是谁掌握政权的问题，不需要证明。而在师徒授受中老师又具有绝对的权威性，不容学生置疑，老师对学生讲话，后者承认他的权威，并接受他的指教，学生对老师确信无疑，不会再要求老师证明，老师只是指导学生学习，从而对数学推断合理性的证明在当时失去了必要性，因此“证明”本身在中国古代并不是数学家关心的焦点。而在古希腊，由于民主制度的发展，学派林立，崇尚平等的辩论，每位发言者所谈的每件事、每个推断都可能受到对手的挑战和质疑。各种学说为了显示自己的合理性，必须借助严密的逻辑推理加以证明。

应该首先指出，他的观点是颇具启发性的，他对中国古代政治制度与教育模式中的不平等性的分析是切中要害的，并且确实可以对他所提出的问题作部分的回答。但是，同样应该指出，这一回答又是很不完备的，对于回答他的问题是不够的。

这件事情虽已过去多年，但有关问题一直未能深入讨论。本章内容是当时写的一篇文章，在这里首次发表。

一、政治制度与教育模式中的不平等，固然会影响人们的思维方式，从而妨碍数学证明方法的发展，但数学家之间进行讨论的规范却并不受或者不完全受政治制度与师生关系制约。对于比较高深的数学问题及其结果，要想有效地互相理解与对话，仍然需要某种形式的证明。那位数学史家的论点是无法解释这一点的。

---

① 佚名.周髀算经[M]//宋刻算经六种.文物出版社，1980：11－13.

二、要想回答"为什么对'证明'的讨论是希腊数学的核心问题之一,而在中国古代数学中对这一问题似乎并不关心"这一问题,更为本质的研究应当从以下问题开始:

1. 在古代希腊与中国,分别是什么人在研究数学(谁在做);

2. 在古代希腊与中国,分别出于什么原因而研究数学(为什么做);

3. 在古代希腊与中国,分别以哪些数学问题作为研究的中心(主题)(做什么);

4. 在古代希腊与中国,分别以什么方式、方法研究数学(如何做);

5. 在古代希腊与中国,数学问题与方法各自是以什么方式相互关联和发展的(如何关联和发展)。

那位数学史家所提出的问题,是我们所提的第四个问题的一部分,要回答这个问题,应当从研究前三个问题入手。

三、从古代到中世纪,巴比伦人、埃及人、希腊人、中国人、印度人、阿拉伯人都曾创造过辉煌灿烂的文化,特别是都曾对数学的产生与发展作出过重要贡献。但是,由于文化传统诸方面的巨大差异,他们发展数学的目的与方法大不相同,数学在相应文化体系中的地位也大不相同。这种差异表现在数学主题的选择与发展上就是:

1. 由于对数学的价值取向不同,亦即,由于对"什么样的数学问题是有价值的"这一问题的不同态度,从而不同文化系统的数学家所选取的数学主题有明显的差别。这里所说的"数学主题",是指在一个国家或地区,在一个特定的时期内,数学发展的核心课题。这些课题在相当长一个时期内吸引了当时一批最杰出的数学家,这些课题的解决,或者由于研究这些课题而引入的新概念、新方法,得到的新思想、新结果,极大地推动了当时数学的发展。

2. 由于对数学的价值取向、发展数学的目的之间的不同,从而对相同或相近的数学主题,各民族也有相当不同的处理方式和兴趣点,进而导致数学主题在发展趋向上的明显不同。不言而喻,任何数学方法的产生和发展,都是以解决一定的数学问题为目的的。当原有的方法不能有效地解决新提出的问题,人们就会寻求新的方法,而处理数学问题的严格性、一般性、系统性、可推广性程度以及效率、误差等指标,又可以反过来检验数学方法的效能与价值。实际上,对任何一种方法而言,它所具备的解决那些导致它的问题的能力都是检验这种方法的最基本、最重要的标准。然而,从文化的角度来看,数学方法却又不单纯是数学问题的产物。实际上,我们已经指出:对数学主题的选取、兴趣点及处理方式,均受到文化传统的影响。对一些重大的数学问题,或者更一般地,对绝大多数数学问题,其处理方式本来就不是唯一的。在处理同类问题的各种可能的数学方法中如何选择,不同民族或地区的数学家往往有各自的倾向性。在古代,由于信息互相隔绝,或者交流困难,这种情况就表现得更为明显,从而使不同民族或地区的数学在方法上表现出各自的风格。在对两个民族或地区的数学进行比较研究时,往往可以发现某些数学方法是一方所有而另一方所无的;即使是双方共有的方法,其使用的范围、所处的地位也往往大不相同:在一方处于次要地位的方法,在另一方可能成为占主导地位的方法。因此,我们不仅需要指出这种差别,更重要的还在于揭示造成这种差别的原因。

3. 由于前述各种因素的影响,不同文化体系中的数学在相同或相近主题的所属范围上也会有所差异,在主题之间的关联,特别是由具体的数学主题建构数学理论体系时更会有明显的差异,从而带来数学在整体面貌上的不同。

四、希腊数学的发展,从它的诞生到达到高潮,一直与哲学的发展密切相关。古典时期的数学家同时又是(甚至首先是)哲学家,或者属于一定的哲学学派。进入公元前 3 世纪之后,希腊数学与哲学间的关系渐趋松散,而更多地显现出与科学、技术的联系。但是,一方面,由于在希腊从事数学与哲学研究的人一般来说都是贵族,他们认为实用技术是奴隶们的事,因而数学与技术的联系并不受到鼓励;另一方面,数学家与哲学家始终是作为纯粹的学者,并未受到政府的制约,他们追求的目标是探索宇宙的本原与设计,而不是为官方的需要服务。

与希腊数学形成鲜明对比的是,中国传统数学从它发展的早期就被作为官方培养与选拔人才的手段,以及政府管理各项事务的工具,带有明显的社会性与政治性。同时，它又是农民、手工业者和商人日常应用的工具。春秋战国时代的诸子百家中，与科学技术（包括数学）关系最密切的学派是墨家，而他们实际上代表了手工业者的思想与利益。一般认为，希腊的科学具有学者的传统，而中国的科学具有工匠的传统，这在数学上也不例外。中国历史上的著名数学家大体上有以下几类人：

1. 政府中专门从事数学教育、天文历法计算等方面工作的官员，如张衡、刘洪、祖冲之父子、王孝通、李淳风、一行、王恂、郭守敬。

2. 政府中的高级官员，或名士大儒，研究数学的目的是明天道，顺人事，并直接以数术为其政治主张或为最高统治者服务，如张苍、刘歆、郑玄、何承天，南宋数学家秦九韶虽只是州县一级的普通官员，但其政治抱负远大，亦可归入此类。

3. 参与政府有关税收、徭役、军队补给、土木工程等方面管理的各级官员，如许商、乘马延年、耿寿昌、沈括、杨辉。

4. 平民或下级官吏中的知识分子，他们又可分为几类：

① 工匠阶层中的知识分子，如墨子学派；

② 将数学作为一种专门的学问来研究者，如赵爽、刘徽、贾宪、李冶、朱世杰；

③ 将数学作为研究天文历法的工具者，如刘焯、楚衍；

④ 较晚的平民数学家有的是商人，如程大位。

由以上概要的叙述不难看出：在古代希腊与中国，数学家的构成大不相同，研究数学的目的大不相同，从而对数学主题的选取和兴趣点也大不相同。

五、从数学发展的历史上看，初等数学理论体系的建立主要有两个代表，即希腊数学，为公理化的演绎体系，以欧几里得的《原本》为标志；中国传统数学，为机械化的算法体系，以九章算术及其刘徽注为标志。印度人间接地受到希腊人的影响，但没有发展数学的公理化系统。阿拉伯人则明显地接受了希腊人的公理化方法。欧洲数学的发展，本质上说也是继承了希腊精神。

1. 在希腊数学中，作为处理具体数学问题的方法，演绎证明占有最重要的位置，最早认识到数学需要严格证明的就是希腊人，逻辑学也是由希腊人建立的。希腊人也搞计算，但这必须建立在数学对象的存在及性质已经通过证明而被把握的基础上。而且,他们的许多计算本来就是为理论,特别是为证明服务的。例如阿基米德的面积、体积计算。总之,在希腊人的数学方法中,证明是处于主导地位的,而计算是处于从属地位的。这样的数学方法,自然地导向公理化演绎数学体系的建立。

古希腊的数学,从它的兴起直到衰落,基本上一直保持着纯学术的性质,具有学者传统,体现着哲学精神。希腊古典时期的数学家首先是哲学家,或从属于一定的哲学学派。他们的数学思想与方法极大地受到他们的哲学思想的影响,并且反过来又影响到他们的哲学。希腊历史上第一个哲学学派是由泰勒斯创始的埃奥尼亚学派,而最早认识到数学命题需要证明并给出第一批数学命题证明的,正是泰勒斯本人。希腊人继承了埃及人、巴比伦人在数与形方面的初步知识,特别是数的基本运算与图形的度量。但是,他们却没有沿着这种原始算法的方向发展下去,而是转而研究数与形的内在性质,开创了数学理论化的发展方向。这首先是因为在希腊早期研究数学的都是哲学家,而哲学从一开始就代表着一种理性的思维,要求对世界的本原及其规律作出合理的解释。这种精神体现在数学中,就是要对数学对象的存在及其内在性质与相互关系作出合理的解释。这正是数学证明思想的动力与源泉。要证明一个数学命题是正确的,除了要保证它所涉及的概念是存在且恰当的之外,其依据有两类:一是已经被确认为正确的数学命题,二是正确的推理规则。如果被作为前提的数学命题也需要证明,我们就需要至少有一个更基本的已经被确认为正确的数学命题。如果每一个作为前提的数学命题都被要求有一个证明,我们就会陷入无穷的倒退,永远不会彻底解决问题。为此,公元前 5 世纪,希腊历史上的第二个哲学学派毕达哥拉斯学派(一说为开奥斯的希波克拉底,而据说他也属于毕达哥拉斯学派)提出了公理的思想,即为了防止上述的无穷倒退,事先引入一些为人们所公认正确的、不证自明的命题,作为证明的前提,即后人所说的公理和公设。这就是数学中公理化方法的开端。公元前 5 世纪后半叶,正是希腊历史上另一个著名的哲学学派——智者派形成与发展的时期。这个学派以极大地推动了辩论术和作为最早的职业教育家而闻名。而雅典民主政治的基础就在于理性与雄辩。由于辩论双方需要有一个共同的、公认正确的出发点，这就进一步促进了数学中的公理化方法。而为了使辩论无懈可击，又需要发展逻辑学。到公元前4世纪，古典逻辑在亚里士多德手中最终确立，为公理化方法在希腊数学中取得支配地位创造了先决条件。此后不久欧几里得就完成了公理化数学体系的最早典范——《原本》。

作为公理化演绎体系的希腊数学，其基本特征是注重理论体系的严格性和完备性、系统性；依赖逻辑，形式推演，主要使用演绎法；注重过程；强调美与和谐。最初的发展动力主要是哲学，成果的表现形式为定理，处于核心地位的数学方法是证明，特别是演绎证明，而计算则处于从属的地位，且往往是为证明服务的。一些关键结果的证明过程往往表现为一系列的过渡性命题或引理。数学对象的存在性既可以构造性地证明，亦可利用反证法间接地证明。推进方式以提出新定理或考虑旧问题的相关问题为主，成果呈面型（发散型）发展，考虑较为广泛的、大跨度的关联。优点是富于思想，考虑广泛的可能性，其过程的每一步都可能给人以启发，从而孕育出新成果，有时副产品的价值还可能超过原来的主题。缺点是在其发展的早期长期与社会实践脱节，既缺少了从实践中得来的启示和发展的动力，也无法对科学技术的进步提供强有力的工具。在计算方面较为薄弱，其方法效率低，精度差，缺乏统一性和可推广性。

2. 与希腊的情形截然不同的是，在中国传统数学中，处于支配地位的方法是计算和模型方法，倾向于对现实世界中的问题给出强有力的概括，从而使多种类型的问题得到统一的处理，而这种处理的核心是找到准确而高效率的算法。中国传统数学中也有证明，特别是在刘徽的工作中，但一般来说，中国古代的数学证明是构造性的，其目的是为算法提供保障，因而处于从属的地位。这样的数学方法，自然地导向机械化、构造性的算法体系的建立。

中国传统数学在它发展的初期就具有明显的实用性、官方性，与天文学紧密“结盟”，而且还被蒙上了一层神圣的色彩，又是教育贵族子弟的必不可少的科目。正是由于这些外在因素，决定了中国传统数学中占支配地位的数学方法是计算，而为了使计算能适应各种问题的需要，又需要与之相应的模型化方法，并在此基础上发展一般性的算法。此外，由于缺乏符号式的表示方式，其模型又采取了具体问题的方式。这就形成了《九章算术》的问（问题—模型）、答、术（原理、规则、算法）的基本格局。

作为机械化算法体系的中国传统数学，其基本特征是相信经验，较多地借助直观，较多地使用归纳法；强调实用，讲求效率，注重结果，倾向于发展有应用前景的成果，着重模型的建立和算法的概括，而不讲究命题的形式推导，不去更多地关心数学对象的内在性质。发展的动力主要是社会需要，成果的表现形式为算法以及为发展算法而设计的几何构图，处于核心地位的数学方法是计算，而证明则处于从属的地位，且一般来说是为了给算法提供可靠性。数学对象的存在性是由构造性的方法保证的，基本不使用反证法。倾向于使用算器，以提高计算速度和减少计算错误，而由于算器的使用，中间过程一般都不被保留。推进方式以推广旧算法、发展新算法为主，具有较强的目的性。优点是方法统一，易于推广，计算方法精度高，收敛速度快，具有较强的实用性和广泛的应用价值。缺点是思想较为贫乏，方法单一，成果呈单线型发展，缺少副产品；基本假定（公理集）往往是隐式的、不分明的。

中国传统数学在本质上是功利主义的，一般说来，"为数学而数学"的场合（例如刘徽等人的工作）是十分罕见的。这与中国传统文化的功利主义倾向是一致的。对于中国的士大夫阶层乃至一般知识分子，知识（包括科学知识）从来就是为了"经世致用"的。

中国传统数学最本质的方法是归纳，认识过程是由特殊到一般，数学知识是针对具体的对象，通过观察、操作、比较、分析的过程，然后归纳、概括的产物，数学研究是以问题为中心、以算法为基础，主要依靠归纳思维建立数学模型，强调基本法则及其推广。中国传统数学的实用性，要求数学研究的结果必须能对各种实际问题进行分类，对每类问题给出统一的解法；以归纳为主的思维方式和以问题为中心的研究方式，倾向于建立基本问题的结构与解题模式，一般问题则被化归、分解为基本问题解决；由于中国传统数学未能建立起一套抽象的数学符号系统，对一般原理、法则的叙述一方面是借助文辞，一方面是通过具体问题的解题过程加以演示，使具体问题成为相应的数学模型。根据今天的观点，数学模型是对现实世界的某一特定对象，为某个特定目的，作出一些必要的简化和假设，运用适当的数学工具，描述和揭示对象的某些特征，得到一个数学结构。它或者能解释特定现象的现实性态，或者能预测对象的未来状态，或者能提供处理对象的最优决策或控制。数学模型按其性能一般分为三类：产生于具体的实际问题的应用性模型，从应用性模型抽取其相同数学特征而得的概括性模型，对大量概括性模型中共同的数学本质再进行概括和抽象而形成的抽象性模型。从总体上说，现代所说的数学模型是可以用来解决具体问题的抽象结构，而所谓中国古代的数学模型则是用以揭示一般方法的具体问题与解题模式，接近于现代的应用性模型，二者表面上虽不一致，但本质上是相通的。

六、古希腊数学确实以逻辑演绎见长，但中国传统数学中也有一些十分精彩的证明，其严谨、深刻的程度并不亚于希腊数学中的同类工作，例如：(1)毕达哥拉斯定理(勾股定理)的欧几里得的证明与赵爽证明、刘徽证明；(2)整勾股数公式的欧几里得的证明与刘徽证明；(3)阿基米德割圆术与刘徽割圆术；(4)锥体体积公式的阿基米德证明与刘徽证明；(5)球体积公式的阿基米德证明与刘徽、祖暅证明；等等。

七、中国古代数学的社会功能

1. 探索自然规律，描述世间万物。在中国的神话传说中，人类的始祖是伏羲和女娲，而保存至今的山东嘉祥县汉代武梁祠石室造像则有伏羲手持矩、女娲手持规的刻像。这里的规和矩，并非简单意义上的数学工具，而是测地量天、把握与改造自然的工具。

战国史书《世本》："黄帝使羲和占日，常仪占月，臾区占星气，伶伦造律吕，大桡作甲子，隶首作算数，容成综此六术，而著调历，后益作占岁，沮诵仓颉作书。"①

① 秦嘉谟.世本·秦嘉谟辑补本[M]//世本八种.北京：商务印书馆，1957：356.

战国时尸佼(约公元前390—公元前330)《尸子》卷下:“古者倕为规矩准绳,使天下仿焉。”《吕氏春秋》卷第一:“倕至巧也。”汉高诱注:“倕,尧之巧工也。”[①]

《史记·五帝本纪》称,尧“乃命羲、和,敬顺昊天,数法日月星辰,敬授民时”[②],即用数学的方法把握日月的运行规律,制定历法。

《史记·夏本纪》称,大禹治水时,“左准绳,右规矩,载四时,以开及州,通九道,陂九泽,度九山。”[③]

2. 揭示神秘现象的规律与原因:数学—数术。对今天的人们来说,数学与数术(术数)是两种完全不同、毫不相干的东西,数学是一门严谨而抽象的科学,是人类理性精神的高度体现,是现代科学的基础,而数术则是迷信,与科学相对立。然而,在中国古代,数学和数术却是紧密相联的。

3. 统治者的工具。中国传统数学从它发展的早期就具有明显的实用性、官方性,被作为官方培养与选拔人才的手段,以及政府管理各项事务的工具,与天文学紧密结盟,带有明显的社会性与政治性,而且还被蒙上了一层神圣的色彩,又是教育贵族子弟的必不可少的科目。

《周礼·地官·司徒》:“保氏掌谏王恶。而养国子以道:乃教之六艺,一曰五礼,二曰六乐,三曰五射,四曰五驭,五曰六书,六曰九数。”[④]

《礼记·内则》第十二:“六年教之数与方名,……九年教之数日;十年出就外傅,居宿于外,学书计。”[⑤]

《白虎通·辟雍篇》:“八岁入小学”,又“八岁毁齿,始有识知,入学,学书计。”[⑥]

《汉书·食货志》:“八岁入小学,学六甲、五方,书计之事。”[⑦]

东汉光和二年(公元179年)法令:“大司农以戊寅诏书,以秋分之日,同度量,

① 李俨.中国数学大纲[M]//李俨 钱宝琮科学史全集(第3卷).沈阳:辽宁教育出版社,1998:7.
② 司马迁.史记·五帝本纪[M].北京:中华书局,1959:16.
③ 司马迁.史记·夏本纪[M].北京:中华书局,1959:51.
④ 郑玄,注.贾公彦,疏.周礼注疏[M].上海:上海古籍出版社,2010:499
⑤ 李俨.中国数学大纲[M]//李俨 钱宝琮科学史全集(第3卷).沈阳:辽宁教育出版社,1998:16.
⑥ 李俨.中国古代数学史料[M]//李俨 钱宝琮科学史全集(第2卷).沈阳:辽宁教育出版社,1998:37.
⑦ 李俨.中国古代数学史料[M]//李俨 钱宝琮科学史全集(第2卷).沈阳:辽宁教育出版社,1998:37.

均衡石，桷斗桶，正权概，特更为诸州作铜斗、斛、称，依黄钟律历、《九章算术》以均长短、轻重、大小，以齐七政，令海内都同。光和二年闰月廿三日。大司农曹棱亚、淳于宫，右仓曹椽朱音、史韩鸿造。”①

八、中国古代数学家对数学的看法

刘徽《九章算术注原序》：“昔在包牺氏始画八卦，以通神明之德，以类万物之情，作九九之术以合六爻之变。暨于黄帝神而化之，引而伸之，于是建历纪，协律吕，用稽道原，然后两仪四象精微之气可得而效焉。记称隶首作数，其详未之闻也。按周公制礼而有九数，九数之流，则《九章》是矣。”“事类相推，各有攸归，故枝条虽分而同本干者，知发其一端而已。又所析理以辞，解体用图，庶亦约而能周，通而不黩，览之者思过半矣。且算在六艺，古者以宾兴贤能，教习国子。虽曰九数，其能穷纤入微，探测无方。至于以法相传，亦犹规矩度量可得而共，非特难为也。”②

王孝通《上缉古算术表》：“臣闻九畴载叙，纪法著于彝伦；六艺成功，数术参于造化。夫为君上者司牧黔首，有神道而设教，采能事而经纶，尽性穷源莫重于算。昔周公制礼，有九数之名。窃寻九数即九章是也。其理幽而微，其形秘而约，重句聊用测海，寸木可以量天，非宇宙之至精，其孰能与于此者。”③

秦九韶《数书九章序》(1247)：“周教六艺，数实成之，学士大夫所从来尚矣。其用本太虚生一，而周流无穷。大则可以通神明，顺性命；小则可以经世务，类万物，讵容以浅近窥哉。若昔推策以迎日，定律而知气，髀矩浚川，土圭度晷，天地之大，囿焉而不能外，况其间总总者乎。爰自河图洛书，闿发秘奥；八卦九畴，错综精微，极而至于大衍、皇极之用，而人事之变无不该，鬼神之情莫能隐矣。圣人神之，言而遗其粗；常人昧之，由而莫之觉。要其归，则数与道非二本也。”“今数术之书，尚三十余家。天象历度，谓之缀术，太乙壬甲，谓之三式，皆曰内算，言其密也。《九章》

① 吴文俊.中国数学史大系(第2卷)[M].北京：北京师范大学出版社，1998：33—34.
② 白尚恕.《九章算术》注释[M].北京：科学出版社，1983：1－4.
③ 钱宝琮校点.算经十书[M]//李俨　钱宝琮科学史全集(第四卷).沈阳：辽宁教育出版社，1998：376.

所载，即周官九数，系于方圆者为吏术，皆曰外算，对内而言也。其用相通，不可歧二。”[①]

中国古代数学家的组成，决定了他们关心的大多是较为实用的问题，理论研究则主要是直接为实用问题的结果提供保障。因此，中国古代数学家在解决数学问题时所关心的首先是如何得到可以直接应用的、可以方便地操作的解，而不会满足于仅仅知道解在理论上的存在性，这种纯粹的理论解对他们来说是没有什么意义的。另一方面，由于他们所关心的数学问题一般都有直接的现实背景，如果问题的解在物理的或一般现实的意义上是存在的，在不超出当时数学能力的前提下，这些问题也恰好是比较方便得到构造性的解的。中国传统数学中的证明实际上是以构造性的方式作出的，不同于希腊数学以存在性为主要目的的证明。从现代数学中的构造主义者的观点来看，数学对象的存在性与可构造性是等价的；即使在常规数学的意义上，能够明确构造出来的对象也当然是存在的，而可以证明其存在的对象却未必都能方便地构造出来。对于中国古代数学家而言，既然解已经构造出来，实际上已经实现了比单纯的存在性证明要求更高的证明，那么再去讨论抽象的证明也就没有太明显的必要性了。

九、中国传统数学的特点和数学教育的目的，决定了数学教育的内容是为传授应用技能而设计的，在思想和方法上采取了注重应用、以问题为中心、以算法为基础、主要依靠归纳思维建立数学模型、强调基本法则及其推广的一整套模式。

中国传统数学最本质的方法是归纳，认识过程是由特殊到一般，数学知识是针对具体的对象，通过观察、操作、比较、分析的过程，然后归纳、概括的产物，强调实用，讲求效率，推崇算法的简洁直接，注重结果，从而在数学教育的方法上强调启发式，强调反复思索，借助直观，数形结合，把握基本规律，强调概括与推广能力，举一反三，在理解的基础上灵活运用，以简驭繁，以易驭难。这种教育思想与方法与在

---

① 王守义.数书九章新释[M].李俨，审校.合肥：安徽科学技术出版社，1992：数书九章序，1－2.

中国古代占统治地位的儒家教育思想也是完全一致的。[①]

现在让我们回到那位英国数学史家所引用与分析的《周髀》中的有关内容。由归纳推理的基本特点所决定，中国古代数学教育强调对一些典型问题反复思考，从中体会一般法则。因此，《周髀》反复主张“累思”，强调学生要通过自己的思考获得真知，认为“夫道术所以难通者，既学矣，患其不博。既博矣，患其不习。既习矣，患其不能知。故同术相学，同事相观，此列士之愚智，贤不肖之所分。是故能类以合类，此贤者业精习知之质也。夫学同业而不能入神者，此不肖无智而业不能精习，是故算不能精习。”这种思想为历代数学家和数学教育家所继承，形成了启发式的数学教育传统。三国时赵爽注《周髀》称：“凡教之道，不愤不启，不悱不发。愤之悱之，然后启发。既不精思，又不学习，故言吾无隐也，尔固复熟思之。举一隅，使反之以三也。”就是说，只有当学生发愤读书，反复思考，遭遇挫折之后，教师才应当去启发他。

可见，前述《周髀》中的有关内容恰好是启发式教学的一个范例，是中国古代常用的一种教学方式，不限于数学教育，也不是唯一的方式。这与用什么方式研究数学，特别是在数学研究中要不要证明并没有必然联系，更不排除在数学教育中使用某种形式的推理论证。作为唐代国家数学教育教科书的《周髀》与《九章算术》中保留了赵爽、刘徽所作的大量精辟的推理论证，并且由“十部算经”的编订者李淳风等人添加了许多这方面的内容，包括祖暅“开立圆术”，这不仅是数学研究的需要，也是当时在数学教育中要求“明数造术，详明术理”的需要。在某种意义上，它们还应当是自《周髀》以来中国古代数学教育传统的一个固有的侧面。

补充说明

1. 本书第二至五章借助五个基本问题、三对基本范畴和四类主要关注点提出

① 刘兼.21世纪中国数学教育展望(第二辑)[M].北京：北京师范大学出版社，1995：236－259.

了一些观点，展示了一些案例，这些讨论主要集中在与创造性数学文化有关的问题上，而实际上，用它们讨论作为生活方式组成部分的数学文化，同样有效，同样方便。实际上，在本书下篇关于数学文化教育的部分，很多观点是从作为生活方式的数学文化的角度提出和讨论的。数学文化学是一个宽广的研究领域，很多问题都有待研究，例如，对作为一种公共事业的数学的研究，对数学家的社会责任和公共形象的研究，对公众理解数学的研究，对公众数学恐惧症的社会影响的研究，对数据滥用的社会影响的研究，等等。

2. 数学文化学（包括数学文化史）的研究是一个庞大的系统工程。上述五个基本问题、三对基本范畴和四类主要关注点只是给出了一些研究视角，构成了数学文化研究的一个具有一定开放性的工作框架。对五个基本问题的讨论，高度依赖于数学史的研究；对三对基本范畴的讨论，既需要数学史研究的支撑，还需要数学哲学的支撑；所有基于五个基本问题、三对基本范畴和四类主要关注点的数学文化研究，又都需要以文化研究和文化史研究作为基础。在上述有关研究中，不仅涉及实证层面上的数学史、文化史、数学哲学、文化研究，还涉及相当多的理论层面的问题。限于篇幅，笔者仅给出数学文化学的基本框架和对其中部分内容的初步思考结果，更多的工作尚待展开。

下篇

数学文化教育研究

数学文化教育是数学教育的有机组成部分。它基于数学文化的视角和理念，引导学生通过数学文化的三个层面去认识数学、理解数学和经历数学，培养数学的眼光和思考方式，认识数学的文化价值，培育理性精神，激发对数学的良好情感。

下篇首先给出数学文化教育的基本思路，继而分别在高中、大学本专科和硕士研究生三个层面上给出了数学文化教育课程的初步设计和基本案例。

数学文化教育的基本思路

6.1 数学文化教育的目的、价值和原则

笔者在本书文献综述部分回顾了最近30年来国内数学文化教育的基本状况，总的来说，到目前为止，从数学文化教育论著，到大学数学文化课程，到数学文化在中小学数学课程中的渗透，到数学文化普及读物，数学文化教育在理论上和实践上已经有较多探索，但关于什么是数学文化教育，似乎至今仍缺少明确的说法，关于数学文化教育的目的与价值则是众说纷纭，莫衷一是。因此，让我们从回答这些最基本的问题开始。

6.1.1 什么是数学文化教育

对这个问题，目前尚没有明确的说法，但已出版的大学数学文化课程教科书可以看作代表了作者对数学文化教育是什么、应该做什么的一种理解，具体情形请参看本书文献综述部分的相关内容。对笔者来说，在界定了“数学文化”概念之后，又认可数学文化教育应该围绕数学文化中最本质、最核心的内容展开这一观点，那么对这个问题的回答应该是十分自然的。

首先需要认定，无论在学校教育的意义上，还是在公众教育的意义上，数学文化教育都是数学教育的组成部分，尽管它对不同的人群具有不同的含义和侧重。例如，对中小学生、高等院校数学专业本专科生、高等院校非数学专业本专科生、以数学专业为职业基础的人群、与数学专业有密切关系的人群、在职业生涯中需要用到少量数学知识与方法的人群、一般公众等，为了叙述简洁，我们把数学文化教育的受众统称为"学生"。必须说明，我们这里对"数学教育"作广义的理解，它当然并不限定在学校教育的范围内，尤其不是当今在应试教育背景下的数学教育。

根据我们在第一章给出的数学文化定义，数学文化首先是数学家的创造性活动及其成果。因此，数学文化教育首先应该关注那些适应学生数学水平的数学问题提出的背景、问题的发展和解决过程以及其中运用的数学方法、体现的数学思想。其次，应关注基本的数学概念、结果的形成背景和过程，最初的含义、后来的发展演变以及现实应用。第三，这些问题、方法、概念、结果与今天的相应对象的关系。第四，通过具体案例，分析导致数学创造性活动的原因和动力。这构成数学文化教育的第一个层面。

根据我国当今中小学教育中强调培育学生核心素养的教育观，数学文化教育的第一个层面显然具有重要意义。当今世界各国中小学课程改革的一个基本理念是体现探究的精神，以科学课程为例，通常意义上的科学探究指的是科学家们通过各种途径、使用各种科学方法研究自然界并基于此种研究获得的证据提出解释的活动。科学教育中所说的科学探究则是指学生们经历与科学家相似的探究过程，以获取知识、领悟科学的思想观念、学习和掌握方法而进行的各种活动。这与我们界定的数学文化教育的第一个层面是完全一致的。

根据我们的数学文化定义，数学文化又是人类生活方式的组成部分，表现为社会对数学成果的消费与社会对数学的反馈。这对应数学文化教育的第二个层面，由于涉及面过于广泛，因此，数学文化教育应该主要关注：数学以外的文化领域因使用数学成果而导致的创造性活动（包括艺术创造与智能创造）及其成果；基于数学知识与方法应用的物质产品及其对普通人物质生活方式的影响；公众对数学的理解，数学在公众中的形象；数学思想方法在规范文化中的应用，包括数学思想方法对普通人思想及行为方式的影响、数学思想方法和观念对社会运行机制的影响等；社会需要对数学发展的推动；规范文化既有可能促进数学的发展，也有可能阻碍数学的发展。

关于数学思想方法对普通人思想及行为方式的影响，美国国家研究委员会有一段十分精彩的论述："除了定理和理论外，数学提供了有特色的思考方式，包括建立模型、抽象化、最优化、逻辑分析、从数据进行推断，以及运用符号等，它们是普遍适用并且强有力的思考方式。""应用这些数学思考的方式的经验构成了数学能力——在当今这个技术时代日益重要的一种智力，它使人们能批判地阅读，能识别谬误，能探察偏见，能估计风险，能提出变通办法。数学能使我们更好地了解我们生活在其中的充满信息的世界。"①

根据我们的数学文化定义，数学文化又是一个不断发展的过程。因此，数学文化教育应该帮助学生形成这样的认识：不仅数学在不断发展和进步（它的发展受到社会需要和内在需要的双重推动），数学对人类文化的影响同样在不断发展，如果你已经对数学文化的力量和影响感到惊讶的话，那么更令你惊讶的事情还将不断发生。这构成数学文化教育的第三个层面。通俗地说，数学对人类文化的影响已经十分重要，而且会越来越重要。其潜在含义是：生活在当代世界的每一个人，无论是为了适应今天的工作和生活，还是为了未来的发展，都应该尽可能多学习一点数学，而且还应该根据工作和生活的实际需要适当补充、更新自己的数学知识。

6.1.2 数学文化教育的目的和价值

数学文化教育的首要问题，从主观角度来说就是我们为什么要倡导数学文化

① 美国国家研究委员会.人人关心数学教育的未来[M].方企勤，叶其孝，丘维声，译.北京：世界图书出版公司，1993：32－33.

教育,从客观角度来说,就是它的价值何在。笔者认为,数学文化教育的目的和价值主要体现在以下几个方面:

1. 理解数学。从我们对数学文化教育的界定引申出来的数学文化教育的首要目的是理解数学,即帮助学生更好地理解数学问题、方法、概念和理论的背景、来源、含义和应用。

2. 培养数学的眼光和思考方式。启发学生用数学的眼光去看待周围的事物,用数学的思考方式去处理各种现实问题,包括那些看起来与数学毫无关系的问题。

3. 认识数学的文化价值。帮助学生认识数学在人类文化特别是当代社会中的地位和作用,其核心是:数学是关于模式和秩序的科学;数学是具有普遍意义的工具和语言;数学是一种基本的思维方式;数学是人类理性的标度。

4. 培育理性精神。帮助学生认识数学理性,培育理性精神。数学培养人们严谨、全面、灵活、敏捷的思维品质,培养和提高人们的洞察能力、分析能力、抽象概括能力、独立思维能力,用简单而直接的方法处理复杂问题的能力,以及探索精神和批判精神。"从最广泛的意义上说,数学是一种精神,一种理性的精神。正是这种精神,使得人类的思维得以运用到最完善的程度,亦正是这种精神,试图决定性地影响人类的物质、道德和社会生活;试图回答有关人类自身存在提出的问题;努力去理解和控制自然;尽力去探求和确立已经获得的知识的最深刻和最完美的内涵。"①

5. 激发学生对数学的良好情感。数学重要,数学有趣,数学并不像想象中那样困难,对每一个学生来说,只要学习得法,都可以把数学学得更好。

20 世纪 80 年代末至 90 年代,国内数学教育界分析当时中小学数学教育存在的主要问题之一是"烧中段",即对数学不问来龙去脉,只管概念、定理和解题。20 世纪 90 年代初,为了抗衡愈演愈烈的"应试教育",教育界提出了"素质教育"的主张。如今"烧中段"和"应试教育"的程度恐怕未必降低,而我们与"素质教育"理想

① M. 克莱因.西方文化中的数学[M].张祖贵,译.上海:复旦大学出版社,2004:9.

之间的距离，似乎也未见缩小。根据本书前面对数学文化教育的内容、目的和价值的阐述，笔者相信，数学文化教育对于打破中小学数学教育的困局应该具有十分积极的意义。

2007年，史宁中明确提出："如果我们在中小学数学教育中，一方面保持数学'双基教学'这个合理的内核，另一方面添加'基本思想'和'基本活动经验'，出现既有'演绎能力'又有'归纳能力'的培养模式，就必将会出现'外国没有的我们有，外国有的我们也有'的局面，到了那一天，我们就能自豪地说，我们的基础教育领先于世界。"[①]笔者理解，仅有"双基"，虽然不排除有些优秀教师为了让学生理解基本知识而关注来龙去脉，但大多数教师对应的教育行为基本上就会是"烧中段"，因为它最容易见效。添加基本活动经验之后，应该极大地促进教学中对来龙去脉的关注，而学习和领会数学的基本思想，在帮助学生更深刻、更全面地理解数学方面无疑是重要的，是数学学习境界的升华。根据本书前面对数学文化教育的内容、目的和价值的阐述，笔者同样相信，数学文化教育对于在中小学数学教育中实现"四基"目标乃至培育核心素养的目标应该具有十分积极的意义。

我们还可以站在更一般的学科教育的层面上看待这个问题。笔者认为，无论在中小学还是大学，任何一门具体的学科课程，例如在中小学课程中处于基础地位的语、数、外，或者扩展到理、化、生、史、地、政，其基本组成部分大体上应该是四个方面，即学科知识、学科方法和技能、学科思想、学科文化。如果说学科知识是它的血肉，学科方法和技能是它的骨架，那么，学科思想就是它的灵魂，学科文化就是它的神采和境界。此处我们对"文化"一词作狭义的理解，侧重于观念、精神和传统。如果根据我们从一般意义上对"文化"所作的界定，可以把上面的四个方面说成是四个层面，从一定意义上说，它们具有逐层包含的关系，即：仅有学科知识，好比一个人只有血肉；加上了学科方法和技能，好比在血肉基础上增加了骨架，于是才有了作为一个人的整体形状；再加上学科思想，就有了灵魂；最后到了整体的学科文

① 张奠宙，何文忠.交流与合作——数学教育高级研讨班15年[M].南宁：广西教育出版社，2009：147.

化,包含了前面所说的全部,不仅血肉、骨架和灵魂俱全,还有了神采和境界。

2004 年,黄翔综合各家观点,将数学教育的价值概括为四个方面:

"(1)实践价值。指数学科学对于认识客观世界、改造客观世界的实践活动所具有的教育作用和意义。在这一层面上,一般可论及数学作为计算的工具、作为科学的语言、作为科学抽象的手段……方面。

"(2)认识价值。指学习和掌握数学知识及其过程在发展人的认识能力上所具有的教育作用和意义。实现这一价值的主要支撑点是'数学是锻炼思维的体操',数学教育具有以培养思维能力为核心的诸多功能。

"(3)德育价值。指数学在形成和发展人的科学态度和世界观、道德素养和个性特征方面所具有的教育作用和意义。体现这一价值的要点是辩证唯物主义世界观求真、严谨、刻苦的品质锻炼。

"(4)美育价值。指数学在培养学生审美情趣和能力方面所具有的教育作用和意义。如对数学美的感悟、欣赏及数学美育教育等。

"数学教育的价值,其根本点体现在通过数学教育促使人的发展上。从这个根本点上看,上述价值层面自身的内涵还需要更新与丰富,整个数学教育的价值理念也还需要提升,功能还需要进一步拓展。"①

将这四个方面与我们所概括的数学文化教育的目的和价值相比较,立刻就会发现二者实质上是一致的,而如果说前者的内涵还需要更新和丰富、理念还需要提升的话,恰恰就在于其中缺少了数学文化的意识和精神。

1995 年,萧文强借陆游《示子遹》一诗讲自己学数学的体会,原诗是:"我初学诗日,但欲工藻绘;中年始少悟,渐若窥宏大。怪奇亦间出,如石漱湍濑。数仞李杜墙,常恨欠领会。元白才倚门,温李真自郐。正令笔抗鼎,亦未造三昧。诗为六艺一,岂用资狡狯。汝果欲学诗,工夫在诗外。"萧文强将最后一句改为"工夫在数外",并说:"陆游的'工夫在诗外'包含了四点:(1)不要只顾专注文采工夫,单求诗

---

① 黄翔.数学教育的价值[M].北京:高等教育出版社,2004:33.

文华茂；(2)更要注意思想境界，诗文才有内涵；(3)也要丰富生活阅历，诗文才有活力；(4)还要注意品德修养，诗文才有风骨。'工夫在数外'亦包含了四点：(1)不要只顾专注数学形式工夫；(2)更要注意数学思想方法；(3)也要丰富数学生活阅历；(4)还要注意数学工夫的品德修养。""但第三项的数学生活阅历是指什么呢？我以为可以分为三方面：纵是追溯数学概念的来龙去脉，横是探讨数学文化的本质和意义，广是认识数学的应用及经常联系数学与日常生活碰见的现象。"[①]容易看到，萧文强在这里所说的"数学生活阅历"，实际上就是我们所定义的数学文化。笔者认为，数学文化教育之所以十分重要，就是因为它不仅帮助学生理解数学本身，而且启发学生获得数学之外的理解、领悟和感动。本书第七章提供了几个这样的例子。

至此我们可以说，本书所倡导的数学文化教育体现了数学教育的理想和本质。

6.1.3 数学文化教育中存在的典型问题

通过查阅自20世纪90年代以来有关数学文化教育的各种论著，同时也根据笔者自2005年以来参加历次数学教育、数学文化教育学术会议以及各种教师培训所了解到的情况，考察其中与数学文化教育有关的案例，笔者认为有四类较为典型的问题值得关注：

1. 数学文化教育的内容在选材方面缺乏通盘考虑，内容随意拼凑，缺少内在逻辑。表面上看起来很热闹，但读过这样的书、听过这样的课之后，读者和学生很难对"什么是数学文化""数学文化中最本质的东西是什么""我们为什么要学习数学文化"等基本问题形成明确的想法。

2. 将数学文化内容视为一类单独的知识，简单罗列事实和结果，缺少与数学课程主干内容的内在联系。笔者曾多次被一线教师问到这样的问题："一堂数学课，应该花多少时间讲数学史或数学文化"，或者干脆说"课时这样紧张，升学压力这样大，哪里有时间搞什么数学文化教育"。

---

① 萧文强.心中有数——萧文强谈数学的传承[M].大连：大连理工大学出版社，2010：31－32.

3. 对数学观念和方法在现实中所发挥的作用习惯于简单贴标签，而并没有给出用数学思想和方法看待和处理问题的过程，从而使案例失去了数学文化应有的韵味。

4. 史料错误、误用，或者干脆直接编造历史故事。

6.1.4 数学文化教育的原则

考虑到数学文化教育中存在的问题，依据笔者多年从事数学文化教育的经历和体会，数学文化教育的健康发展需要制订某些相应的原则。作为一种尝试，笔者在宏观层面和微观层面各提出一组原则。

6.1.4.1 数学文化教育的基本原则

定义 1 数学性。一个教育文本、活动或过程是数学性的，当且仅当它包含了对实质性数学内容的经历、体验、认识和理解。这里我们对“数学内容”作广义的理解，既包括数学的知识、技能和方法，也包括数学的观念、精神和传统。

定义 2 文化性。一个教育文本、活动或过程是文化性的，当且仅当它包含了对某类文化现象的具有文化意识的经历、体验、认识和理解，或包含了对一般意义下的文化的认识和理解。

基于我们对数学文化教育的理解，同时基于对数学性、文化性的理解，我们在数学文化教育的宏观层面上提出从属性、并集非空和交集非空 3 条基本原则。

从属性原则：数学文化教育本质上从属于我们所说的广义的数学教育，它的首要目的是理解数学，它的内容应基于广义的数学教育的目的精心选择。

根据这一原则，并非所有属于数学文化范畴的对象都可以作为数学文化教育的内容。学者从事研究是充分自由的，但教育具有高度的选择性，尤其是出现在课堂上的教学内容应当经得起“合法性”和“必要性”的质疑。

并集非空原则：一个数学文化教育的文本、活动或过程，必须至少具有数学性与文化性二者之一。

根据这一原则，一个数学文化教育的文本、活动或过程的内容，或者和实质性的数学内容(例如:数学的问题、方法、结果、应用以及相关的背景)有密切关联,或者在数学本身的知识性、技术性的内容之外,还有能够揭示数学的文化特征,或能够与一般意义上的人类文化相联系的东西。在绝大多数情况下,一个数学文化教育的文本、活动或过程应该同时具备数学性和文化性,但为使我们的理解不至于过于狭隘,我们也接受那些在数学性或文化性的某一方面不够充分、不够明朗的教育文本、活动或过程,它们单方面体现数学性或文化性,而对另一方面则停留在表面。显然,单纯具有数学性的教育文本、活动或过程,或者单纯涉及一般文化但与数学毫无关系的教育文本、活动或过程,均不属于数学文化教育的范畴。

交集非空原则:一个数学文化教育的文本、活动或过程,如果同时具有数学性与文化性,那么二者至少在局部上应该是交融的。

根据这一原则,一个数学文化教育的文本、活动或过程的内容,其中的数学性成分与文化性成分之间必须存在某种程度的内在关联,而不应是单纯具有数学性和单纯具有文化性的两部分的简单拼凑。

6.1.4.2 数学文化教育的具体原则

上述基本原则显然是重要的,但由于它们过于上位,难以对具体的数学文化教育实践活动提供具有启发性的建议和帮助,考虑到这一因素,同时考虑到前述数学文化教育中存在的问题,我们在数学文化教育的微观层面上(数学文化教育案例的开发与实施)提出5条具体原则。

此处所说的数学文化教育案例,可以是数学文化普及读物或教师课堂教学的一个片断,可以是提供给学生的阅读材料,也可以是学生研究性学习的课题,总之是为实施数学文化教育而设计的具有相对独立性和完整性的内容,以区别于渗透于数学普及读物或数学教学中的那些随意的、一带而过的具有数学文化色彩的内容。

设计这样的案例,应尽可能兼顾适度性、吸引力、启发性、准确性和数学韵味几个方面,笔者认为,它们可以作为在微观层面上实施数学文化教育的具体原则。以下分别作简要说明。

1. 适度性原则

(1) 案例中所涉及的数学、历史、文化内容应控制在学生知识和能力易于接受和理解的范围内。

(2) 对数学以外的材料的使用要适度,例如,不可为历史的兴趣而随意铺陈史料。

根据适度性原则(1),数学文化教育案例中所涉及的数学内容应围绕数学课程本身的目的而设计,不应过多地超出学生可接受的范围。例如,为说明欧几里得《原本》的影响力,可能会引出非欧几何的初步观念,但如果进而过多地涉及非欧几何的技术性细节,学生就较难理解了。此外,在一切场合都要尽可能避免堆砌学生难以理解的数学词汇。

类似地,根据适度性原则(1),案例中所涉及的历史、文化内容,也应控制在学生知识和能力易于接受和理解的范围内,尽可能避免出现过分生涩、专门化的内容和术语。如果必须使用某些专门术语,也应该是学生容易查找和理解其含义的。

适度性原则(2)主要是为了避免案例过分偏离数学意义,变成某种数学以外的专门知识的随意铺陈,从而过分偏离数学课程的教学目标,并给学生造成不必要的学习负担。

2. 吸引力原则

案例所涉及的基本内容,或者因其在数学上的重要性、趣味性,或者因其在历史上的重要性、趣味性,或者因其在现实中的重要性、实用性、趣味性,足以引起学生的浓厚兴趣,具有内在的吸引力。

根据吸引力原则,数学文化的教学案例,自然应该既具有数学意义,又具有历史的或现实的背景,因此,在数学、历史、现实三者中,至少应该在某一方面具有足够的吸引力,从而使学生有足够的学习、探索的兴趣。

一个不言而喻的前提是,这样的案例,首先需要教师本人认为是有吸引力的。

3. 启发性原则

数学文化教育案例应该至少在下列层面之一具有启发性:数学知识层面;数学

思维层面;数学发展历程及社会文化背景层面;数学社会价值及实际应用层面。

4. 准确性原则

(1) 案例所涉及的历史、文化及现实素材,材料本身是可靠的。

(2) 对上述材料的理解是准确的。

准确性原则的制订基于这样的考虑:现在有太多的读物随意编撰历史故事,很多是有悖历史的。如果想要使数学文化教育案例保持生命力,一个基本前提是让学生确信有关情形确实是历史上或现实中真实发生过的,而不是随意编造的。

5. 突出数学韵味原则

数学文化教学案例,应具有明显的数学韵味,并有意识地突出这种韵味,使学生从中感受到数学思想的深刻、数学方法的巧妙和强大,感受到数学之美,感受到数学文化的博大精深,体会和把握数学的思维方式。

6.2 中小学的数学文化教育

6.2.1 目的和价值

中小学数学文化教育的基本观点和内容大体与上文相同,但上一节的论述是就一般情况而论,而中小学数学文化教育要受到一些限制:中小学数学课程的目标,学生在数学知识、方法和实际应用方面的基础,学生为理解数学文化教育内容所需的其他知识和能力,学生的认知水平。

另一方面,自 20 世纪 90 年代以来,国内数学教育界对中小学数学课程改革进行了一系列讨论,对其中的数学文化教育的定位、内涵及呈现方式有一个逐步深化、不断调整的过程,这种变化突出地体现在 2001 年至 2018 年的两部义务教育数学课程标准和两部高中数学课程标准中,对相关问题有必要做一点专门的探讨。

从 20 世纪 90 年代初开始,在我国老一辈数学家、数学教育家严士健、张孝达、张奠宙等先生的大力支持下,一批中青年数学教育工作者以"21 世纪中国数学教育展望——大众数学的理论与实践"为题开始了对中小学数学教育的探讨和实验,其研究的阶段性结果较为集中地体现在《21世纪中国数学教育展望》(第一辑、第二辑)中。在他们的数学教育理念中,数学文化占有重要位置,这在上述两本文集中表现得十分清楚。1998年,以课题组主要成员为基础形成了教育部义务教育数学课程标准研制组,他们的数学文化教育理念也随之体现在《全日制义务教育数学课程标准(实验稿)》和《全日制义务教育数学课程标准解读》中。例如,《全日制义务教育数学课程标准(实验稿)》前言中写道:“数学是人们生活、劳动和学习必不可少的工具,能够帮助人们处理数据、进行计算、推理和证明,数学模型可以有效地描述自然现象和社会现象;数学为其他科学提供了语言、思想和方法,是一切重大技术发展的基础;数学在提高人的推理能力、抽象能力、想象力和创造力等方面有着独特的作用;数学是人类的一种文化,它的内容、思想、方法和语言是现代文明的重要组成部分。”①《全日制义务教育数学课程标准(实验稿)解读》第二篇第一章第二节“如何认识数学”主要是基于数学文化的观点写成的,其中的两个要点分别是“人类生活与数学之间的联系应当在数学课程中得到充分体现”和“数学是一项人类活动,作为课程内容的数学也要作为一项人类活动来对待”。其中相应做了解释并提出了具体的要求,对于数学文化教育的目的和价值给出了作者的理解。例如,“认识到数学与人和现实生活之间的紧密联系,数学课程的内容就一定要充分考虑数学发展进程中人类的活动轨迹,贴近学生熟悉的现实生活,不断沟通生活中的数学与教科书上数学的联系,使生活和数学融为一体。这样的数学课程才能有益于学生理解数学、热爱数学,让数学成为学生发展的重要动力源泉。”②

在教育部2003年颁布的《普通高中数学课程标准(实验)》中明确设置了“数学文化”专题,对其教学目标和内容提出了具体要求:

“数学是人类文化的重要组成部分。数学是人类社会进步的产物,也是推动社

---

① 中华人民共和国教育部.全日制义务教育数学课程标准(实验稿)[S].北京:北京师范大学出版社,2001:1-2.

② 数学课程标准研制组.全日制义务教育数学课程标准(实验稿)解读[M].北京:北京师范大学出版社,2002:111-113.

会发展的动力。通过在高中阶段数学文化的学习，学生将初步了解数学科学与人类社会发展之间的相互作用，体会数学的科学价值、应用价值、人文价值，开阔视野，寻求数学进步的历史轨迹，激发对于数学创新原动力的认识，受到优秀文化的熏陶，领会数学的美学价值，从而提高自身的文化素养和创新意识。”

其教学要求是：

“1.数学文化应尽可能有机地结合高中数学课程的内容，选择介绍一些对数学发展起重大作用的历史事件和人物，反映数学在人类社会进步、人类文明发展中的作用，同时也反映社会发展对数学发展的促进作用。

“2.学生通过数学文化的学习，了解人类社会发展与数学发展的相互作用，认识数学发生、发展的必然规律；了解人类从数学的角度认识客观世界的过程；发展求知、求实、勇于探索的情感和态度；体会数学的系统性、严密性、应用的广泛性，了解数学真理的相对性；提高学习数学的兴趣。”①

2012年初公布的《义务教育数学课程标准（2011年版）》前言中写道：

“数学是研究数量关系和空间形式的科学。数学与人类发展和社会进步息息相关，随着现代信息技术的飞速发展，数学更加广泛应用于社会生产和日常生活的各个方面。数学作为对于客观现象抽象概括而逐渐形成的科学语言与工具，不仅是自然科学和技术科学的基础，而且在人文科学与社会科学中发挥着越来越大的作用。

“数学是人类文化的重要组成部分，数学素养是现代社会每一个公民应该具备的基本素养。作为促进学生全面发展教育的重要组成部分，数学教育既要使学生掌握现代生活和学习中所需要的数学知识与技能，更要发挥数学在培养人的理性思维和创新能力方面的不可替代的作用。”②

《全日制义务教育数学课程标准（实验稿）》中有相对独立的对数学史融入课程

① 中华人民共和国教育部.普通高中数学课程标准（实验）[S].北京：人民教育出版社，2003：104.

② 中华人民共和国教育部.义务教育数学课程标准（2011年版）[S].北京：北京师范大学出版社，2012：1.

的要求,《义务教育数学课程标准(2011 年版)》则将课程中的数学史纳入到数学文化中统筹安排。

2018 年初公布的《普通高中数学课程标准(2017 年版)》在"课程性质"中写道:

"数学是研究数量关系和空间形式的一门科学。数学源于对现实世界的抽象,基于抽象结构,通过符号运算、形式推理、模型构建等,理解和表达现实世界中事物的本质、关系和规律。数学与人类生活和社会发展紧密关联。数学不仅是运算和推理的工具,还是表达和交流的语言。数学承载着思想和文化,是人类文明的重要组成部分。数学是自然科学的重要基础,并且在社会科学中发挥越来越大的作用,数学的应用已渗透到现代社会及人们日常生活的各个方面。随着现代科学技术特别是计算机科学、人工智能的迅猛发展,人们获取数据和处理数据的能力都得到很大的提升,伴随着大数据时代的到来,人们常常需要对网络、文本、声音、图像等反映的信息进行数字化处理,这使数学的研究领域与应用领域得到极大拓展。数学直接为社会创造价值,推动社会生产力的发展。

"数学在形成人的理性思维、科学精神和促进个人智力发展的过程中发挥着不可替代的作用。数学素养是现代社会每一个人应该具备的基本素养。

"数学教育承载着落实立德树人根本任务、发展素质教育的功能。数学教育帮助学生掌握现代生活和进一步学习所必需的数学知识、技能、思想和方法;提升学生的数学素养,引导学生会用数学的眼光观察世界,会用数学思维思考世界,会用数学语言表达世界;促进学生数学思维能力、实践能力和创新意识的发展,探寻事物变化规律,增强社会责任感;在学生形成正确人生观、价值观、世界观等方面发挥独特作用。"①

《普通高中数学课程标准(2017 年版)》中没有设置统一的"数学文化"模块,而是将数学文化(包括数学史)融入课程,这在必修课程和五类选修课程中都有较为明显的体现。

---

① 中华人民共和国教育部.普通高中数学课程标准(2017 年版)[S].北京:人民教育出版社,2018:1-2.

显然，在考虑中小学数学文化教育的目的和价值的时候，必须充分考虑到上述情形。

6.2.2 内容和方式

6.2.2.1 中小学数学文化教育的内容

根据我们对数学文化教育的理解，根据前面对中小学数学文化教育目的和价值的讨论，可以十分自然地引申出中小学数学文化教育的内容。

根据 6.1.1 中对数学文化教育第一个层面的描述，中小学数学文化教育应该关注：

相应数学课程中处于核心地位的数学问题提出的背景、解决过程、相关发展以及其中运用的数学方法、体现的数学思想。例如，数的表示和运算，自然数、整数、有理数、实数和复数的性质，小学数学中的典型应用题，线性方程组的消元解法，图形的度量和性质，圆面积的计算方法及其证明，数据的意义、收集和整理，骰子的点数与古典概型。

相应数学课程中基本数学概念、结果的形成背景和过程，最初的含义、后来的发展演变以及现实应用。例如，素数与算术基本定理，无理数与一元二次方程，三角形内角和与平行线，勾股定理与三维空间两点间的距离，初等函数，平面及空间向量，圆锥曲线，概率，统计。

历史上一些基本的数学问题、方法、概念、结果与今天中小学数学课程中相应对象的关系。

通过具体案例，分析导致数学创造性活动的原因和动力。例如，比例概念和算法起源于人类社会早期物物交换的需要；对自然数性质的研究起源于希腊人对数学美的追求以及哲学思考，后来发展成为数论。

根据 6.1.1 中对数学文化教育第二个层面的描述，中小学数学文化教育应该关注：

数学以外的文化领域因使用数学成果而导致的创造性活动（包括艺术创造与

智能创造)及其成果。例如,绘画中的透视法;公理化方法与笛卡尔哲学以及牛顿经典力学体系;天文学中的提丢斯-波德定则;统计规律与孟德尔遗传学。

基于数学知识与方法应用的物质产品及其对普通人物质生活方式的影响。例如,计算机、国际互联网及IT产业;超市收银台的设置;商品条形码;商品包装的形状和尺寸;天气预报中的降水概率。

数学思想方法在规范文化中的应用,包括数学思想方法对普通人思想及行为方式的影响、数学思想方法和观念对社会运行机制的影响等。例如,个人存贷款策略;各种公共服务机构的排队规则;体育比赛评分规则的制订;人寿及健康保险;商场商品促销策略。美国国家研究委员会在《人人关心数学教育的未来》(1989)中列举了数学观念影响我们生活方式和工作方式的5个方面,包括实用的、公民的、专业的、消遣的和文化的。①

社会需要对数学发展的推动。例如,几何学最初起源于土地测量的需要,三角学起源于天文学的需要,微积分起源于几何学、力学、天文学和多种实用技术中解决具体问题的需要,概率论起源于赌博中骰子点数的估计以及胜负机会的计算,统计学起源于政府对人口、土地、财产、税收等方面的统计,以及各种商业统计、工业统计。

随着学生从小学到高中数学课程的学习,以及课程中渗透的数学文化教育内容的逐步展开,学生会自然地认识到数学和数学文化随人类文明的发展而发展的事实,从而感悟数学文化教育的第三个层面,数学课程的设计应该对这一层面的问题有相应的考虑。

6.2.2.2 中小学数学文化教育的方式

1. 根据义务教育和高中数学课程标准的要求,应该尽可能在中小学常规的数学教学活动中渗透数学文化教育,围绕常规数学课程的目标和重点,为其提供背

---

① 美国国家研究委员会.人人关心数学教育的未来[M].方企勤,叶其孝,丘维声,译.北京:世界图书出版公司,1993:33-35.

景、应用和思想方法的重要线索。2007 年史宁中提出在数学教育中要在“双基”(基本知识、基本技能)中增加基本思想和基本活动经验,成为“四基”。数学文化教育是帮助学生理解数学基本思想的有效途径,而又往往需要以基本活动为载体。因此,在增加基本思想和基本活动经验之后,不仅数学文化教育的必要性明显增加,也为实施数学文化教育提供了空间和舞台。《普通高中数学课程标准(2017 年版)》在“四基”的基础上进一步明确提出数学学科核心素养的概念和设计,由数学抽象、逻辑推理、数学建模、直观想象、数学运算和数据分析六个基本方面构成,数学文化教育应该并且可以自然地按照这些方面展开。

2. 数学文化课题学习是在中小学数学教学活动中实施数学文化教育的一个基本方式或途径,其题目或素材可以再现历史上数学问题的提出和解决,包括直接借助数学历史名题,也可以围绕学生生活中的问题。自 20 世纪 90 年代以来,国内中小学数学课题学习在很多情况下是与数学建模教育结合在一起的,由后者本身的性质所决定,它与数学文化教育有天然的联系,二者相得益彰:数学建模有了文化意识可以提升境界,数学文化教育以数学建模为载体不仅十分自然,而且可以获得许多重要线索和思路。

3.《普通高中数学课程标准(实验)》中设置了“数学史选讲”课程和“数学文化”模块,是实施数学文化教育的重要尝试。根据本书前面对中小学数学文化教育内容的分析,可以看出,相应的两个层面在数学史选讲中都可以得到充分的施展空间,二者同样是相得益彰的关系。此外,“数学文化”模块所建议 19 个选题中超过一半与数学史有密切关系,不难理解,数学史与数学文化的结合,正是实施这两部分教育的应有之义。“数学史选讲”建议了 11 个专题,“数学文化”建议了 19 个专题,它们固然重要,但并没有穷尽所有基本而重要的问题,而更主要是提示了一些有价值的思路和角度,按照这样的思路和角度,可以设计更多的选题。此外,无论课程标准中的“数学史选讲”还是“数学文化”,其中数学文化教育的韵味都有待进一步开发。遗憾的是,自从 2003 年实验稿公布,虽然多个版本的高中数学实验教科书都编写了《数学史选讲》教材,但直到 2018 年新的高中数学课程标准公布,在全国范围内基本上没有学校按照这样的教材完整地开设数学史选修课程。偶尔听到某些学校以校本课程的名义开设与数学史有关的课程，但实际开课的学校极少，在相应课程中数学史所占的比例也并不高，而且很少能坚持下来。

6.2.3 对高中课程中数学文化教育内容的分析

6.2.3.1《普通高中数学课程标准(实验)》中的数学文化教育内容解析

1. 设置数学文化专题的依据

课程改革前的我国中小学教育习惯于将数学课程视为一门工具课。在这方面，无论是《义务教育数学课程标准(实验稿)》(2001)还是《普通高中数学课程标准(实验)》(2003)都作出了实质性的改变。《普通高中数学课程标准(实验)》前言中指出："数学是人类文化的重要组成部分。数学课程应适当反映数学的历史、应用和发展趋势，数学对推动社会发展的作用，数学的社会需求，社会发展对数学发展的推动作用，数学科学的思想体系，数学的美学价值，数学家的创新精神。数学课程应帮助学生了解数学在人类文明发展中的作用，逐步形成正确的数学观。"①这意味着，我们对数学的理解，不能仅仅局限在"数学是科学技术的语言和工具"这样一个狭隘的范围内，还应当通过了解数学与社会的互动，从更广泛、更深刻的文化层面去认识它；在数学课程中，不仅要学习数学知识，还要学习数学的思想和方法，领悟数学的精神。《普通高中数学课程标准(实验)》这里的表述，无疑使数学课程具有了基本的文化课程的性质，并给出了从文化的层面理解数学的各个角度，这在教育观念上是一个巨大的进步，也为在数学课程中实施数学文化教育提供了依据。

《〈普通高中数学课程标准(实验)〉解读》说明了在高中数学教材中体现数学文化的原因：由于数学在人类文化中的重要作用，数学课程的目标必然要考虑到两个层次，即具体的知识技能方法的层次和无形的文化层次。此外，数学文化教育还可

---

① 中华人民共和国教育部.普通高中数学课程标准(实验)[S].北京：人民教育出版社，2003：4.

以为学生认识中华民族的数学传统提供机会。[1]

人们对改革前的中小学数学教育有一个形象的批评，就是烧鱼“掐头去尾烧中段”，不问数学知识和方法的背景和来源，也不问其现实应用，而只是孤立地讲授概念、定理、证明和计算，使数学在学生眼中成了单纯的概念游戏和解题技巧，学了九年或者十二年数学，却不知其是什么、有什么用。

数学史研究与数学文化研究的大量案例表明，数学中许多重要的思想和方法来源于人类的现实需要，来源于科学、技术和社会的需要，数学在其漫长的发展历程中，也对人类历史文化的几乎所有层面都产生了或直接或间接的影响。具体说来，中小学数学课程中的绝大部分内容，都可以找到数学与社会互动的相应素材，开发数学文化教学案例，使学生认识相应数学知识与方法的背景、来源和应用，领悟数学思想方法的真谛，进而认识数学在人类文化特别是当代社会中的地位和作用，体会用数学的眼光去看待周围的事物、用数学的思考方式去处理各种现实问题的过程和乐趣，从而激发学生对数学的良好情感体验。除了现实需要，数学还是一种理性文化，结合有关案例可以帮助学生认识数学理性，培育理性精神。

基于上述原因，我们有充分的理由说，在高中数学课程中设置数学文化专题、实施数学文化教育，是完全必要的，其中对数学文化性质与作用的理解，也将成为把握《标准(实验)》中“数学文化”专题的要点、实施数学文化教育的基础。

2. 数学文化专题解读

《普通高中数学课程标准(实验)》对“数学文化”专题的阐述由三部分组成，分别是教学目标、教学要求(含教学内容)和说明与建议。[2]

教学目标保持了前言中的基调，强调通过数学文化的学习使学生体会数学与社会的互动，体会数学的科学价值、应用价值、人文价值和美学价值，可看作《标准(实验)》对数学文化核心内容的界定。

---

① 普通高中数学课程标准研制组.《普通高中数学课程标准(实验)》解读[M].南京：江苏人民出版社，2004：290.

② 中华人民共和国教育部.普通高中数学课程标准(实验)[S].北京：人民教育出版社，2003：104－106.

教学要求分为3点：

“1.数学文化应尽可能有机地结合高中数学课程的内容，选择介绍一些对数学发展起重大作用的历史事件和人物，反映数学在人类社会进步、人类文明发展中的作用，同时也反映社会发展对数学发展的促进作用。

“2.学生通过数学文化的学习，了解人类社会发展与数学发展的相互作用，认识数学发生、发展的必然规律；了解人类从数学的角度认识客观世界的过程；发展求知、求实、勇于探索的情感和态度；体会数学的系统性、严密性、应用的广泛性，了解数学真理的相对性；提高学习数学的兴趣。”①

教学要求的第3点给出了可供参考的多个选题：(1)数的产生与发展；(2)欧几里得《几何原本》与公理化思想；(3)平面解析几何的产生与数形结合的思想；(4)微积分与极限思想；(5)非欧几何与相对论问题；(6)拓扑学的产生；(7)二进制与计算机；(8)计算的复杂性；(9)广告中的数据与可靠性；(10)商标设计与几何图形；(11)黄金分割引出的数学问题；(12)艺术中的数学；(13)无限与悖论；(14)电视与图像压缩；(15)CT扫描中的数学——拉东变换；(16)军事与数学；(17)金融中的数学；(18)海岸线与分形；(19)系统的可靠性。这些选题基本上体现了数学课程、数学思想史与数学文化的有机融合。②

下文对教学要求的前两点作初步分析解读，将对第3点的说明留到下一节。

上述两点教学要求，分别侧重于数学文化教育的内容和应把握的要点。

由于数学文化专题没有设置独立的课程，较为适当的做法是“有机地结合高中数学课程的内容”，实现数学、数学思想史与数学文化的有机融合。一方面，数学思想史与数学文化成为理解数学的重要途径；另一方面，数学内容的现实背景及其应用也成为体现数学的文化价值的基本载体。例如，《标准(实验)》“教学建议”部分就给出了这样的建议：“教师在几何教学中可以向学生介绍欧几里得建立公理体系

① 中华人民共和国教育部.普通高中数学课程标准(实验)[S].北京：人民教育出版社，2003：104.
② 中华人民共和国教育部.普通高中数学课程标准(实验)[S].北京：人民教育出版社，2003：104-105.

的思想方法对人类理性思维、数学发展、科学发展、社会进步的重大影响;在解析几何、微积分教学中,可以向学生介绍笛卡儿创立的解析几何,介绍牛顿、莱布尼茨创立的微积分,以及它们在文艺复兴后对科学、社会、人类思想进步的推动作用;在有关数系的教学中,可以向学生介绍数系的发展和扩充过程,让学生感受数学内部动力、外部动力以及人类理性思维对数学产生和发展的作用。"[①]

《标准(实验)》给出了多个在课程中实施数学文化教育的具体案例,例如:

数学 1,函数,(7)实习作业

"根据某个主题,收集 17 世纪前后发生的一些对数学发展起重大作用的历史事件和人物(开普勒、伽利略、笛卡尔、牛顿、莱布尼茨、欧拉等)的有关资料或现实中的函数实例,采取小组合作的方式写一篇有关函数概念的形成、发展或应用的文章,在班级中进行交流。具体要求参见数学文化的要求。(参见第 104 页)"[②]

函数概念起源于对运动与变化的定量研究,作为一个明确的数学概念,它是 17 世纪的数学家们引入的,但是,与之相关的问题和方法却至少可以追溯到中世纪后期(14 世纪)英国、法国学者的形态幅度研究。17 世纪末,莱布尼茨首次使用了函数概念,1718 年,约翰·伯努利将函数定义为由解析表达式所表示的对象。此后,从 18 世纪末到 20 世纪 30 年代,函数概念大约经历了四次实质性的推进,终于达到了今天高等分析中所具有的一般性和抽象程度。这一过程是随着微积分一般理论和方法的不断发展、数学观的变革而逐步实现的,其中物理学的发展多次发挥了重要作用。

选修 1-1,3.导数及其应用,(5)数学文化

"收集有关微积分创立的时代背景和有关人物的资料,并进行交流;体会微积分的建立在人类文化发展中的意义和价值。具体要求见本标准中'数学文化'的要求。(参见第 104 页)"[③]

---

① 中华人民共和国教育部.普通高中数学课程标准(实验)[S].北京:人民教育出版社,2003:110.
② 中华人民共和国教育部.普通高中数学课程标准(实验)[S].北京:人民教育出版社,2003:16.
③ 中华人民共和国教育部.普通高中数学课程标准(实验)[S].北京:人民教育出版社,2003:42-43.

本条对应于数学文化选题(4)。在教学案例的设计中,可关注以下方面:

导致微积分产生的几类基本问题:(1)已知物体移动的距离表为时间的函数的公式,求物体在任意时刻的速度和加速度;反之,已知物体运动的加速度表为时间的函数的公式,求速度和距离。(2)求曲线的切线。(3)求函数的最大值和最小值。(4)求曲线长;曲线围成的面积;曲面围成的体积;物体的重心;一个体积相当大的物体作用于另一物体上的引力。可指导学生查阅相关数学史和断代史资料,考察上述问题产生的背景,理解它们为什么会受到长期的和广泛的关注。

微积分的意义和价值。简单来说,一元微积分是在实数的范围内以极限方法研究函数的一门学问。微积分定量地研究运动与变化,既给出实际需要的结果,更研究过程,从而揭示规律性的东西;从对象的局部性质入手进行研究,进而揭示出对象的整体性质。由于微积分的研究对象与方法具有高度的一般性,还由于其方法的定量、精细、注重过程,不仅使其可以处理范围十分广泛、表面上看起来差异极大的各类实际问题,而且具有极大的可操作性,从而使之成为处理与运动和变化有关的问题具有普遍意义的强大工具;不仅在科学技术领域获得了广泛的应用,进而在人文社会科学的许多领域产生重要影响,例如,在现代经济理论中处于主导地位之一的边际效用理论,就是在函数的极值点导数为零这一简单的微积分定理的基础上,由数学家丹尼尔·伯努利最先提出的。

选修 1-2,推理与证明,(3)数学文化

"通过对实例的介绍(如欧几里得《几何原本》、马克思《资本论》、杰弗逊《独立宣言》、牛顿三定律),体会公理化思想。"①

本条对应于数学文化选题(2),有关细节可参见齐民友《数学与文化》(1991)。关于公理化方法以及推理与证明的历史线索和文化意义,可基于以下各点建构教学案例:(1)数学证明的起源。(2)公理化方法的起源。(3)公理化方法的示范作用。(4)数学理性的价值。

① 中华人民共和国教育部.普通高中数学课程标准(实验)[S].北京:人民教育出版社,2003:48.

选修 2－3，统计与概率，说明与建议

“5.可以在二项式定理中介绍我国古代数学成就‘杨辉三角’，在统计案例中介绍所学统计方法在社会生活中的广泛应用，以丰富学生对数学文化价值的认识。”①

统计与概率是体现数学来源于社会又应用于社会的两个十分典型的方面。

关于统计。什么是统计学？一门关于收集数据、分析数据的科学。根据C.R.劳《统计与真理》：“在终极的分析中，一切知识都是历史；在抽象的意义下，一切科学都是数学；在理性的基础上，所有的判断都是统计学。”从历史上看，收集数据与分析数据很早就开始受到高度关注。在中国，至少可以追溯到汉代。非常典型的如：明代户口黄册、鱼鳞图册，人口统计，耕地统计；欧洲文艺复兴时期，意大利的城市统计。英国格朗特《关于死亡公报的自然和政治观察》(1662)。统计方法的现实应用。

关于概率。概率(Probability)指一种不确定的情况出现可能性的大小。从英语词源看，Probability(概率)这个词是和Probe(探求)联系在一起的，即探求真实性。现实生活中的各种具有不确定性的事件。概率论是机遇的数学模型，它起源于对赌博问题的分析，而现在已经是一门庞大的数学理论，在科学、技术、社会的各个领域有着越来越广泛和深刻的应用。历史线索：点问题和赌博中断问题；帕斯卡和费尔马的讨论；惠更斯的概括；早期概率论中的几个典型问题：条件概率、装错信封问题、投针问题、贝特朗(Bertrand)悖论。概率方法的现实应用。

《标准(实验)》对“数学文化”专题的说明和建议已经较为具体，限于篇幅不再讨论。

3. 对数学文化所列几个选题的简要说明

教学建议第3点中列举了数学文化教育的19个选题②，我们选取其中几例给出简要的设计说明。实际上，能够体现数学的文化价值的案例极为丰富，《标准(实验)》所提供的只是一个建议，教师完全可以根据自己的理解、发挥自己的优势，结

① 中华人民共和国教育部.普通高中数学课程标准(实验)[S].北京：人民教育出版社，2003：64－65.
② 中华人民共和国教育部.普通高中数学课程标准(实验)[S].北京：人民教育出版社，2003：104－105.

合其他案例实施数学文化教育。数学史、数学文化、数学教育领域的研究人员,有必要进一步开发相应的案例。

选题(3)平面解析几何的产生与数形结合的思想

解析几何产生的背景

① 文艺复兴时期以来科学技术发展的需要。机械的广泛应用,要求人们对机械的性能进行专门研究,从而需要发展动力学和相应的数学理论。随着火器的发展,研究抛射体运动的规律变得十分重要,要求正确描述抛物体运动的轨迹并作出定量分析。建筑业的兴盛,河道和堤坝的修建,提出了静力学和流体力学的问题,其合理解决需要正确的数学计算。航海业的发展向天文学,从而向数学提出了精确地测定经纬度的问题。由航海促进的造船业向数学提出了描绘船体各部位的各种曲线,计算不同形状船体的面积、体积以及确定重心的问题。显微镜与望远镜的发明,提出了研究凹凸透镜的表面形状问题,并且要求解决求法线(通过切线)的方法。

② 希腊时代以来对曲线研究的积累,特别是对圆锥曲线的研究。希腊人的工作。15—17 世纪,对希腊古典文献的研究,激发了数学家对圆锥曲线的兴趣,但传统的几何方法不能为之提供强有力的工具。

③ 中世纪后期的形态幅度研究,用坐标方法研究运动与变化。

④ 文艺复兴时期以来代数学的发展,又可分为三个方面:数学符号(首先是代数符号)的发展使得用代数语言表达几何问题成为可能;代数方程论的发展使得代数学成为强有力的工具,并使对方程性质的讨论变得清晰自然,从而有可能用方程论的结果研究以代数语言表达的几何问题;由于代数学的突破性进展和代数学观念的转变,人们逐渐恢复了对代数方法的兴趣和信心。

解析几何的基本思想:转换思想;数形结合,代数与几何结合;通过坐标将曲线与方程联系起来;代数方法可以作为处理几何问题的基本与严格的手段。

相关问题:费尔马、笛卡尔是怎样创立解析几何的?

选题(7)二进制与计算机

二进制:由一种近乎游戏的逻辑设计到电子计算机的基本语言。莱布尼茨发明二进制。八卦不是二进制。历史上出现过多种自然的、实用的进位制，计算机为什么要使用这样一种纯粹人造的进位制？图灵和冯·诺依曼的贡献。

选题(12)艺术中的数学

音乐：比例理论和毕达哥拉斯音列。近代律学理论的发展。卡农和音乐中的怪圈。序列音乐。计算机音乐。

美术：黄金分割。文艺复兴时期的数学透视法。数学与现代美术流派。艾舍尔作品欣赏。分形与绘画。

选题(19)系统的可靠性

所谓系统可靠性，是指由单元组成的系统在一定条件下完成其预定功能的能力。在一个由若干元、部件组成的系统中，每个元、部件都有一定的寿命。某些元、部件的失效会导致整个系统的失效。为改善系统的可靠性性能，可以采取各种措施(如增设备份、预防性维修、定期更换等)。研究在各种措施下每个系统的概率规律性、可靠性程度、在给定时间内的失效数，以及在给定条件(如投资额、体积、重量等)下应采取怎样的措施使系统可靠性达到最大的数学理论，称为系统的可靠性理论。

为什么要研究系统可靠性？随着科学技术的进步，虽然单个元部件的可靠性不断得到改善，但是各类系统日趋复杂，要求它完成的功能也更广泛。单个元部件失效引起整个系统失效的代价越来越昂贵，会在经济上、信誉上造成巨大损失，有时还会造成人员伤亡及政治上、心理上的严重后果。一个大型系统，如一枚导弹、一颗人造卫星，可能包含成千上万个零件，甚至更多。开关装置或遥测系统失灵，可能使一个人造卫星完全无用。飞机上的着陆装置损坏，纵使乘客没有伤亡也会使飞机报废。因此，像大型客机、大型计算机以及计算机网络、核电站、宇航系统、军事指挥系统、各核大国的核打击系统等都要求有极高的可靠性。如何正确估计大型系统的可靠性，是一个重要的实际问题。

几个典型案例：1912 年，“泰坦尼克号”客轮失事；1979 年，美国三里岛核电站事故；1984 年，印度博帕尔毒气泄漏惨案；1986 年，美国“挑战者号”航天飞机失事；

1986 年，苏联切尔诺贝利核电站爆炸，严重泄漏；2003 年，“哥伦比亚号”航天飞机失事。

需要说明的是，在上述案例设计中，真正重要的并不是告诉学生有关的时间、地点、人物、事件，而是人们怎样想到用数学方法去处理这些现实问题，在解决问题的过程中数学方法是怎样使用的，以及由此导致的结果及其影响是什么。

6.2.3.2 《普通高中数学课程标准(2017 年版)》中的数学文化教育内容解析

相对于 2003 年颁布的《普通高中数学课程标准（实验）》，《普通高中数学课程标准（2017 年版）》[①]中的数学文化教育内容有了较为明显的改变。首先是取消了“数学史选讲”课程；其次是延续《义务教育数学课程标准（2011 年版）》的思路，将数学史内容纳入到数学文化名义下统筹安排；第三是没有像《标准（实验）》中那样对“数学文化”做出集中表述，而是将其分别置于必修课程、选择性必修课程和选修课程中做出相应的处理；第四是在《标准（2017 年版）》“附录 2 教学与评价案例”的 37 个案例中，给出了 4 个数学史融入教学的案例，另有 11 个较为密切联系学生现实生活和社会需要的案例，体现出较为明显的数学文化教育意图。限于篇幅，以下仅简略分析三类课程中的数学史、数学文化内容以及 4 个数学史教学案例。

1. 必修课程、选择性必修课程和选修课程中对数学文化的要求

在这些课程的内容要求部分，有 5 处对数学史的要求表示几乎完全一致，其基本格式为：“收集、阅读××××的形成与发展的历史资料，撰写小论文，论述××××发展的过程、重要结果、主要人物、关键事件及其对人类文明的贡献。”这样的要求，立意不错，但着眼点过大过高，在多数场合达到这样的要求并不容易。以下分别略加分析。

(1) 必修主题二　函数：“收集、阅读函数的形成与发展的历史资料，撰写小论文，论述函数发展的过程、重要结果、主要人物、关键事件及其对人类文明的贡献。”（第 20 页）

---

① 中华人民共和国教育部.普通高中数学课程标准(2017 年版)[S].北京：人民教育出版社，2018.

高中数学课程所涉及的函数都是初等函数，即常函数、幂函数、指数函数、对数函数、三角函数、反三角函数以及由它们经过有限次加、减、乘、除、复合运算所得到的函数。常函数不必说。另外5种基本初等函数形成与发展的历史资料已经较为琐碎庞杂，收集这些资料并不容易，似乎也没有明显的必要；把这些资料梳理加工，理清发展过程就更为困难，再去论述其对人类文明的贡献，可谓难上加难。

如果将这项要求理解为对函数概念的演变做相应的处理，所涉及数学史的基本线索可参考本书第三章“综合案例6：函数概念的演进”。要完成这项任务，首先需要对初等函数有较为清楚全面的认识，这种认识接近于1718年约翰·伯努利给出的函数定义。但函数概念最主要的内涵是两个集合的元素之间通过某种法则形成了一种对应关系（相依关系），还要考虑到函数的单值性以及不存在统一的解析式的情形乃至根本不存在解析式的情形，这种一般性是高中生几乎不可能达到的，也就是说，高中生对函数演进的理解，大体上会止步于18世纪末的拉克鲁瓦定义(1797)，几乎不可能达到狄利克雷定义(1837)的水平。至于以两个集合间的映射定义函数则是戴德金的工作(1887)，它看上去简单，但要真正理解其内涵则需要对初等函数以外的各种函数有所了解。与之相关联，《标准(2017年版)》“附录2 教学与评价案例”中的案例2是“函数的概念”（第108—111页），其中介绍了狄利克雷函数、黎曼的函数定义(1851)以及布尔巴基学派的函数定义(1939)。在尚未开始学习微积分的情况下，学生对狄利克雷函数的感觉大概主要是奇怪，不明白为什么要引入这样的函数。至于布尔巴基学派的函数定义，即使对本科生来说都是相当困难的，更不用说高中生了。案例2中的黎曼定义，其实就是狄利克雷定义，而布尔巴基定义只不过是戴德金定义更为抽象的表述，案例中说高中函数定义是黎曼定义与布尔巴基定义的融合，不如说是狄利克雷定义与戴德金定义的融合。

(2) 必修主题二　函数：“收集、阅读对数概念的形成与发展的历史资料，撰写小论文，论述对数发明的过程以及对数对简化运算的作用。”（第21页）

苏格兰数学家纳皮尔在1594年发明对数，1614年发表其原理，同时出版了一份对数表。他的对数定义与今天的定义有很大差异，理解起来有一定困难，这项要求对教师的数学史素养也有一定要求。

(3) 必修主题三　几何与代数:“收集、阅读几何学发展的历史资料,撰写小论文,论述几何学发展的过程、重要结果、主要人物、关键事件及其对人类文明的贡献。”(第29页)

本条要求涉及的内容较为庞杂,时间跨度极大,因而难度很大。巴比伦、埃及、印度、中国都在较早的年代发展了实用几何。借助演绎推理研究图形性质及其相互关系的几何学是由希腊数学家开创的,有独特的社会文化背景,经历了较为曲折和长期的发展。整理上述两种不同的几何学的发展,显然有很大难度,而且对教师提出了相当高的要求。

(4) 选择性必修课程主题一　函数,数列:

教学提示:“在教学中可以组织学生收集、阅读数列方面的研究成果,特别是我国古代的优秀研究成果,如‘杨辉三角’、《四元玉鉴》等,撰写小论文,论述数列发展的过程、重要结果、主要人物、关键事件及其对人类文明的贡献,感悟我国古代数学的辉煌成就。”(第40页)

中国传统数学中确实有很多重要和精彩的数列内容,《九章算术》《张丘建算经》就有很好的例子,贾宪三角(即所谓杨辉三角)、《四元玉鉴》也很好。另一方面,等差数列、等比数列的一些典型问题已经在巴比伦、古埃及留存至今的文献中出现,希腊数学家从毕达哥拉斯学派开始就对等差数列、等比数列、调和数列有不少研究,欧几里得《原本》第9篇中有大量关于等比数列的结果,稍晚的印度数学中也有一些典型而精彩的例子,内容浅显而生动。《标准(2017年版)》要求学生学习的主要是等差数列和等比数列,上述材料已经较为丰富且适当。《四元玉鉴》中的两大类数列颇为复杂,远远超过高中课程的要求,而“论述数列发展的过程、重要结果、主要人物、关键事件及其对人类文明的贡献”既超过高中生的知识和能力水平,也没有必要。

(5) 选择性必修课程主题一　函数,一元函数的导数及其应用:

“收集、阅读对微积分的创立和发展起重大作用的有关资料,包括一些重要历史人物(牛顿、莱布尼茨、柯西、魏尔斯特拉斯等)和事件,采取独立完成或者小组合作的方式,完成一篇有关微积分创立与发展的研究报告。”(第 40 页)教学提示:“在教学中可以组织学生收集、阅读微积分创立与发展的历史资料,撰写小论文,论述微积分创立与发展的过程、重要结果、主要人物、关键事件及其对人类文明的贡献。”(第 40—41 页)学业要求:“知道微积分创立过程,以及微积分对数学发展的作用。”(第 41 页)

本条要求相当于一部较为完整的微积分发展史,其中的困难在于:第一,牛顿、莱布尼茨的微积分论著与今天微积分的表述差异很大,不容易理解;柯西、魏尔斯特拉斯的论著对没有系统学习过微积分的人来说更加困难。第二,19 世纪微积分严格化的最主要任务是恰当地定义函数,建立实数理论和极限理论。函数概念的困难已如前述,实数理论、极限理论是数学专业一年级学生普遍感到困难的内容,何况本条要求所涉及的微积分内容还远不止这三项,要“完成一份有关微积分创立与发展的研究报告”,黎曼积分、微积分基本定理、级数收敛和发散似乎都是需要考虑的内容,学生们当然可以阅读邓纳姆《微积分的历程》,但只读这样一本书很难写报告,但要读懂其他几本参考书,例如爱德华《微积分发展史》、鲍耶《微积分概念史》已经较为困难,读懂其他有价值的参考书就更困难。

(6) 选择性必修课程主题二　几何与代数:

“收集、阅读平面解析几何的形成与发展的历史资料,撰写小论文,论述平面解析几何发展的过程、重要结果、主要人物、关键事件及其对人类文明的贡献。”(第 44 页)

解析几何的开创性工作是费尔马和笛卡尔作出的,笛卡尔的《几何学》有很好的中译本,费尔马的论著片段可以在李文林主编的《数学珍宝》中看到。但对于高中生来说,这两个文献并不容易阅读,而其背景是希腊人的圆锥曲线研究,其代表作阿波罗尼斯的《圆锥曲线论》前四卷已经有中译本,了解其大致内容并不困难,但理解其方法和过程就相当困难了。实际上,研读这些文献的主要困难不是其中可以和当代数学相对应的那些内容,而是由于开创性的工作并不成熟、表述方式与当今也非常不同而带来的困难，换言之，主要的困难不是其中的数学而是时代差异。至于费尔马、笛卡尔之后解析几何的发展，资料比较琐碎，整理并不容易，同样花费在历史方面的精力远大于数学方面，如果学生将来不准备从事数学史专业的学习研究，在高中阶段花费这样的时间和精力值得吗？

(7) C类课程

逻辑推理初步，公理化思想

“通过数学史和其他领域的典型事例，了解数学公理化的含义，了解公理体系的独立性、相容性、完备性，了解公理化思想在数学、自然科学及社会科学中的运用，体会公理化思想的意义和价值。”(第65页)

《标准(2017年版)》提出这样的要求，应该是受了齐民友《数学与文化》的启发，该书不仅较为全面地介绍了欧几里得《原本》中的公理化方法和思想，而且以开阔的视角列举了公理化方法对笛卡尔、斯宾诺莎、莱布尼茨、霍布斯、洛克，以及美国开国政治家等的影响。问题在于，由于现在初中和高中数学课程中大幅度压缩欧氏几何，高中生连欧氏几何所用的公理化方法都没有搞清楚，也就谈不到对公理化方法有一般性的理解。他们可以阅读齐民友的书，可以照抄其中的表述，但不代表他们真的理解了。“了解公理体系的独立性、相容性、完备性”，这些19世纪以来关于公理体系乃至更一般的数学基础问题的思考，没有足够的专业学习是很难理解的，至于“了解公理化思想在数学、自然科学及社会科学中的运用”，超出数学的部分，不仅需要对公理化方法本身有一定程度的理解，还需要对相应的自然科学、社会科学问题有足够的了解。对高中生提出这样的要求，除了鼓励他们抄袭拼凑、生吞活剥之外，很难想象他们实际上能从中学习到什么。

数学模型

“内容包括：经济数学模型、社会数学模型。”(第66页)

社会调查与数据分析

“内容包括：社会调查概论、社会调查方案设计、抽样设计、社会调查数据分析、社会调查数据报告、社会调查案例选讲。”(第67—68页)

这两部分内容选题适当、问题具体、要求明确，难度也较为适中，对计划在未来进一步学习经济类、管理类和一般社会科学的学生是很好的预备性课程。

（8）D类课程

美与数学

“内容包括美与数学的简洁、美与数学的对称、美与数学的周期、美与数学的和谐。”（第69页）

音乐中的数学

“内容包括：声波与正弦函数，律制、音阶与数列，乐曲的节拍与分数，乐器中的数学，乐曲中的数学。”（第70页）

美术中的数学

“内容包括：绘画与数学、其他美术作品中的数学、美术与计算机、美术家的数学思想。”（第71页）

体育运动中的数学

“内容包括：运动场上的数学原理、运动成绩的数据分析、运动赛事中的运筹帷幄、体育用具及设施中的数学知识。”（第72页）

从总体上看，“美与数学”“音乐中的数学”“美术中的数学”近于纯科普，以这样的线索编写教科书和上课，内容轻松活泼又富有启发性，可以使学生开阔眼界、提高对数学的兴趣。对这样的内容，无论是编写教科书还是上课，一是重在眼界和境界，二是要让学生看到运用数学方法解决某些问题的背景、思路和过程，而不能仅仅停留在表面的热闹上，这无疑对编写者和教师提出了相当高的要求。“美术家的数学思想”的具体内容是：“达·芬奇、毕加索、艾舍尔等的数学思想。”（第72页）感觉表述过于开放，无论是教材编者、教师还是学生，都不太容易把握这些内容。“体育运动中的数学”则有一定程度的实用性，问题很具体，难度也比较适当。

（9）教材编写建议，实现内容与数学文化的融合，体现时代性

“教材应当把数学文化融入学习内容中，可以适当地介绍数学和科学研究的成果，开拓学生的数学视野，激发学生的学习兴趣与好奇心，培养学生的科学精神。

‘课程内容’中在相应的地方给出了数学文化的提示，供编写者参考。希望教材编写者重视中国传统文化中的数学元素。”(第93页)

这段教材编写建议写得中规中矩，不再赘述。

2. 教学与评价案例中的数学史

对案例2函数的概念(第108—111页)的分析已经并入前述第(1)项。以下简要分析另外三个案例。

案例10　复数的引入(第122—123页)

“在古希腊学者丢番图时代，人们已经知道一元二次方程有两个根，但其中有一个根为虚数时，宁可认为方程不可解。”(第122页)丢番图研究的方程系数都是整数，在这样的方程中虚根成对出现，因此不会出现有一个根为虚数而另一个根不是虚数的情况。丢番图似乎并没有涉及过虚根是否存在的问题，他不接受负根，案例或许是混淆了这两个问题。案例的主干部分写得很清楚，明确了借助一元三次方程求根公式解方程时有可能出现复数，从而解释了为什么数学家虽然不喜欢复数却不得不接受它。

案例18　杨辉三角(第140—141页)

“图12中的表称为杨辉三角，它出现在我国南宋数学家杨辉1261年所著的《详解九章算法》一书中。这是我国数学史上的一个伟大成就。”(第140页)

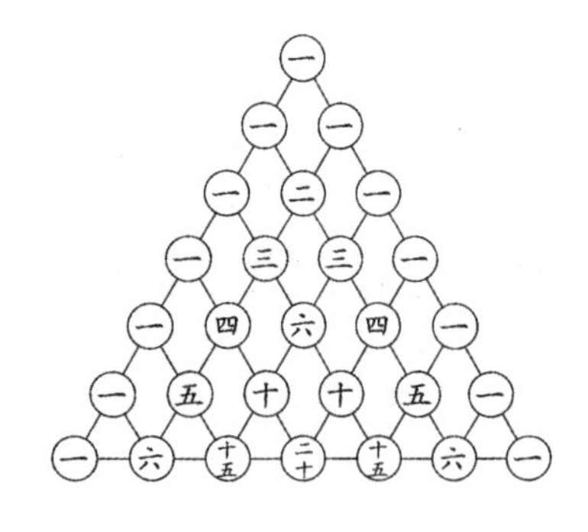

图6.1　贾宪三角[标准(2017年版)第140页，图12]

杨辉在《详解九章算法》中给出了他称为“开方作法本源”的上图，而且明确说它"出释锁算书,贾宪用此术"。贾宪生活在北宋时期(约11世纪中叶),比杨辉大约早200年,著有《黄帝九章算法细草》九卷(见《宋史·艺文志》),可惜已经失传。对上述史实,李俨《中算家的巴斯噶三角形研究》中已经说得很清楚[①],但20世纪50年代华罗庚在一篇写给中学数学教师的文章中将其称为杨辉三角,后来又在《从杨辉三角谈起》(1956年6月)中说:"杨辉是我国宋朝时候的数学家,他在公元1261年著了一本叫做《详解九章算法》的书,里面画了这样一张图,并且说这个方法是出于《释锁算书》,贾宪曾经用过它。但《释锁算书》早已失传,这书刊行的年代无从查考,是不是贾宪所著也不可知,更不知道在贾宪以前是否已经有这个方法。"[②]从此"杨辉三角"的名称就在中国流传开来。实际上,杨辉在他的《详解九章算法纂类》开头写道:"黄帝九章古序云:国家尝设算科取士,选《九章》以为算经之首。……向获善本,得其全经,复起于学。以魏景元元年刘徽等、唐朝义大夫行太史令上轻车都尉李淳风等注释,圣宋右班直贾宪撰草。"[③]可见杨辉《详解九章算法》所依据的正是贾宪《黄帝九章算法细草》。杨辉不仅说这张图"出释锁算书,贾宪用此术",又引用了"贾宪立成释锁平方法""增乘开平方法""贾宪立成释锁立方法"和"增乘方法"[④],那么,或者此图出自《黄帝九章算法细草》,或者贾宪另著有《释锁算书》为杨辉所引用,或者《释锁算书》为前人所著,其中有"开方作法本源"图,贾宪在《黄帝九章算法细草》中引用了此图,又用释锁方法表述了开平方和开立方计算的一般过程。综上所述,首先不能排除贾宪是此图的创造者;其次,与此图有关的史料最早只能追溯到贾宪。根据杨辉的说法以及他所引用的贾宪书中的内容,"贾宪三角"这个名称无疑比"杨辉三角"更为合理。早在20世纪70年代出版的《十万个为什么·数学卷》中,作者就明确提出此图应该称为"贾宪三角"。在近

---

① 李俨,钱宝琮.李俨钱宝琮科学史全集(第六卷)[M].沈阳:辽宁教育出版社,1998:219.

② 华罗庚.华罗庚科普著作选集[M].上海:上海教育出版社,1984:3.

③ 《续修四库全书》编纂委员会.续修四库全书·一〇四二·子部·天文算法类[M].上海:上海古籍出版社,2002:141.

④ 《续修四库全书》编纂委员会.续修四库全书·一〇四二·子部·天文算法类[M].上海:上海古籍出版社,2002:159-160.

半个世纪以来的各种数学史学术论著中，或采用“开方作法本源”，或直接称之为“贾宪三角”，而且在较为严肃的中国数学通史或断代史涉及宋元时期的数学工作时都对此做了十分清楚的论述。另一方面，长期以来，我国各个版本的中小学数学教学大纲、课程标准和教科书一直在沿用“杨辉三角”这个名称，实在令人遗憾。

此外，“贾宪三角”在中国古代数学中主要作为二项式系数来理解，其主要用途是开高次方，另一个由此引出的问题是三角垛求和，在朱世杰《四元玉鉴》中导出了较为丰富的结果。无论如何，在中国传统数学中，“贾宪三角”并没有作为组合数得到研究。案例侧重于对其组合性质的讨论，又没有对其历史背景加以说明，容易引起误会。

紧随其后的案例 19“测量学校内、外建筑物的高度项目的过程性评价”，其数学内容本身写得很好，遗憾的是，作者没有注意到，这里用到的测量方法，完全就是中国古代的方法，例如，《周髀算经》中的日高术，三国时赵爽对其给出了精彩严格的证明，稍晚于赵爽的刘徽《海岛算经》运用同样的方法给出了 9 个测量问题的求解过程，可以作为学生学习本案例内容的阅读材料。

案例 29　估算地球周长(第 160—161 页)

案例对历史事件的表述很清楚，数学内容的表述也很适当，对学生理解相关的几何内容和方法有启发和借鉴意义。教科书或实际教学中可以简单介绍一下中国唐代南宫说(8 世纪)的同类工作。

6.2.3.3　中学教师的数学文化意识及素养

《普通高中数学课程标准(2017 年版)》在“课程性质与基本理念”中明确强调数学的文化意义和价值，要求在课程中渗透数学文化的思想和观点，这使得每个承担高中数学课程教学的教师都面临观念与知识更新的问题。

为实现新课程的要求，高中数学教师应在以下几个方面养成基本素养：数学史、文化史的基本知识；数学建模方面的基础知识；从人类文化的高度看待数学的意识，了解数学与人类社会发展之间的相互作用，体会数学的现实来源和背景，体会数学的科学价值、应用价值、人文价值、美学价值；了解数学在当代社会生活、经济发展、科学技术进步乃至人文社会科学研究等方面应用的重要影响和典型案例。

另一方面,自20世纪70年代末以来,我国高等院校和研究机构培养的数学史硕士、博士数量十分有限,能担任高等院校教师的就更少。截至2019年11月,全国共有高等师范院校199所,另有其他举办教师教育的院校406所。这605所院校有多少所在开设数学史和数学文化类课程目前缺少统计,但根据全国数学史学会会员数量和历届数学史年会参会代表数量估计,能够较为正规地开设数学史和数学文化类课程的院校数量应该不会太多。加之多年来基础教育中应试教育的影响十分严重,一线教师既无精力也无兴趣在与升学考试基本无关的数学史和数学文化方面花费时间和精力,因此,普通的高中数学教师要想达到上述要求无疑是相当困难的,如何建立一种机制,使高中数学教师能够有效地提高自身的数学文化(包括数学史)素养,已经成为我们必须面对的一个问题。

6.3 大学本专科生的数学文化教育

6.3.1 目的

大学本专科生数学文化教育的基本观点和内容以6.1中的论述为前提,但由于学生专业的不同,数学文化教育的目的自然有一定的差异。例如,虽然笔者相信,6.1中所概括的数学文化教育的5个目的适用于所有学生,但对于数学专业的学生,由于学习数学的年限长、内容多、难度高,所以对他们来说,可能更重要的是增进对数学的理解。对于非数学专业的学生,可能更重要的是充分认识到数学对个人发展的作用,培养用数学方法处理与自己专业有关问题的眼光和能力。据笔者从事大学文科高等数学教学多年的了解,相当大比例的大学文科专业本科生对于学习高等数学怀有抵触情绪,认为其既十分困难又未必有用。数学文化教育对开阔他们的视野、转变他们对数学的看法应该有所帮助。

6.3.2 内容

根据我们对数学文化教育的理解,根据前面对大学本专科生数学文化教育目的的讨论，可以十分自然地引申出其内容。

根据 6.1.1 中对数学文化教育第一个层面的描述，大学本专科生数学文化教育应该关注：

相应数学课程中处于核心地位的数学问题提出的背景、解决过程、相关发展以及其中运用的数学方法、体现的数学思想。例如，如何奠定复数、实数、有理数、整数和自然数的逻辑基础；关系映射反演方法与解析几何；欧几里得平行公设与双曲几何；微积分基本问题的提出与解决；赌博中断问题与概率论；实数连续统、对角线方法与集合论；数学中的公理化方法与构造性方法；数学猜想。

相应数学课程中基本数学概念、结果的形成背景和过程，最初的含义、后来的发展演变以及现实应用。例如，极限的概念、理论和方法；函数概念的演变；测度与积分；代数结构；无穷基数与无穷序数；概率概念的演变与概率论公理化；分数维的概念和方法。

历史上一些基本的数学问题、方法、概念、结果与今天大学本专科数学课程中相应对象的关系。例如，从割圆术、穷竭法到定积分；阿基米德推导球体积公式力学方法与微元法；从古典逻辑、潜无穷概念到直觉主义数学；从朴素集合论到公理集合论。

通过具体案例，分析导致数学创造性活动的原因和动力，包括来自数学家自身的原因、数学发展的内部动力以及数学发展的外部需求。例如，几何三大难题与希腊数学的发展；导致微积分发展的四类基本问题；高次代数方程的公式解与群论；希尔伯特问题对 20 世纪数学的影响；第二次世界大战对现代数学发展的影响；等等。

根据 6.1.1 中对数学文化教育第二个层面的描述，大学本专科生数学文化教育应该关注：

数学以外的文化领域因使用数学成果而导致的创造性活动(包括艺术创造与智能创造)及其成果。例如，数学与近代科学的发展；微分方程与天体力学；黎曼几何与广义相对论；拉东变换与 CT；数学与近代哲学的发展；数理逻辑与分析哲学；

现代政治科学研究中的数学方法;诺贝尔经济学奖与数学;公理化方法与阿罗不可能性定理;非欧几何与艾舍尔的绘画作品;分形与计算机美术。

基于数学知识与方法应用的物质产品及其对普通人物质生活方式的影响。例如,巴贝奇、图灵、冯·诺依曼与电子计算机;数学技术与工业设计;数学技术与国际互联网及IT产业;互联网与日常生活;近世代数、数论与信息安全。

数学思想方法在规范文化中的应用,包括数学思想方法对普通人思想及行为方式的影响、数学思想方法和观念对社会运行机制的影响等。例如,数学素养对普通人职业素养的影响;生活中的统筹、优化与决策;统计方法与产品质量检验,统计方法与政府决策;运筹学与现代企业管理,运筹学与政府运作。

社会需要对数学发展的推动,参见第一层面的相应部分。

6.3.3 方式

由于学生所学专业、修业年限以及未来职业要求的差异,大学本专科层面的数学文化教育有较大的弹性,可以在数学专业的各门本科数学课程中渗透,可以在非数学专业的高等数学课程中渗透,可以为本专科生开设专门的数学文化类课程作为数学通识课程,可以体现在数学专业的数学史课程中,数学文化教育方面的专题还可以成为本科生毕业论文的选题。笔者本人多年来主要在三个方面作了尝试:

一、从1993年开始在大学文科高等数学的教学中渗透数学文化教育。

二、从1995年开始在数学专业本科选修课程“数学思想史”中渗透数学文化教育。

三、从2006年开始直接为非数学专业本科生开设数学文化类选修课程“数学与现代社会”,2014年调整为主要面向数学专业本科生但允许跨专业选修的数学通识课“数学与文化”。

本书接下来的章节将对上述三方面尝试给出具体的设计思路和教学案例,并作适当的说明与论证。

6.4 数学专业硕士研究生的数学文化教育

6.4.1 数学专业硕士研究生课程“数学史教育导论”

这门课程的前身是笔者自20世纪90年代后期起为数学教育硕士研究生讲授的“数学思想史”选修课，与本科生同名课程选题类似而起点较高，内容较深，类似于本科同名课程的做法，在其中一直努力渗透数学文化教育。2012年以后与本科课程做了统筹设计，成为本科数学思想史课程的后续课程“数学史教育导论”。课程由两个模块组成：模块1，数学五千年；模块2，中小学数学史教育研究。

6.4.2 数学专业硕士研究生课程“数学文化专题”

教育部于2003年颁布的《普通高中数学课程标准（实验）》中设置了“数学文化”专题，为了适应新课程对数学教师专业素养的要求，很多高等师范院校数学系陆续增设了数学文化类课程。《普通高中数学课程标准（2017年版）》中对数学文化教育的要求在内容分布和呈现形式上有所变化，但基本理念不变，对数学教师数学文化素养的要求也没有改变。

笔者多年来一直为数学专业本科生讲授数学史课程，又为全校本科生讲授数学通识课“数学与文化”。2010年以后，以本科“数学与文化”课程为起点，为数学专业硕士生（主要是数学教育专业和数学史专业）设计了“数学文化专题”课程，分为三个模块：模块1，数学文化史专题；模块2，数学文化案例研究；模块3，数学文化教育研究。

从总体上看，本科生“数学思想史”与“数学与文化”课程，硕士生“数学史教育导论”与“数学文化专题”课程，共同构成了一套较为系统的数学文化教育课程。如果将面向高中学生开设的“数学与现代社会”系列讲座也纳入这套课程，就构成了从高中、本科到硕士三个层次的数学文化教育课程体系。这些课程基于对数学文化和数学文化教育的较为全面和深刻的、一以贯之的理解，层层推进，统筹互补，经过20多年的理论思考和实践探索，与时俱进，日臻成熟。

第七章

中小学数学文化教育案例

笔者于1999—2005年参与《义务教育数学课程标准》研制和推广，承担了将数学史融入数学课程的具体设计；开发了一些可供融入中小学数学教学的数学史及数学文化案例；自2001年以来在北京、上海、辽宁沈阳、吉林长春、新疆乌鲁木齐和昌吉、云南昆明、甘肃白银、广东珠海等地进行了总数超过50次的数学史与数学文化方面的教师培训，听课总人数超过6 000人；为初高中学生（主要在北京，还有昆明、白银等地）作了总数超过30次的数学史与数学文化方面的专题报告，听课学生总数超过5 000人。本章从这些报告中选取少量专题，简要介绍其内容和设计思路。

案例 **7－1**　数学与现代社会系列讲座

1995年上半年，笔者参与北京师范大学第二附属中学文科实验班筹建工作，负责设计其中的数学课程。项目主持人提出的要求是：第一，在数学课程中渗透人文教育；第二，充分体现学生学习的自主性，教师课堂讲授所占课时不超过总课时的三分之一。笔者提出三点意见：

1. 对于那些未来从事人文社会科学领域研究及相关工作的人，为他们设计的数学课程不应该是简单地在为理工类学生设计的数学课程的基础上减少内容和降低要求，而是要专门为他们设计适应他们当前基础和能力，同时也适应他们未来发展要求的新的数学课程。

2. 这样的数学课不应单纯地理解为工具课，而应理解为文化素养课；不应单纯地局限于为他们提供未来需要的数学工具或为进一步学习搭建台阶，还要注意开阔他们的眼界，增长他们的见识，使他们意识到他们未来的学习和工作是需要数学的。

3. 教师讲授时间不超过三分之一的设想过于大胆，可以调整到不超过二分之一。

这些观点以及基于这些观点而设计的高中文科数学课程得到了项目主持人的充分认同。但整个方案在提交给二附中有关方面时未能获得通过，主要意见是：想法很好，但过于大胆，不适合具体情况。最终只有其中的一个局部获得认可，也就是开阔学生眼界、增长见识的“数学与现代社会”。于是，从 1995 年到 2004 年，笔者以“数学与现代社会”和“科学技术与当代世界”为题为该实验班高一和高二两个年级做了连续 10 年，每个系列各 8 小时的系列讲座。从这一背景可见这两个系列讲座设计的依据和意图。

下面给出的是这个系列讲座的框架，其主干部分参见下面的附录“数学对社会进步的推动作用”。

主要内容由四部分组成：

数学与当代自然科学：数学与天文学；数学与物理学；数学与地球科学；数学与化学；数学与生命科学。

数学与高技术：电子计算机；可靠性的数学理论；数学、编码与通讯；数学与军用技术；数学与航空航天技术。

数学与当代艺术：数学与音乐；数学与美术。

数学与当代人文社会科学：数学与经济学；数学与政治科学；数学与管理科学；数学与保险学；数学与历史科学；数学与语言学；数学与军事科学。

案例 7-2　数学与我

2008—2017年，应北京一些中学邀请，笔者以“数学与我”为题陆续为从初中二年级到高中二年级的学生作了多场报告，报告内容随时间推移不断修改。

引言

美国国家研究委员会：“数学是打开机会大门的钥匙。现在数学不再只是科学的语言，它也以直接的和基本的方式为商业、财政、健康和国防作出贡献。它为学生打开职业的大门；它使国民能够做出有充分依据的决定；它为国家提供技术经济竞争的学问。”①

一、数学之眼——数学助“我”看清世界

生活中充满了数学，很多人却浑然不觉，并因此而对很多事情束手无策乃至受骗上当。所以，我们需要数学的眼光。

案例：1.无穷饭店；2.囚徒悖论；3.笼中猪；4.揭穿街头骗术。

二、数学之脑——数学助“我”思考

很多问题，用传统的、常规的方法无法解决甚至根本看不清楚，借助数学思考，不仅可以使我们理解问题的本质，而且往往可以找到有效的解决方法。

案例：1.敏感问题调查；2.两个选举悖论；3.滑雪场问题；4.天气预报。

三、数学之手——数学助“我”学习

神话：孙悟空跳不出如来佛手心。现实：无论“我”将来学什么，总离不开数学。基本领域：1.数学与自然科学；2.数学与高新技术；3.数学与艺术；4.数学与人文社会科学。

四、数学之脚——数学助“我”在未来职场捷足先登

1. 传统的具有吸引力的职业：医生、律师、工程师。

---

① 美国国家研究委员会.人人关心数学教育的未来[M].方企勤，叶其孝，丘维声，译.北京：世界图书出版公司，1993：1.

2. 新的具有吸引力的职业:保险精算师、注册会计师、理财师。

3. 美国的情况。

什么是美国人心中的理想职业? 数学水平对美国人就业的影响;斯坦因的研究;[①]2006 年的情况;2011 年的情况;2012 年的情况;2015 年的情况;2017 年的情况。

4. 中国的情况。

数学需求的社会调查。参见数学课程标准研制组《全日制义务教育数学课程标准(实验稿)解读》[②]。2007 年的情况;2012 年的情况;2014 年的情况;2015 年的情况;2016 年的情况。

从美国职场历年情况看,数学知识与能力对于获得高收益、有吸引力的职位具有十分重要的影响。中国的情况和美国有较大差异,但对数学知识和能力的要求仍然是一些有吸引力的职业所必需的。因此,如果你想使自己将来更加聪明,更有能力,更有情趣,找到更有挑战性的工作,那么,多学点数学吧!

案例 7-3 统计杂谈

2016 至 2017 年为中学数学教师作的专题报告。

一、统计与统计学。1.来自日常生活的问题;2.进一步的问题和实例;3.统计和统计学。

二、早期的统计活动。1.《圣经》中的一段记载;2.古罗马的人口统计;3.古印度的官方统计;4.中国古代的官方统计活动(汉代和明代的案例);5.英格兰《末日审判书》(1085);6.意大利文艺复兴时期的城市统计(14 世纪);7.保险与统计。

三、统计学的起源。1.格朗特与统计学的起源(1662);2.哈雷的工作;3.数理

---

① 谢尔曼・克・斯坦因.我能从中找到什么[M]//数字的力量——揭示日常生活中数学的乐趣和威力.严子谦,严磊,译.长春:吉林人民出版社,2000:71-84.

② 数学课程标准研制组.全日制义务教育数学课程标准(实验稿)解读[M].北京:北京师范大学出版社,2002.

统计学的兴起(19世纪)。

四、几个统计案例。案例1　生育与寿命;案例2　吸烟与肺癌;案例3　由古代统计数据做出的推断;案例4　第三块钢板;案例5　作家的写作风格;案例6　数学与就业。

五、统计陷阱(统计错误的案例及其分析)。1.统计数字与统计规律;2.《文学文摘》的美国大选预测为什么会出错;3.另外两个例子(1924级耶鲁毕业生的平均年收入,调查者身份引起的偏差);4.平均数;5.百分比(在多数情况下,如果样本量很小,结论没有意义)。

片断:3.统计和统计学

(1) 在汉语中,“统计”最初的意思是“总计”,也就是通过某种方式计数某类对象的总量。例如,明·胡应麟《少室山房笔丛·经籍会通一》:“古今书籍,统计一代,前后之藏,往往无过十万;统计一朝,公私之蓄,往往不能十万。”清·宣鼎《夜雨秋灯录·银雁》:“佛奴掘深窖藏之,统计约有二十余万。”这种用法至今在日常语言中仍被广泛使用,例如,统计一下本年级同学所需大、中、小号校服的数量。

更一般地,“统计”这个词有三种含义:统计工作、统计资料和统计科学(统计学)。

统计工作(统计活动):关于某类对象收集、处理、分析、解释数据并从数据中得出结论的实际操作过程。

统计资料:通过统计工作取得的,用来反映有关对象性状或特征的数据资料的总称。

统计科学(统计学):一门关于收集数据、分析数据的科学。

(2) 为什么要统计?因为人们希望通过定量的方式

① 确定某类对象的数量或它们在更大群体中所占的比例。例如:统计一下本年级同学所需大、中、小号校服的数量。

② 描述有关对象或群体的性状、特征。例如:本班全体同学的身高和体重;本年级全体同学期末考试各科成绩。

③ 进一步的问题:当某类对象数量极大时,能不能通过仅仅考察其中一小部分对象的性状、特征而对全体对象的性状、特征获得大体上准确的了解? 例如:池塘里有多少鱼;工厂中产品质量检验通常采取抽检的方式;中国公民科学素养调查。

(3) 统计学的应用:

政府:例如,制定政策,做长期规划大众服务(例如天气预报、污染控制等),传播信息等。

法律:例如,统计证据,亲子鉴定,等等。

医药:诊断,预后,临床治疗,新药的疗效和副作用。

教育:例如,课程内容的设定(如社会需求、学生接受能力等),PISA(测量义务教育即将结束时学生为走向社会而准备的知识和能力),升学就业考试难度的设定,等等。

专业研究领域:几乎全部研究领域都或多或少需要使用统计方法,包括艺术、文学、考古、历史、经济学、管理等。例如,20 世纪 30 年代以来,计量史学的发展,运用统计方法处理历史资料。又如,1930 年,国际经济计量学会成立。经济计量学是经济学、数学和统计学相结合的一门综合性科学。1969 年诺贝尔经济学奖设立,陆续有运用数据处理方法研究经济规律的多项工作获奖。

换言之,对于当今社会来说,统计学理论和方法的应用几乎无所不在。

C.R.劳《统计与真理》:"在终极的分析中,一切知识都是历史;在抽象的意义下,一切科学都是数学;在理性的基础上,所有的判断都是统计学。"(开篇格言),"对统计学的一知半解常常造成不必要的上当受骗;对统计学的一概排斥往往造成不必要的愚昧无知。"(开篇格言)

案例 7-4　数学的力量

一、四个具体案例

1. 是谁发现了哈雷彗星

自春秋鲁文公十四年(公元前 613 年)的记载"秋七月,有星孛入于北斗"直到

1910 年，哈雷彗星共回归了 34 次，均可在中国古代典籍中找到记录。英国天文学家哈雷只是在 1682 年这颗彗星回归时做了观测和计算，为什么世界天文学界会公认这颗彗星的发现者是哈雷？

发现：经过探索、研究开始认识客观存在的事物或规律。

科学发现：科学活动中对未知事物或规律的揭示，主要包括事实的发现和理论的提出。构成科学发现的三个基本方面：(1)由现象发现规律；(2)对规律做出合乎科学原理的解释；(3)依据建立在科学原理上的规律在一定条件下对未发生的事件做出预测。

哈雷根据万有引力定律对从公元 1337 年到 1698 年间作过专门观察的 24 颗彗星进行了计算，发现 1531 年的那颗彗星与 1607 年观察到的彗星以及 1682 他本人亲自观察过的彗星是同一颗彗星，他还认为大约在 1456 年看到的那颗彗星也就是这同一颗彗星。随后他写道："由此我很有信心地大胆预言，这颗彗星将于 1758 年重新出现。"中国古代典籍只是对哈雷彗星的每次出现都做了记录，却从未指出过这是同一颗彗星，既没有对这颗彗星的出现做过预测，更没有进一步计算和描述过其轨道，按照科学发现的上述要求，这些工作是必不可少的，而哈雷正是借助数学工具和牛顿定律完成了这些工作。

2. 波音 777 客机(被称为"百分之百数学化设计的飞机")

3. 击沉"谢菲尔德号"(1982 年英阿马岛海战)

4. 人机对弈(国际象棋，中国象棋，围棋)

二、四个著名体系

1.托勒密的地心说体系；2.哥白尼的日心说体系；3.牛顿的经典力学体系(其结构是公理化的，基本工具是他本人创立的微积分)；4.爱因斯坦的广义相对论(以带有张量结构的黎曼几何为基础)。

三、20 世纪的人文社会科学

1. 卡尔·多伊奇等人的研究

1971 年 2 月，美国哈佛大学的卡尔·多伊奇(K.Deutsch)和他的两个同事在权威的《科学》杂志上发表了一项研究报告，其中列举了1900—1965年间在世界范围内社会科学方面的62项重大成就。按照他们的选择标准，包括：心理学13项，经济学12项，政治学11项，数学11项，社会学7项，哲学、逻辑和科学史5项，人类学3项。在这62项成就中，数学化的定量研究占2/3，在1930年以后作出的重大成就中，定量研究占5/6，这表明了当代社会科学向数学化、定量化方向发展的趋势。

2. 敏感问题调查

问卷调查是社会科学研究中最常用的方法之一，有时候研究人员需要借助这种方法精确地测定持有一种特定信念或经常介入某种具体行为的人所占的百分比。问题的关键是既要收集到真实有效的信息，同时又能确保被调查者的隐私不受侵犯。1965年，华纳(Stanley L.Warner)基于初等概率论发明了一种调查方法，从而解决了这一难题。

3. 两个选举悖论

四、分形美术作品欣赏

1967年，法裔美国数学家曼德尔布罗特(Benoit Mandelbrot，1924—2010)发表了《不列颠的海岸线有多长，统计自相似性和分数维》一文，其中首先注意到更早的理查德森(Lewis Fry Richardson，1881—1953)已经做出的研究：当用无穷小的尺度去测量海岸线时，会得出海岸线是无限长的令人困惑的结论。曼德尔布罗特把这一结果与周期为无限的曲线结构联系起来。此后，他于1977年出版了《分形：形状、机遇和维数》，标志着分形理论的正式诞生。

分形的基本性质：无穷自相似。欧内斯托·切萨罗(Ernesto Cesàro，1859—1906)写过一段关于科克雪花曲线的话——这个曲线最使我注意的地方是任何部分都与整体相似。要想尽可能完全地想象它，必须意识到这个结构中的每一个小三角形包含着以一个适当比例缩小的整体形状。这个形状包含每一小三角形的缩小形式，后者又包含缩得更小的整体形状，如此下去以至无穷……

从数学上说，分形是一种形式，它从一个对象——例如线段、点、三角形——开始，重复应用一个规则连续不断地改变直至无穷。这个规则可以用一个数学公式或者用文字来描述。

八组分形美术作品。第一组：绚丽多彩；第二组：群芳争艳；第三组：亦幻亦真；第四组：真伪难辨；第五组：匪夷所思；第六组：别有天地；第七组：妙趣横生；第八组：部分三维作品。

附录：

数学对社会进步的推动作用

（注：以下部分是笔者2002年为《全日制义务教育数学课程标准（实验稿）解读》撰写的文稿，是该书第一章第一节。）[①]

数学在其发展的早期主要是作为一种实用的技术或工具，广泛应用于处理人类生活及社会活动中的各种实际问题。早期数学应用的重要方面有：食物、牲畜、工具以及其他生活用品的分配与交换，房屋、仓库等的建造，丈量土地，兴修水利，编制历法，等等。随着数学的发展和人类文化的进步，数学的应用逐渐扩展和深入到更一般的技术和科学领域。从古希腊开始，数学就与哲学建立了密切的联系，近代以来，数学又进入了人文社会科学领域，并在当代使人文社会科学的数学化成为一种强大的趋势。与此同时，数学在提高全民素质、培养适应现代化需要的各级人才方面也显现出特殊的教育功能。数学在现代社会中有许多出人意料的应用，在许多场合，它已经不再单纯是一种辅助性的工具，它已经成为解决许多重大问题的关键性的思想与方法，由此产生的许多成果，又早已悄悄地遍布在我们身边，极大地改变了我们的生活方式。

为了简洁清楚地说明数学在当代社会的重大影响，我们从自然科学、高技术、人文社会科学等领域选取了少量实例，并类似地举例说明数学对经济发展的影响。

① 数学课程标准研制组.全日制义务教育数学课程标准（实验稿）解读[M].北京：北京师范大学出版社，2002：5-31.

本章的第二部分通过一项调查说明普通人需要什么样的数学，它同时也间接地说明了数学已经广泛而深刻地进入了我们的日常生活。

1. 数学与当代科学技术

在科学发展的进程中，数学的作用日渐凸显，一方面，高新技术的基础是应用科学，而应用科学的基础是数学；另一方面，随着计算机科学的迅猛发展，数学兼有了科学与技术的双重身份，现代科学技术越来越表现为一种数学技术。当代科学技术的突出特点是定量化，而定量化的标志就是数学思想和方法的运用。精确定量思维是对当代科技人员的共同要求。所谓定量思维是指人们从实际中提炼数学问题，抽象为数学模型，用数学计算求出此模型的解或近似解，然后回到现实中进行检验，必要时修改模型使之更切合实际，最后编制解题的计算机软件，以便得到更广泛和方便的应用。高技术的高精度、高速度、高自动、高质量、高效率等特点，无不是通过数学模型和数学方法并借助计算机的控制来实现的。

电子计算机的发明与使用是第二次大战以来对人类文明影响最为深远的科技成就之一。电子计算机是数学与工程技术结合的产物，而在其发展的每个历史关头，数学都起了关键的作用。通用计算机的概念最先是由数学家巴贝奇提出；图灵从数学上证明了制造通用数字计算机的可能性；冯·诺伊曼的程序存储等思想至今仍是现代计算机的设计指南。毫无疑问，计算机的进一步发展，包括新型计算机（如大规模并行计算机、光计算机、量子计算机、生物计算机等）的研制，仍将借助于适当的数学理论与思想。电子计算机之所以有强大的功能，除了它本身独特的设计思想外，最主要的是因为有了软件的支持。计算机是由硬件和软件两部分组成的，如果说硬件是它的躯体，软件就是它的灵魂。软件的核心是算法，所以它是一种数学。1997 年，IBM 公司制造的“深蓝”计算机惊人地一举击败了当今世界上国际象棋第一高手——俄罗斯的卡斯帕罗夫，世界为之轰动。“深蓝”之所以能有如此水平，主要是由于十分巧妙的算法以及高速计算机的支持。

传统的观点认为，理论与实验是科学研究的两个基本方法。由于 20 世纪前半期数学的巨大发展，使得它的研究领域空前扩大，因而使得众多的实际问题可以转化为数学问题。第二次世界大战以来，社会各方面的实际需要向数学提出了空前大量的问题。第二次世界大战后电子计算机及计算机技术(软件、多媒体等)的发展，使得以往无法实现的繁杂计算和不敢设想的算法(如计算机模拟)都可以进行。如今，科学计算已经和理论、实验共同构成当代科学研究的三大支柱。

天文学是最早运用数学的科学领域，这可以上溯到2000多年前的古希腊时代。17世纪，牛顿完成了哥白尼所开创的天文学革命，为经典天文学奠定了基础，而他的天文学(天体力学)本质上是数学的而不是物理学的。借助数学方法和计算技术，天体力学在当代获得了引人注目的成就，例如，应用牛顿定律和高速计算机，天文学家们已经预测了太阳系在未来2亿年内的运动情形。

另一个著名的例子是天体物理中的数值模拟。天文学研究的许多问题，如宇宙、星系的演化，太阳系中行星、卫星的形成，其尺度常常是以光年计算的(例如，离太阳系最近的恒星是半人马座比邻星，距离大约为4.3光年；银河系的范围约为10万光年；最近的河外星系的距离约为100万光年)，其时间常常是以亿年计算的(例如，太阳系是在距今约46亿年前形成的)，天体及宇宙空间中的超高温、超低温、超高压、超高密度以及其他许多物理条件，都不是世界上任何实验室所能达到的，研究有关的物理过程又涉及极为复杂的多变量微分方程和积分方程。例如：太阳的表面温度为5 770 K；白矮星的密度为每立方厘米10^5—10^7克；20世纪20年代，人们发现天狼星的一颗伴星，其质量约为太阳的1.053倍，但半径却只有0.007 4太阳半径，平均密度高达每立方厘米10^6克，温度约10^7 K；中子星的密度为每立方厘米10^{13}—10^{16}克，等等。因此，对这些问题的研究既需要进行大型的复杂计算，又需要进行大量的模拟试验。随着大型计算机的出现与计算机科学的发展，数值模拟方法应运而生，成为天文学家手中的强有力工具。

一位物理学家写道："贯穿整个物理科学的曲折变化的历史，有一个仍然不变的因素，就是数学想象力的绝对重要性。每个世纪都有它特有的科学预见和它特有的数学风格。每个世纪物理科学的主要进展是在经验的观察与纯数学的直觉相结合的引导下取得的。对于一个物理学家来说，数学不仅是计算现象的工具，也是得以创造新理论的概念和原理的主要源泉。”[1]相对论和量子力学是现代物理学的核心领域，它们的建立与发展都与数学有密切关系。

1905—1915年，爱因斯坦发展了他的广义相对论，其核心是引力理论，关键是认识到引力只是时空弯曲的一种表现。广义相对论认为，引力场的分布将影响到光的传播路径。例如，爱因斯坦预言，来自恒星的光从太阳近旁掠过时将向太阳一方偏斜，于是，从地球上观测到的恒星位置将背离太阳移动。由于光线在空间中总是沿着最短路径传播，光线路径的弯曲实际上表明引力场的空间是弯曲的。空间弯曲的程度是由宇宙中物质的分布所决定，一个区域内的物质密度越大，空间的曲率也就越大。爱因斯坦并不需要重新发明关于弯曲空间的数学，他发现一切都已经准备好了：在此之前半个世纪，数学家黎曼就研究了弯曲的三维空间的问题；广义相对论所需要的另一个数学工具张量分析也已经在19世纪末初步建立。

1900年，德国物理学家普朗克发现，像物质一样，能量也只能被分为有限的份数，而不是无穷多份。他的这个工作的中心是一个数学关系，它表明，量子的能量可以用辐射的频率乘以一个新的基本自然常数来计算，现在这个常数就被称为普朗克常数。1925年7月，德国物理学家海森堡发表论文《关于运动学和动力学关系的重新解释》，从丹麦物理学家玻尔的对应原理出发，由经典运动方程加量子条件，得到了一个仅以可观察量为基础的量子力学运动方程，并用这个方程求解一个较简单的非谐振子量子力学系统，得到了与实验相符的频率和跃迁几率。两个月后，德国物理学家玻恩及其学生P.约旦发表论文《论量子力学》，用矩阵代数的形式系统地表示海森堡理论，矩阵元对应于可观察量，矩阵乘法规则与海森堡运算规则一致，得出的矩阵方程相当于海森堡量子条件。随后，他们与海森堡合作发表了论文《论量子力学Ⅱ》，系统地发展起矩阵形式的量子力学体系，成功地处理了一系列问题，从而建立了量子力学的基本形式之一——矩阵力学。矩阵论是在19世纪中

---

① Freeman J. Dyson. Mathematics in the Physical Sciences [J]. Scientific American, 1964, 211(3): 129.

期由英国数学家凯莱在研究线性变换不变量问题时开创的，矩阵代数的运算与通常的代数运算有一个明显的差异：矩阵乘法不满足交换律。后来人们认识到，这个不对称的数学特点联系着这样一个事实：仅仅是测量的前后次序不同，微观世界就可能给出不同的结果。这是量子世界所显示的许多奇特性质之一。从 1926 年 1 月 27 日到 6 月 23 日，奥地利物理学家薛定谔接连发表 6 篇关于量子力学的论文，致力于用一个全新的数学量——波函数描述微观客体在时空中的定态和运动变化，并建立起相应的波动方程，以数学语言表达了在空间以特定形式传播或振动的波的性质，给出了波函数随空间坐标和时间变化的关系。求解这些偏微分方程得出的本征值就是量子化假设中的分立能级，对一系列实例得出了与实验相符的理论解。论文还分析了微观系统和宏观的关系，证明了这种波动力学与矩阵力学在数学上的等价性。还有一件事情值得一提：1924 年，希尔伯特出版了《数学物理方法》，它恰好为第二年出现的量子力学准备了工具。

在地球科学中运用数学方法，产生了计量地理学、数学地质学、数值天气预报等一系列研究领域与方法，并在地震预报、地球物理学、海洋学等方面发挥了巨大作用。此外，现代地球科学中还广泛采用了高速计算、高速通讯、高速自动资料整理、数值模拟等高科技方法，许多实质性的进展依赖于有关的数学理论与方法的发展。数学在地球科学中不仅已经显示出巨大的作用，而且必将产生更为广泛和深刻的影响。

19 世纪末，挪威学者已将流体力学引入气象学研究，1922 年理查森提出数值解法，但只有冯・诺伊曼等借助计算机与适当的数值方法才于 1952 年首次实现数值天气预报。与气象学一样，当前一系列科学与工程领域的发展都依赖于计算机与计算方法，这导致了大规模科学计算的迅猛发展。

为了勘探地形和地下矿藏，一种简便易行的方法是用飞机或人造地球卫星在飞航途中每隔一定时间拍摄一张照片，再将许多照片上的图像拼成一幅完整的大图。由于地面时有起伏，机身也难免时有倾斜，种种因素影响，每张照片都可能存在误差。摄影过程实际上是一个中心投影变换，将地面图景投影到照相底片的平面上。这两个平面如果不平行,底片上的图像就会变形,因而必须再通过中心投影变换把误差纠正过来,偏差多大角度就要纠正多大角度,这时就要应用射影几何知识进行精密的计算。

1967年,美籍法国数学家曼德尔布罗特(Benoit Mandelbrot,1924—2010)发表了《不列颠的海岸线有多长,统计自相似性和分数维》一文,其中首先注意到更早的理查德森(Richardson)已经做出的研究:当用无穷小的尺度去测量海岸线时,会得出海岸线是无限长的令人困惑的结论。曼德尔布罗特把这一结果与周期为无限的曲线结构联系起来。此后,他于1977年出版了《分形:形状、机遇和维数》,标志着分形理论的正式诞生。这种探讨最初主要是纯粹数学意义上的,然而大量事实表明,分形在自然界中广泛存在着。在地球科学方面,十分引人注目的是分形地貌学的创立。分形地貌学是一门用现代非线性科学中的分形方法及原理研究地球表面起伏形态及其发生、发展和分布规律的新兴科学。以直线为基础的欧几里得几何无力描述大自然的真实面貌,而让位于以描述客观自然(如处处连续处处不可微的曲线)为己任的分形理论,分形地貌学也应运而生。

1998年,当时的美国副总统戈尔提出了“数字地球”的构想,成为近年来地球科学领域最引人注目的话题之一。通俗地说,所谓数字地球就是一个数字化的地球仪,它可以按照统一的地球空间坐标,将地球的自然地理信息、社会经济数据、人文信息等组织起来,构成一个具有多分辨率、多类型、多时项的三维地球数据集。这种数字地球可以提供普通地球仪无法提供的许多重要信息,使人们可以任意选择、逐级放大或缩小所感兴趣的观察对象,可以快速、形象地了解地球上各种宏观、微观情况。实现数字地球的基本前提是计算技术的支撑。气象、海洋、地震、遥感、资源探测、环境、生态等各种数据,其数量都是大得难以想象的,必须借助电子计算机并运用强大的科学计算方法加以处理,以便从中得到有关地球的各种宏观和微观规律。

20世纪以来,数学在化学中的作用日益广泛和深入,不仅已经成为化学领域不可缺少的工具,而且由于数学与化学的结合,产生了许多交叉学科,例如数理化学、化学动力学、量子化学、分子拓扑学、计算机化学等。当今化学由定性研究迅速向定量化研究的方向发展，与之相适应的数学及其算法不断出现。

群论是数学家们为探求一般五次以上高次方程的公式解而于19世纪创立的，如今它已在化学中获得了极为广泛的应用，例如：对分子对称性的研究，对分子振动的研究，对晶体结构的研究，等等，都使用了群论方法。此外，由于化学研究的需要也促进了群论中一系列相关的理论与方法的发展。

20世纪80年代以前，人们认为碳只能以两种主要形式出现：金刚石和石墨。但是，数学家受到十二面体的旋转群启发，推测自然界有可能存在C_{60}，因为在数学上它有十分稳定的结构。1985年，化学家与物理学家合作，造出了由60个碳原子构成的形如足球的C_{60}分子，激起了科学界的极大震动。后来科学家又发现了C_{50}、C_{70}、C_{84}、C_{120}等各种各样的多面体碳分子，化学家根据它们的对称性对各种分子进行分类，群论在阐明它们的结构和性质方面特别有用。

拓扑学研究的是图形经过连续变形之后仍能保持的性质。分子拓扑学的基本依据是：尽管分子的几何参数如原子间的距离、化学键的键角能够测定，但由于存在着各种分子内的运动，例如分子振动、内转动等，原子在分子中的位置是不固定的。同时，分子的几何性质也受到周围环境不可忽视的影响，例如在溶液情况下溶剂的影响，在晶体情况下压力等的影响，等等。由分子内运动和由各种外部影响所引起的分子几何性质的改变，只要没有化学键的破坏与形成，就可以看作连续的形变，此时，分子中原子间相互关联的性质保持不变。分子中原子相互连通的全部信息确定了分子的拓扑性质。20世纪60年代，拓扑学已经被广泛地应用到化学领域，讨论配位络合物，平面不饱和碳体系的金属复合物，金属原子簇化合物和硼氢化合物，等等。人们越来越清楚地认识到拓扑性质是分子的重要性质。此后，关于分子结构的拓扑理论进一步发展起来，分子电荷分布的拓扑性质、分子结构的稳定性、分子结构变化的数学模式、化学键的拓扑理论、核势能与能量之间的拓扑关系以及分子体系势能面的拓扑性质等都逐渐建立，进而形成了一门以研究分子的拓扑性质及其应用为主要内容的分子拓扑学，并已成为分子结构和分子动力学理论中的重要组成部分。

19世纪后期,恩格斯曾指出,数学在生物学中的应用等于零。20世纪以来,数学出人意料地与生命科学紧密地联系在一起,其结果是:在数学中出现了一个十分活跃的应用数学领域——生物数学;在生物学中则出现了数学生物学的庞大体系。简单地说,生物数学主要是指用于生物科学研究中的数学理论和方法,包括生物统计学,生物微分方程,生态系统分析,生物控制,运筹对策,等等;数学生物学主要是指生物学不同领域中应用数学工具后所产生的生物学分支,例如:数学生态学,数量生理学,数量遗传学,数量分类学,数量生物经济学,传染病动力学,数理医药学,分子动力学,细胞动力学,人口动力学,以及神经科学的数学模拟,等等。今天,数学几乎触及生物学的每个领域。数学生物学是今天应用数学最振奋人心的前沿之一,它充分显示了数学的威力和多方面的适用性。这些数学工具帮助人们把生物学研究推到了科学的前沿——了解生命和智力。

DNA分子是生物传宗接代的主要物质基础,它是遗传信息存储的基本单位,许多有关生命起源的重大问题都依赖于对这种特殊分子的性质的深入了解。因此,关于DNA分子的结构与功能问题,几十年来一直吸引着许多生化学家和遗传学家们的注意。最近十几年来,科学家们越来越清楚地认识到,DNA分子的三维空间的拓扑构型对它在细胞里如何发挥其功能有重要影响。

借助数学模型方法,数学生物学家们解释了为什么处于哺乳动物体积分布谱两端的大象和老鼠身上的颜色比较均匀一致,而不太大也不太小的动物,例如斑马、金钱豹等,它们身上的花纹就会很不寻常。数学模拟可以解释为什么世界上有身上是斑点、尾巴是条纹的动物,却没有身上是条纹、尾巴是斑点的动物。例如:金钱豹的尾巴太细,使斑点都合并成了条纹。在当代,数学模型被广泛应用于在生理学领域,例如心脏、肾、胰脏、耳朵和许多其他器官的计算模型。随着近年在计算技术和数值算法方面迅猛的发展,人们已经能够充分详细地模拟人体流体动力学功能并运用于认识和治疗疾病。数学模型还使高速计算机在药物成分设计和染色体组织的分析方面得以广泛应用。

X 射线计算机断层扫描仪(简称 CT)的问世是 20 世纪医学中的奇迹,被认为是放射医学领域的一次革命性突破。其原理是基于不同的物质有不同的 X 射线衰减系数。如果能够确定人体的衰减系数的分布,就能重建其断层或三维图像。但通过 X 射线透射时,只能测量到人体的直线上的 X 射线衰减系数的平均值(是一积分)。当直线变化时,此平均值(依赖于某参数)也随之变化。能否通过这个平均值以求出整个衰减系数的分布呢?人们利用数学中的拉东变换解决了这个问题,如今拉东变换已经成为 CT 理论的核心。首创 CT 理论的 A.M.科马克及第一台 CT 制作者 C.N.洪斯菲尔德因而获得了 1979 年诺贝尔医学和生理学奖。另外,20 世纪 80 年代后期兴起的磁共振显像(MRI)的主要技术之一也是数学方面的,它以 19 世纪发展起来的傅立叶变换的快速精确的反演为主要特征。

医学中应用数学方法的另一个典型例子是计算机数值诊断,即利用数学的信息理论、数据处理技术以及电子计算机这个强有力的工具,对病患者的症状表现和各种化验和检验指标进行数学加工分析,做出疾病的定量诊断结果。临床诊断是医生根据自己的经验和理论知识的推理做出最有可能的判断,诊断的准确性与医生本人的经验和知识水平有着直接的关系。而数值诊断则不然,它依赖于大量的历史诊断记录和对这些资料的数学处理方式。已诊断的病例越多,症状资料越详细,处理方式越得当,就越能得到较确切的诊断结果。

随着科学技术的进步,虽然单个元部件的可靠性不断得到改善,但是各类系统日趋复杂,要求它完成的功能也更广泛。单个元部件失效引起整个系统失效的代价越来越昂贵,会在经济上、信誉上造成巨大损失,有时还会造成人员伤亡及政治上、心理上的严重后果。例如,1986 年 1 月 28 日,美国“挑战者号”航天飞机在起飞 73 秒后突然爆炸,7 名宇航员不幸遇难。当时的美国总统里根立即任命了以前国务卿罗杰斯为首的总统调查委员会,经过历时 4 个月的详尽调查,确认造成灾难的技术上的直接原因是:航天飞机右侧固体火箭助推器连接处的“O”形合成橡胶密封圈,由于发射时气温过低而变硬,失去密封作用,导致外挂燃料箱的燃料渗入助推器点燃,最终起火爆炸,造成了这一举世震惊的悲剧。实际上,像大型客机、核电站、宇航系统、军事指挥系统、大型计算机等都要求有极高的可靠性。如何正确估计大型系统的可靠性,是个重要的实际问题。研究在各种措施下每个系统的概率规律性、可靠性程度、在给定时间内的失效数,以及在给定条件(如投资额、体积、重量等)下应采取怎样的措施使系统可靠性达到最大的数学理论,称为系统的可靠性理论。

现代社会是信息化的社会,信息的获得、存储与传递都是十分重要的问题,而密码则是一种独特而重要的信息传递方式,其重要性在军事对抗、政治斗争、商业竞争等涉及不同利益的集团的对抗或竞争中是不言而喻的。一方面是有效地在我方内部迅速准确地传递各种信息而不被对方破译,另一方面是寻找破译对方信息的有效方法。因此,密码学的研究一直是世界各国政府和军方特别关注的。此外,密码学在控制论、语言学、分子生物学等领域也有着重要的发展前景。现代密码学中几乎充满了数学:代数学、数论、组合数学、几何学、概率统计以及一些较新的数学分支,如信息论、自动机理论等,都对密码学的发展作出了贡献。近年来,计算机科学(尤其是算法论与计算复杂性理论)更对密码学产生了深刻的影响。

1976年11月,美国斯坦福大学的两位电工学工程师迪费和海尔曼发表论文《密码学的新方向》,用他们提出的陷门单向函数发明了公开密钥码体制。传统的保密密钥码,其加密过程与解密过程是对称的,加密密钥与解密密钥是相同的。陷门单向函数 $f(n)$ 有一个重要性质:仅由已知的计算 $f(n)$ 的算法,要想找出计算其反函数 $f^{-1}(l)$ 的容易算法非常困难从而实际上是不可能的。这样就可以用 $f(n)$ 作加密密钥并将其公开,用它的反函数 $f^{-1}(l)$ 作为解密密钥并严格保密。利用陷门单向函数,就可以构成如下的公开密钥码体制。有一个部门,下设 A,B,C,…若干机构,各机构均有自己的陷门单向函数,分别为 $f_A(n)$,$f_B(n)$,$f_C(n)$,…,各函数的算法分别作为各部门的编码(加密)方法而公开,诸 $f_A^{-1}(l)$,$f_B^{-1}(l)$,$f_C{}^{-1}(l)$,…的容易算法,作为解密密钥是保密的。这样,部门中的任一机构(包括部门外的机构)都可给其中的一个机构发保密信。例如,B 向 A 发保密信,方法是,设 B 向 A 所发的明文为 n,代入 A 所公开的 $f_A(n)$,得 $f_A(n)=m$,m

即为密文，由于只有 A 知道 $f_A^{-1}(m)$ 的容易算法，可由 $f_A^{-1}(m)=f_A^{-1}(f_A(n))=n$ 脱密。部门内的各成员可以彼此发签名信，例如 B 给 A 发签名信，方法是，先用 $f_B^{-1}(l)$ 对明文 n 加密得 $f_B^{-1}(n)=m$，再用 $f_A(n)$ 对 m 加密得 $f_A(m)=t$，A 收到 t 后，由 $f_A^{-1}(t)=m$ 得 $f_B(m)=f_B(f_B^{-1}(n))=n$，即可读到 B 的原信。因为只有 B 才能发这样的双重加密信，所以 B 的签名是无法伪造的。

近年来在通信事业中发展起一门新的科学——安全技术，包括消息认证和身份验证两个方面。消息认证是检查收到的消息是否真实的一种手段，应用十分广泛，例如证券交易所和股票市场都离不开消息认证，在当今通信事业中，以及军事指挥中心、军事监听机构中等都要有很好的消息认证系统，以使受假消息影响的程度为最小。身份验证是检验消息的来源（发信者）是否正确，或者传递的消息是否到达正确目的地（收信者）的方法。例如，如果你拥有一个计算机网络的终端设备，就不但可以随时查到你所需要的资料或信息，而且可以解决许多实际生活中的问题，如预订机票、市场购物、银行转账等，甚至可以通过计算机网络签署文件。使用计算机网络进行这些活动时，都需要将自己的身份告诉对方。为了使对方能确认你的身份是真实的，就需要相应的身份验证方法。日常生活中，在信件上签名是很普通的事，但要通过电子通信手段在遥远的异地完成签名就不容易了。这种通过电子通信完成签名的手段称为数字签名。前面介绍的 RSA 体制就是实现数字签名的一种有效方法。数字签名首先是一种消息认证方法，另一方面，在通信双方发生争执时，又可由仲裁者进行公正裁决，因此它又是一种身份验证方法。

虽然在今天电子计算机已经渗透到现代社会的每个角落，但它最初却是为了军用目的发展起来的。计算机具有运算速度快、记忆容量大、逻辑判断能力强、计算精度高、自动化程度好等优点，因而从一诞生起就受到了军事家的青睐，被广泛用于侦察、预警、指挥、通信、兵器控制、导航、定位、电子对抗、作战模拟和各种保障等方面。由于计算机技术的进步和数学算法的巨大改进，已可能用数学模型来代替许多试验，结果大大节省了成本，提高了设计的质量。这对于武器的研制特别重要，因为若进行具体的试验，不但既费钱又危险，而且在初期阶段实际上是无法办到的。例如，假如有一天世界全面禁止核试验，掌握了强大计算技术的国家仍然可以借助在以往核试验中获得的数据在计算机上进行模拟核试验，即使在核试验尚未被禁止的情况下，模拟试验也可以用来选择最佳试验方案从而减少试验次数，节省大量投资和时间并提高设计水平。显然，实现计算机模拟核试验的关键问题是相应的数学的理论与方法是否已经建立。

模拟装置在一些发达国家的军队中使用已久，特别是随着最新技术的发展，使军队可以把军事演习、实战演习和微观模拟融于一体，创造出一种高度逼真的模拟世界，使士兵如同置身于实战战场，从而获得最佳的演习效果。模拟装置有许多种，能适应各种不同的训练需要。虚拟模拟器，它能模拟飞机和坦克的驾驶舱，可以在无需高成本和长时间实际训练的情况下向学员传授基本的操作技术。实战模拟，它能控制在所需的范围内，使成千上万的真实士兵在虚拟的战场上用实战武器相互射击，武器中发射的是不会造成伤害的激光束或雷达波。结构性模拟，它是一种专为高级指挥官设计的微观军事演习，它们基本上是电脑辅助的对弈，是一种可以取代大规模军队行动的软件计算。

随着高科技的发展，一些国家的军事科技人员发现，如果将计算机病毒的破坏和繁殖功能与“逻辑炸弹”的潜伏性结合起来，加上人工智能设计一种病毒程序，便可以造出更灵巧的病毒武器，它们既能够破坏特定目标，又可避开防毒程序。特制的计算机病毒武器能够有效地破坏计算机系统或者使之发生误差，在军事上可用以破坏敌方的指挥、通信与控制系统，用于识别导弹发射、控制弹道和提供情报的战略计算机系统等。在1991年的海湾战争中美国就对伊拉克使用了计算机病毒武器。

20世纪70年代以前，飞行器设计所依靠的数据都是靠风洞模型实验得到的。特别是高性能飞机，过去通常主要用风洞实验以及类似的实验来设计，然后就建造一个模型，由试飞员去试飞，这不仅周期长、费用高，而且相当危险。70年代后期，这种情况有了改变。由于电子计算机技术的飞速发展，特别是高速巨型计算机的出现，能计算出极其精确的结果，导致了计算流体力学的诞生。计算流体力学研究如何对各种类型流体(气体、液体和特殊情况下的固体)在各种速度范围内的复杂流动,用大型计算机进行数值模拟计算。它涉及用计算机寻求流动问题的解和计算机在流体力学研究中的应用这两方面的问题。在当代飞行器的设计中,计算流体力学、风洞实验和自由飞行一起构成了获得气动数据的三种手段。虽然风洞实验仍是一个主要方法,但建造风洞的费用很高,而且有一定的局限性。随着现代高速飞行器设计的需要,实验的花费就更加巨大。如今,数值模拟方法已代替了许多实验,因为在大多数情况下采用这种方法不仅可以大大地缩短周期,降低费用,提高安全可靠性,而且具有容易改变参数重复计算的特点,这对于已有模型的微小改动工作(改型设计)尤为重要。

1994年4月9日,美国波音飞机制造公司的最新产品波音777双引擎中型喷气式客机在波音公司宽体客机总装厂首次露面。这种投资40亿美元的世界最大双发动机客机从设计到制造尽量采用新技术、新材料,不用一张图纸,不做一个模型,在世界航空工业史上首次百分之百地采用计算机数字设计和模拟组装。这种被称为“百分之百数学化设计的飞机”,由于在设计和试验过程中全面采用了数学技术,高性能新机种的研究周期从十年缩短到三年多。由于全面使用虚拟制造技术,波音公司在没有样机的情况下就敢于接受来自新加坡的波音777的第一批订单。

2. 数学与当代人文社会科学

1971年2月,美国哈佛大学的卡尔·多伊奇和他的两个同事在美国《科学》杂志上发表了一项研究报告,其中列举了1900—1965年间在世界范围内社会科学方面的62项重大成就,按照他们的选择标准,包括:心理学13项,经济学12项,政治学11项,数学11项,社会学7项,哲学、逻辑和科学史5项,人类学3项。在这62项成就中,数学化的定量研究占2/3,在1930年以后作出的重大成就中,定量研究占5/6,这表明了当代社会科学向数学化、定量化方向发展的趋势。[①]

① 贝尔丹·尼尔.当代西方社会科学[M].范岱年,裘辉,彭家礼,等,译.北京:社会科学文献出版社,1988:1-12.

以下是利用简单的数学方法解决社会科学难题的一个典型案例。问卷调查是社会科学中最常用的方法之一,有时候研究人员需要借助这种方法精确地测定持有一种特定信念或经常介入某种具体行为的人所占的百分比。这种调查要求从随机挑选的一个人群中得到对他们所提问题的诚实回答。但是由于被调查者常常出于个人隐私等方面的考虑而不愿意对采访者如实地作出应答。问题的关键是既要收集到真实有效的信息同时又能确保被调查者的隐私不受侵犯。20 世纪 60 年代,人们基于初等概率论发明了一种调查方法,从而解决了这一难题。这种方法要求人们随机地选答所提两个问题中的一个,而不必告诉采访者回答的是哪个问题。两个问题中有一个是敏感的或者可能会使人为难的话题,另一个问题是无关紧要的问题。例如,无关紧要的问题是:“你刚才所掷的硬币是正面朝上吗?”敏感的问题是:“你是否每星期至少吸毒一次?”然后我们要求应答者掷两次硬币。第一次的结果作为第一个问题的答案,然后他们根据第二次掷硬币的结果决定回答哪个问题。由于两次掷硬币的结果都只有被调查者本人知道,因此他可以诚实地回答选中的问题而不必担心暴露个人隐私。例如我们把这种方法用于 1 000 个应答者并得到 300 个“是”的回答。因为掷硬币出正面的概率为 1/2,我们期望大约有 500 人回答了第一个问题,其中大约有一半人(250 人)第一次所掷硬币正面朝上,回答了“是”。因此,在回答敏感问题的 500 人中大约有 300－250＝50 人的回答是“是”。由此我们估计这群人中大约有 10%的人每星期至少吸毒一次。

目前,在传统的社会科学领域中,经济学是最成功地实现数学化的学科,成就令人瞩目。自 1969 年设立诺贝尔经济学奖以来,超过 2/3 的获奖者是由于在经济学领域运用数学方法获得重大突破而获奖的。微积分学、集合论、拓扑学、实凸分析以及概率论,在研究和表达经济理论方面都起了重要的作用。很多数学家惊讶地发现,极其抽象的拓扑学最有用的地方竟是在经济学领域。数学在经济学中的应用,产生了包括数理经济学、经济计量学、经济控制论、经济预测、经济信息等分支的数量经济学科群,以致一些西方学者认为:当代的经济学实际上已成为应用数学的一个分支。

现代数理经济学研究数学概念和数学技巧对经济，特别是对经济理论的各种应用，例如最优经济效果、利益协调和最优价格的确定这些基本理论问题，为经济计量学、管理科学、经济控制论提供模型框架、结构和基础理论。其中一些基本问题是从经济学中提出的，但深入研究则是从数学的角度进行的。数理经济学是主要进行定性分析的理论经济学。它研究最优经济效果、利益协调和最优价格的确定这些经济学基本理论问题，为经济计量学、管理科学、经济控制论提供模型框架、结构和基础理论，可以说是经济学的基础之基础。其核心内容之一是用一种规范化的方法研究一般均衡理论，使用的数学工具主要是集合论、群论、拓扑学，其学术文献完全是公理化的，从一套公设、假定、定义出发，导出一个严谨的公理化体系。在数理经济学中，一般经济均衡理论一直是活跃的前沿研究课题。自 1969 年开始颁发诺贝尔经济学奖以来，已有多位经济学家因在这一领域的建树而获奖。

在现代经济中，投入—产出分析法是研究生产单位和消费单位之间相互关系的一种方法，并可用以说明不同生产部门之间的相互关联。1936 年，列昂杰夫创立投入—产出分析法，用数学模型和数值方法研究经济结构，进行经济前景预测和制订经济计划。他的模型是矩阵结构的一种线性模型，在概念上非常简单而又足够精细，对实际制订计划很有帮助。1973 年他因此而获诺贝尔经济学奖。

各种冲突、对抗、竞争广泛存在于政治、商业、军事、体育比赛等各项事务之中。对策论是运筹学的重要分支，最早研究的问题是对抗或竞争中的各方所应采取的策略以及由此得到的结果，并给出策略优劣的分析。研究方法是：先构造出所论冲突的数学模型，然后用数学方法加以分析、比较、计算，根据所得结果对原来所论冲突做出相应的解释。对策论诞生于 1927 年，由大数学家冯・诺伊曼创立。冯・诺伊曼认识到经济与政治中的某些决策条件在数学上与某些策略对策等价。所以从分析这些对策中所学到的东西可以直接应用于现实生活中的决策。

1986年，荷兰数学家施达灵发表了题为《委员会选举的两个悖论》[①]的文章，其中给出了关于选举的两个有趣的悖论：

一个众所周知的选举程序允许每个选民拥有与委员会中有待补充的缺额同等数量的投票权。这种被普遍使用的、用以处理两次相继选举的空缺的程序，可能导致某些奇怪的现象。考虑这样的情形：有12位选民(编号从1到12)，他们要从9位候选人(A至I)中选出一个委员会，在只有两个空缺需要补充时，每位选民投票给对他(她)来说排在最前面的两位候选人。当每位选民对于候选人的个人偏好如下图所示时，投票总数将有如下结果：候选人A和B都获得四票，而H和I各得三票，其余候选人每人均得两票。因此，A和B将当选。

选民 / 偏好顺序	1	2	3	4	5	6	7	8	9	10	11	12
高↑	A	A	A	B	B	B	C	C	D	D	E	E
	F	F	G	G	H	H	H	I	I	A	B	I
	C	C	C	D	D	D	E	E	E	F	G	G
	H	H	H	I	F	F	F	G	G	I	I	A
低↓	⋮	⋮	⋮	⋮	⋮	⋮	⋮	⋮	⋮	⋮	⋮	⋮

图7.1　扩大委员会悖论中的选民偏好

然而，如果有三个空缺而不是两个，每个选民就必须投三票。结果被选上的将是C,D和E,因为他们每人都将获得五票，而其余每个候选人都只获得四票或三票。类似的计算导致这样的结论：如果有四个空缺，那么既没有二人委员会中的成员，也没有三人委员会中的成员能够当选；事实上，当选者将是F、G、H和I!

因此，这将被概括为“扩大委员会悖论”：一个候选人可以被选进一个由N个

① Staring, Mike. Two Paradoxes of Committee Elections [J]. Mathematics Magazine, 1986, 59(3): 158-159.

成员组成的委员会，而当这个委员会由N+1个成员组成时他却未必能够当选。事实上，N人委员会与N+1人委员会的成员可能毫无关系。

当委员会的一个已当选的成员在两次相继的选举期间退出了，就可能发生第二个现象。通常，在发生这样的事情时并不进行实际的选举，而是简单地指定在上一次选举时票数仅次于最后一名当选者的候选人入选。这似乎是合理的，但是，假设有12位选民，他们要从5位候选人中选出一个由两人组成的委员会。每位选民对于候选人的个人偏好如下图所示。如果每位选民必须投两票，投票结果是，委员会将由A(获得12票)和B(获得5票)组成。候选人C(得3票)以及D和E(均得2票)将不能当选。如果几天后A退出了委员会，而且所有选民对候选人的个人偏好保持原来的状态，一轮新的投票将导致获胜者是D和E，各得8票。然而，指定第一次选举时票数仅次于最后一名当选者的候选人以代替离任委员A的程序，将导致候选人C当选。于是委员会将由B和C组成，而不是D和E。这就是“离任委员悖论”：在有一名已当选的委员退出委员会(因此，他也不再是候选人)时指定第一次选举时票数仅次于最后一名当选者的候选人当选的程序，可能将产生一个这样的委员会，它与如果选民有机会再次投票而将产生的委员会毫无关系。

选民 偏好顺序	**1,2,3,4**	**5**	**6,7,8**	**9,10**	**11,12**
高↑	A	A	C	D	E
	B	B	A	A	A
	E	D	D	E	D
	C	C	B	B	B
低↓	D	E	E	C	C

图7.2　离任委员悖论中的选民偏好

那么，能否设计这样一种社会选择规则，它可以应用于一切环境条件而不会产生上述那样的悖论呢？20世纪50年代，美国学者阿罗用数学方法证明了著名的

“不可能性定理”，其中指出，不论怎样精心设计，都不可能找到这种规则。换言之，当我们把一些现实的政治操作过程抽象为数学模型，并用严格的逻辑论证工具进行推演后就会发现：一个绝对公正合理，使各方面都感到满意的政治模式是不存在的。

不难看出，数学方法在合理地设计各种政治系统并保证其正常运作方面有着至关重要的作用。20 世纪中叶以来，西方出现了许多运用系统分析方法或结构功能分析方法研究各种政治系统的论著。数学方法在合理地设计各种政治系统并保证其正常运作方面有着至关重要的作用，以致许多西方学者认为，寻求合理的民主控制方法、建立有效的政治协商机制本质上是一个很困难的纯数学问题。

在当代管理科学中，正越来越多地使用着各种数学方法，其中运筹学方法的广泛而深入的应用尤为突出。运筹学是在第二次世界大战中为进行作战研究而发展起来的一门应用科学，其中的理论和方法在战后被广泛应用于各种民用领域，成为一门主要运用数学和计算机等方法为决策优化提供理论和方法的学科。

数学方法进入历史科学领域，导致了计量史学的诞生。今天，数学方法的运用正在极大地影响着历史学家观察问题的角度、思考问题的方式以及运用文献资料的方法，影响着他们对原始资料的收集和整理，以及分析这些资料的方向、内容和着眼点。因此，数学方法的运用为历史研究开辟了许多过去不为人重视或不曾很好利用的历史资料新领域。数学方法的运用使历史学趋于严谨、精确。它不仅使研究课题、基本论点、论证过程以及研究结果的表述更加清晰、准确，而且对于研究结果的检验也有重要意义。然而，运用数学方法最重要的意义看来在于，它有可能解决使用习惯的、传统的历史研究方法所无法解决的某些难题。数学方法的运用使历史学研究的对象从传统的以个人为中心的政治史向以大众和过程为主体的总体史或综合史的转移成为可能，并开辟了史学研究的新领域。

从 19 世纪中叶开始，许多数学家和语言学家进行了用数学方法研究语言学问题的实践，获得了许多重要结果。20 世纪中叶电子计算机刚刚发明，人们就开始了用计算机进行机器翻译的尝试，从而需要对构词法和句法进行分析研究。数学方法的引入，极大地推动了这些研究向精确化、算法化的方向发展。此后，对计算机高级程序语言的研究，对语音的自动合成与分析的研究，以及文字识别计算的进展，都大大促进了数学和语言学的结合，形成了一门新兴学科——数理语言学。数理语言学用数学方法研究语言现象，并加以定量化和形式化的描述，既研究自然语言，也研究各种人工语言（如计算机语言），包括三个主要分支：①统计语言学，或称计量语言学，主要工作是应用统计程序来处理语言资料，如：统计语言单位（音素、字母或词汇项）的出现频率；研究作者的文体风格（计算风格学）；在比较语言学中采用数学公式，衡量各种语言的相关程度；在历史语言学中确定不同时期语言发展的特征；从信息论观点分析语言信息的传输过程；等等。②代数语言学，或称形式语言学，对传统的语言学概念进行严格的逻辑分析，借助数学和逻辑学方法提出精确的语言模型，运用形式模型对语言进行理论上的分析和描写，把语言学（或它的某个方面）改造成为现代科学的演绎系统，使之适于用计算机处理。③算法语言学，它把语言看作由一系列层次组成，各层次本身都有一定的结构形式，各层次之间都有一定的对应关系。它把底层（如音位，词序，形式语句）结构作为一种抽象的符号系统来处理，通常采用图论中的树形图作为分析表达工具，以便从表面的语言现象中挖掘出它的潜在本质，以解决一些形式语言学难以解决的问题。数理语言学中使用了概率论与数理统计、数理逻辑、集合论、图论、信息论方法、公理化方法、数学模型方法、模糊数学方法等一系列数学理论与方法，取得了许多出人意料而又令人叹服的研究结果。例如：使用计算风格学方法，确认了肖洛霍夫就是《静静的顿河》的原作者，解决了苏联现代文坛的一大疑案；使用这一方法在对《红楼梦》的作者和成书过程等问题的研究上也得出了许多有价值的结论。

现代军事科学研究中广泛应用了数学中的蒙特卡罗方法，例如，用蒙特卡罗方法可以建立战斗的概率模型，从而可以在实战前对作战双方的军事实力、政治、经济、地理、气象等因素进行模拟，但这些因素可能随时发生变化，如果在计算机上进行“战斗”模拟，计算机就可以在很短时间内把一个很长的战斗过程模拟下来，告诉我们可能的结果。这样，军事指挥人员就可以进行成千上万次的战斗模拟，从中选择对自己一方最有利又最稳妥的作战方案,赢得战争的胜利。这相当于用计算机进行大规模的军事演习。现在世界上已有不少国家采用这种模拟方法,并在实际战役中取得了成功。

在当今的军事理论和国防战略研究中,使用了许多复杂的现代数学理论与方法。例如,1991年1月美国对伊拉克实施“沙漠风暴”行动前,美国曾严肃地考虑了一旦伊拉克点燃科威特的所有油井将会造成的后果。据美国《超级计算评论》杂志披露,五角大楼要求太平洋-赛拉研究公司研究此问题。该公司利用流体力学的基本方程以及热量传递的方程建立了数学模型,使用偏微分方程理论和方法,在进行了一系列模拟计算后得出结论:大火造成的烟雾可能招致一场重大的污染事件,它将波及波斯湾、伊朗南部、巴基斯坦和印度北部,但不会失去控制,不会造成全球性的气候变化,不会对地球的生态和经济系统造成不可挽回的损失。这样才促使美国下定决心。

将战术的基本规律抽象出来,用数学方法演绎出一套理论和战术原则,形成了数理战术学。它运用数学方法对作战过程中最本质的内容作抽象的描述与处理,例如将双方指挥员看作“理智的”即都为实现各自的最大利益而努力,将作战目的抽象为目标函数,将交战和伤亡过程用微分方程、差分方程和随机过程的方式加以描述,从而建立起公理化的数学模型,并在此基础上进行科学演绎。

数学在艺术领域的应用也获得了许多出人意料的重要结果。

20世纪40年代初,美籍乌克兰作曲家希林格(1895—1948)在音乐理论上提出了一套新的创作原则。他认为,形式具有联想的潜能,从而可以建立审美感知的意义。一切艺术均可分解为其物理存在的形式,而形式是可以用数量来测量的。按照这一观点,音乐形式与数学有关,在得出其中的数学规律后,创作就可以通过纯数学方法来完成,也就是说,可以用各种数学符号、方程或图式、表格来进行创作,将音高、时值、力度、速度、音色等方面都纳入数学计算的体系中。希林格认为,作曲可以从音乐的任何要素出发,先肯定某个要素的设计(称为主要成分),然后再将其他要素(次要要素)结合进去成为主题。这种音乐体系称为全面序列音乐,或序列音乐,或者干脆就称之为数学作曲体系。20世纪50年代初,这种流派的音乐在西方音乐界开始流行,代表作曲家有法国的布列兹、梅西安,德国的斯托克豪森,意大利的诺诺,等等。这种曾在西方轰动一时的作曲体系虽然很快就被遗忘,但随着计算机技术的发展,在新兴的计算机音乐中它又明显地产生着影响。

随着电子技术的进步,电子音乐发展了起来。电子音乐凭借的是一系列电子振荡器提供的基本波列,再经过滤波、放大、调制等手段进行合成。它突破了具体乐器的限制,不再受波动方程的约束,从而大大扩大了音响范围。不过,不管多复杂的电子乐器,其组合的可能性仍然是有限的,在制造这种电子乐器时已对其作了限定。正因为如此,科学家与音乐家仍感到不满足,计算机技术的发展给他们带来了希望。借助计算机产生的音响,既不受乐器构造的束缚,也不受事先给定的电子振荡器的限制。在计算机的帮助下,人们可以得到所希望的任何音高和音色的声响,于是计算机音响技术应运而生。它的基本原理是借助数字处理方法给出所需声波的数学描述,再将其转化为声波。在计算机音响的基础上又发展出计算机作曲,其基本思想是把音乐看作乐符的某种组合与变换,首先将约束条件(理论规则、要求的特点)输入计算机,再让它依此进行音响组合。具体来说,是作曲家首先作出预定的要求,然后将需要的音高、时值、音色、力度、速度和节奏等都编好程序,然后由计算机依此进行音响组合,再用计算机程序卡把组合结果转为电信号,最后将电信号记录在磁带上,通过输出设备和音响设备放出。

20 世纪,西方出现了一系列深受数学思想、方法影响的美术流派。康定斯基在《关于形式问题》一文中指出:"今天,在探索抽象关系的过程中,数的作用尤其突出。每一条数学公式都是冷酷无情的,俨如一座冰峰;并且作为最严密的必然规律,它又仿佛是一块大理石。……由于企图找到一种公式来表现构图,产生了所谓的'立体主义'。"[①]

1979 年,美国数学家 D.R.霍夫斯塔特以他的《哥德尔,艾舍尔,巴赫:一条永恒的金带》一书轰动了美国。K.哥德尔(K. Gödel,1906—1978)是 20 世纪最伟大的

① 康定斯基.论艺术的精神[M].查立,译.北京:中国社会科学出版社,1987:91－92.

数学家之一，也是亚里士多德、莱布尼茨以来最伟大的逻辑学家。哥德尔的理论改变了数学发展的进程，触动了人类思维的深层结构，并且渗透到音乐、美术、计算机和人工智能等领域。艾舍尔是当代杰出画家，他的一系列富有智慧的作品体现了奇妙的悖论、错觉或者双重含义。J.S.巴赫是最负盛名的古典音乐大师。这本书揭示了数理逻辑、绘画、音乐等领域之间深刻的共同规律(特别是奇妙的怪圈)，似乎有一条永恒的金带把这些表面上大相径庭的领域联结在一起。

如今三维电脑动画已经变得十分普通，其理论基础首先是数学。一般说来，用计算机产生美术图形的基本步骤是：①读入一个传统美术图形库。②利用艺术家的预编程序的规则，使计算机随机操纵库中的数据，以产生美术图形。③产生输出，把图形显示在一个图形显示终端上。④为艺术家提供一种选择，允许对计算机产生的美术图形作特定的变动或转换。这种类型的试验可以产生出艺术家和计算机的联合作品，艺术家或计算机都无法单独产生这种作品。计算机艺术是数字化的艺术，为了在计算机上产生图形，需要几何表示、代数编码和计算机算法之间的大量的理论性的相互作用。在这一领域，数学中的分形理论与方法发挥了极大的作用，它不仅可以使计算机完成的作品可以极为逼真地再现现实世界的各种景象，而且可以容易地构造出各种令人叹为观止的精彩构图。在计算机图形学的基础上发展出虚拟现实技术，它可以使人们对虚拟世界产生真实的感受，如虚拟建筑物漫游、虚拟手术、虚拟飞行等，这一技术可以直接用于飞行员、宇航员、外科医生的培训。

科学技术的飞速发展及其在社会发展中的重要地位，对公民的科学素质提出了更高的要求，而科学、技术与数学的关系，使得数学素养成为公民基本素养不可或缺的重要部分。这一认识，必将对基础教育中的数学课程的体系和内容产生重大影响。

第八章 大学本科生数学文化教育案例

8.1 数学与文化

8.1.1 课程设计

本课程最初名称为“数学与现代社会”，1998—1999 年曾作为本科生公选课，2006 年以来改为面向数学专业本科生开课，2014 年调整为面向本科生开设的数学通识课，更名为“数学与文化”，但实际选课的学生仍以数学专业本科生为主。本课程以 200 多个具体案例、2 000 多页 PPT 文本、500 余幅精美图片展现数学在当代社会的重要影响和价值，具体内容按专题方式展开，包括：

导言：文化・数学・数学文化

模块 1.20 世纪数学概观。专题 1.20 世纪数学的基本面貌。专题 2.20 世纪的数学家和数学学派。专题 3.当代数学问题选介。

模块 2.从社会和个人视角看数学。专题 4.数学与第二次世界大战。专题 5.数学・经济・生活。

模块 3.数学与科学技术。专题 6.数学与自然科学。专题 7.数学与高技术。

模块 4.数学与艺术及人文社会科学。专题 8.数学与文学艺术。专题 9.数学与人文社会科学。专题 10.数学与哲学。专题 11.理解数学文化(课程总结)。

本课程立足于拓展学生视野，以跨学科的多元视角，突出体现素质教育的时代要求，为本科生在数学工具课之外开辟提高数学文化素养的全新途径，帮助学生更为具体生动地体会与理解数学的价值，体会与理解数学方法的现实的与潜在的巨大力量，激发学习数学的热情，并提示一些有价值的研究方向。

导言界定文化、数学、数学文化三个基本概念，是对本书第一章第一节基本观点和结果的通俗解说。

模块 1“20 世纪数学概观”，选取三个视角，从整体上描述 20 世纪数学，包括：专题 1 由 20 世纪 30 年代以来数学发展的三条基本线索(纯粹数学，应用数学，计算数学)切入，概述 20 世纪数学的基本结构和内容，专题 2 首先基于一些大数学家(丘成桐、G.H.哈代、J.迪厄多内、P.R.哈尔莫斯)的观点对当代数学家作整体描述，然后简略介绍一些大数学家(庞加莱、希尔伯特、赫尔曼·外尔、冯·诺伊曼、埃利·嘉当、埃米·诺特、K.哥德尔、N.维纳)和几个重要的数学学派(法国函数论学派、哥廷根学派、苏联学派、波兰学派、布尔巴基学派)，以及几位优秀的华人数学家(陈省身、华罗庚、许宝騄、吴文俊、冯康、廖山涛、丘成桐)，描述当代数学家是些什么样的人，做什么样的工作；专题 3 首先引用希尔伯特、丢多涅、丘成桐和《普林斯顿数学指南》的观点说明什么是数学中的大问题和好问题，然后简要介绍希尔伯特《数学问题》、几个著名的数论问题(素数判定与因子分解、费尔马大定理、哥德巴赫猜想、黎曼猜想)、四色问题、庞加莱猜想，S.斯梅尔“未来世纪数学问题”的报告、千年难题。

模块 2“从社会和个人视角看数学”，立足于展现数学与当代社会的显性互动；模块 3“数学与科学技术”以及模块 4“数学与艺术及人文社会科学”，展现数学对当代文化的深层影响；专题 11“理解数学文化(课程总结)”对前述内容作全面概括，回应课程导言中的一些观点，结合课程内容重新认识数学文化的基本特征和内涵，并由此进一步体会数学对人类文明特别是当代社会的重要价值。

8.1.2 课程案例

专题4　数学与第二次世界大战

一、密码学的发展。二、电子计算机。三、运筹学的创立。四、数理统计学。五、美国数学的崛起。六、柯朗与美国应用数学的发展。

本专题试图表达下面的观点:1.社会需要是数学发展的重要推动力之一。2.一些来自现实背景的问题和方法,可以逐渐演变为数学理论研究的对象。好的应用数学研究可以衍生出或演变为纯粹数学研究,好的纯粹数学研究结果乃至研究方向可能有应用前景。实际上,纯粹数学与应用数学的界限已经不再清晰。3.社会环境对数学发展具有强大的作用,既可以推动也可以阻碍数学发展。4.数学不仅对科学技术有至关重要的影响,对人类社会的发展进程也会产生不容忽视的影响。

专题5　数学·经济·生活

第一部分:数学与经济。导言;一、技术变革和产业发展;二、管理和优化;三、科学计算。

片断:导言

我们可以从三个层面上看待数学与经济的关系:数学对技术变革和产业发展的作用;数学对经济管理和决策的作用;数学对经济理论研究的作用。

只需要注意到,在人类历史上,技术始终是最重要的生产力,而当今技术发展极大地受益于数学方法和技术的运用,那么,数学对经济发展的作用就是不言而喻的。因此,关于数学对技术变革和产业发展的作用,我们只作简要的概述。本专题将较多讨论数学对经济管理和决策的作用,至于数学对经济理论研究的作用,我们将在专题10“数学与人文社会科学”中详细介绍。

关于数学方法对经济的巨大作用,自20世纪80年代以来国内外已有许多文献加以论述,比较有代表性的包括:美国国家研究委员会1984年的报告《美国数学的现在和未来》、1989年的报告《振兴美国数学》、1991年的报告《数学科学·技术·经济竞争力》,美国科学院国家研究理事会2013年的报告《2025年的数学科学》;王梓坤院士代表中国科学院数理学部所写的报告《今日数学及其应用》;石钟慈院士的《第三种科学方法——计算机时代的科学计算》;张奠宙教授的《数学的明天》等。

专题 10　数学与哲学

导言;一、约定论;二、分析哲学;三、现象学;四、结构主义;五、系统哲学。

片断:导言

哲学从一开始就代表着人类从根本上理解世界的努力,其特点是在理性精神指导下用有条理的、系统性的方法对少数具有终极意义的问题追根寻源。

西方哲学的发展大体上可以划分为三个基本阶段:

从古希腊开始,哲学家试图基于理性精神对世界的根本性质、构造和规律给出直接回答,最初使用归纳方法,后来主要运用演绎方法,这就是存在论(本体论)研究。

17 世纪,以笛卡尔、斯宾诺莎等为代表的一批哲学家发现所有曾经尝试过的上述研究都难以给出令人信服的理由的时候,转而思考"我们是怎样研究上述问题的""这样的研究有没有可能得到确实的结果",进而尝试由精选的、被认为自明的前提假设出发严格推出哲学命题,从而重建整个哲学大厦,这就是哲学中的认识论转向。

当人们发现关于认识论的研究必定陷入"我们能否清楚地表达我们的问题和思考结果""这样的表达应该遵循什么规范""这样的表达最终能不能确保我们的思维过程是合理的"这些难题,并尝试通过建立某种人工语言解决上述难题的时候,就发生了语言转向。

语言转向的实质,是试图在前提假设和概念及命题的确切含义这两个层面上解决哲学(或其他领域的)推理和判断的确切性与合法性问题。确切性问题,即每一个定义或命题是否确切地表达了它本该具有的含义。合法性问题,即前提假设是否合理、是否相容,以及定义及推理过程是否符合规范。

对合法性的研究,以确切和规范的语言表达为前提,严格说来,语言学层面上的问题主要是形式问题,类似于逻辑学,在形式合法的前提下,进一步讨论由若干前提假设构成的集合(公理集)是否相容。

当人们发现语言转向的目标其实根本无法实现的时候,也就意识到认识论转向的目标同样是无法实现的,进而知道,关于形上问题的思考,我们永远不可能获得最终的结果。于是，一部分人试图寻找新的出路，另一部分人喊出了“反对一切形而上学”的口号。对他们来说，哲学不再回答关于世界是什么这样的终极问题，只审查什么样的概念是真概念，什么样的问题是真问题。

由上面的概述容易看到，语言转向之后，为哲学奠基的问题与为数学奠基的问题，实际上已经成为相同的或等价的问题。

实际上，从希腊时代开始，数学就与哲学结下了不解之缘。希腊古典时期最伟大的数学家，或者本人就是哲学家，或者从属于某个哲学学派。西方近代最杰出的哲学家如笛卡尔、斯宾诺莎、莱布尼茨、洛克、休谟、贝克莱、康德，或者本人就是数学家，或者具有相当高的数学素养，他们的哲学也深深地打上了数学的印记。

20世纪初，德国哲学家斯宾格勒（O.Spengler，1880—1936）在《西方的没落》(1918)中写道：“数学是一种最严密的科学，就如同逻辑一样，但它比逻辑更易于为人理解，也更为丰富；数学是一种真正的艺术，是可与雕刻和音乐并驾齐驱的，因为它也需要灵感的指导，而且是在伟大的形式传统下发展起来的；最后，数学还是一种最高级的形而上学，如同柏拉图尤其是莱布尼茨所告诉我们的。迄今为止的每一种哲学的发展，皆伴随有属于此哲学的数学。”[①]英国哲学家怀特海也在《科学与近代世界》(1932)中指出：“假如有人说，编著一部思想史而不深刻研究每一个时代的数学概念，就等于是在‘汉姆雷特’这一剧本中去掉了汉姆雷特这一角色。这种说法也许太过分了，我不愿说得这样过火。但这样做却肯定地等于是把奥菲莉这一角色去掉了。这个比喻是非常确切的。奥菲莉对整个剧情来说，是非常重要的，她非常迷人，同时又有一点疯疯癫癫。我们不妨认为数学的研究是人类性灵的一种神圣的疯癫，是对咄咄逼人的世事的一种逃避。”[②]

19世纪末以来，一些重要的哲学思潮也与数学思想密切相关，例如：庞加莱的约定论；分析哲学；现象学；结构主义；系统哲学。

---

① 斯宾格勒.西方的没落(第一卷)[M].吴琼，译.上海：上海三联书店，2006：54.

② A.N.怀特海.科学与近代世界[M].何钦，译.北京：商务印书馆，1989：21.

8.2 渗透在“数学思想史”课程中的数学文化教育

笔者自1995年至今一直以专题的形式为数学专业本科生讲授“数学思想史”，虽然具体专题陆续有所调整，但其中始终有意识地渗透数学文化教育的内容。

8.2.1 课程目标

“数学思想史”课程以专题形式介绍数学中一些重要问题、方法、概念、分支的发展，包括：它们的数学背景和社会文化背景；它们演变的大致脉络和原因；它们之间的相互关联及与现代数学的联系；历史上一些大数学家的工作范例；数学在人类文化中的地位与价值。这些专题涉及数学系本科的多门课程，其中体现的数学思想与方法往往是本质的和深刻的，现代数学中许多最富创造性的成果正是由这些基本内容发展、深化而来的。开设本课程的主要目的是：

1. 帮助学生从整体上理解数学。数学史的首要任务就是帮助人们从整体上了解数学的内容、方法和思想，以及它们的演变。此外，通过研究数学中的概念、问题、方法、思想、理论体系等的来龙去脉，更深刻地理解当代数学。

2. 通过一些著名案例揭示数学的创造过程，包括数学中一些重要问题、方法、概念、思想的萌芽、发展过程。

3. 揭示数学的文化内涵，认识数学在整个人类文明中的重要地位和作用。数学为人类探索、理解外部世界和人类自身提供了一种最强有力的工具，而这种探索与理解始终都是数学发展的主要源泉与动力。

基于上述理由，我认为数学思想史课程应该成为高等院校数学专业的一门重要课程。

另一方面，数学史内容已经渗入中小学数学课程，成为学生学习和理解数学的基本途径之一，数学教师需要具备相应的教学意识和适当的教学能力，对于未来将要从事数学教育的人来说，学习一点数学思想史也是非常必要的。

8.2.2 课程内容

绪论:理解数学史

1. 数系的扩充与奠基

第一部分:从自然数到复数(数的表示;自然数;分数;不可通约量、开方不尽数与无理数;正负数;复数;关于数的扩充);第二部分:从复数到自然数(复数的逻辑基础;实数理论;有理数理论)。

2. 几何三大难题

问题的提出;倍立方体问题;三等分任意角问题;化圆为方问题;关于 π;三大难题对后世的影响;圆规直尺作图问题的判定标准。

3. 欧几里得《原本》

欧几里得其人其书;《原本》的渊源和背景;《原本》的内容(上):公理化方法;《原本》的内容(中):定义和命题;《原本》的内容(下):数学观;《原本》对教育的启示。

4. 平行公设与非欧几何

欧几里得第五公设的历史;非欧几何的先驱者;非欧几何的创立者;黎曼的工作;非欧几何的技术性内容;非欧几何的模型;几何与变换;非欧几何的意义。

5. 代数学思想的演进

导言:代数学思想发展的基本线索;最初的问题和方法;从花拉子米到卡尔达诺;代数方程论的发展;五次以上方程根式解与群论;从抽象群论到抽象代数。

6. 数形结合

在根本意义上,数学是一个整体;希腊时代;中国传统数学;中世纪后期的形态幅度研究;解析几何的创立与发展;数形结合思想在近现代数学中的地位。

7. 无穷小方法的历史进程(上、下)

古代与中世纪:无穷小方法的萌芽;17—18 世纪:微积分的创立与发展;19 世纪:严格化的努力与极限理论。

8. 从古典概率论到现代概率论

前史;概率论的创立;概率论的发展;概率论的公理化。

9. 集合论的创立与发展(上、下)

集合的早期概念;集合论的创立;超限基数与超限序数;有关集合论的争论;康托集合论的历史地位;集合论悖论;集合论的公理化发展。

10. 程序化与构造性

古代:建立数学理论体系的两种基本方式;近代数学:东西方的统一;程序化与构造性思想的现代意义;算法的现代概念与计算数学的发展;现代数学基础的主要流派。

11. 公理法的四个发展阶段(上、下)

实质公理系统;从实质公理系统向形式公理系统的过渡;形式公理系统;以形式系统为研究对象的元数学的建立;关于公理系统的几个问题;公理化方法发展过程的启示。

12. 融入中小学数学课程的数学史

数学史融入中小学数学课程;几个典型问题和结果;几个基本方法;几个重要概念;几个重要分支;引导数学欣赏;介绍名家名作。

“绪论:理解数学史”片断:

二、数学史及其目的

1. 数学史的研究对象

数学史研究历史上与数学发展有关的各种因素。处于核心位置的是数学的问题、方法、概念、体系、数学思想和观念以及数学家的工作方式,其基本载体是数学著作和数学家著作,也可以是其他有关的历史文献、文物;其次是与前述内容相关的历史背景、思想源流、数学学术交流及其影响、哲学及宗教对数学发展的影响,数学与社会政治、经济、科学技术等各种社会因素的关系等。

2. 数学史的目的

(1) 更深刻、全面地了解数学。数学史的首要任务就是帮助人们从整体上了解数学的内容、方法和思想,以及它们的演变。此外,通过研究现代数学中的概念、问题、方法、思想、理论体系等的来龙去脉,更深刻地理解现代数学问题,并使一些已被遗忘或不被人注意的古代思想重新获得生命力。数学因其明显的继承性,所以，理解它的历史对于理解它本身具有特殊的意义。

（2）理解数学与人类文化其他要素的互动关系。数学文化史；数学社会史；数学是人类文明的一个方面，它的发展受到社会环境和已存在的数学传统这两方面因素的影响；理解数学在科学进步史和人类文化史上的影响和意义。

（3）开阔眼界，启发思维，表彰先贤，激励后学。

（4）作为整个人类历史的一部分。恰当评价世界各地区、各民族、各国家在数学发展中的地位，激发民族自豪感和责任感，验证文化的多元性。理解人类的科学技术史、文化史直至整个历史。

3. 数学史的理解

理解数学史绝不简单地等同于知道某个或某些孤立的史实，也不能停留在类似于大事年表那样的东西上。它至少应该包括下列基本方面：

（1）理解数学：理解数学史，首先是对相应的数学内容的理解，涉及多个方面，需要足够具体的细节。问题；方法；公式、定理；概念；思想；过程、模型等。

（2）理解背景和相关问题。

（3）理解有关进展在当时的作用及对后世的影响。

（4）理解有关内容和今天数学的关系。

8.2.3 课程案例

专题 6　无穷小方法的历史进程

导言。一、古代与中世纪：无穷小方法的萌芽。二、17—18 世纪：微积分的创立与发展。三、第二次数学危机。四、19 世纪：严格化的努力与极限理论。

片断：导言

本专题讲述微积分思想的起源、发展和演变。

20 世纪数学大师柯朗在波耶《微积分概念史》前言中写道："微积分学，或者数学分析，是人类思维的伟大成果之一。它处于自然科学与人文科学之间的地位，使它成为高等教育的一种特别有效的工具。遗憾的是，微积分的教学方法有时流于机械，不能体现出这门学科乃是一种撼人心灵的智力奋斗的结晶；这种奋斗已经历了两千五百多年之久，它深深扎根于人类活动的许多领域，并且，只要人们认识自己和认识自然的努力一日不止，这种奋斗就将继续不已。凡要真正懂得科学的力量和全貌的教师、学生或学者，对这门知识的现状是历史发展的结果这一点，都必须有所了解。事实上，在科学的教学法中对教条主义的抵制，已引起对科学史日益增长的兴趣。近几十年来，对于一般科学，特别对于数学，在探索它们的历史根源方面，取得了成绩斐然的进步。”①

学习本专题需要思考的问题：

最初，是什么原因导致了人们对无穷小问题的探索？

极限的思想、方法和概念经历了哪些变化？

片断：数学史的感动——阿基米德羊皮书②

阿基米德(约公元前 287—公元前 212 年)是有史以来最伟大的数学家和物理学家之一。他的著作数量不多，但每一篇都表现出极大的创造性。在算术和代数方面，他发明了一种以 10^8 为基础的计数法，发展了无穷级数的求和技巧，提出了著名的“群牛问题”，最后归结为一个二次不定方程 $x^2+Ay^2=1$，即使其最小的正整数解也是一个 20 多万位的吓人数字。在几何学方面，他发展和完善了穷竭法，给出并严格证明了圆的周长与面积、抛物线弓形的面积、椭圆面积、球的体积与表面积、圆锥曲线旋转体的体积等。他还发明并深入研究了阿基米德螺线，求出了其上任一点处的切线、螺线第一圈与初始线所围面积、螺线扇形的面积等。虽然这些证明精致而严格，但并未反映出做出发现的最初思路，阿基米德因此被后人指责为虽然天才却过于吝啬，不肯让人分享其思想。

由于年代久远，阿基米德的某些著作已经失传，现存著作主要由三份古抄本流传下来，学术界分别称之为古抄本 A、B、C。在 20 世纪之前，人们所知的只有古抄

① 卡尔·B.波耶.微积分概念史[M].上海师范大学数学系翻译组，译.上海：上海人民出版社，1977：前言.

② R.内兹，W.诺尔.阿基米德羊皮书[M].曾晓彪，译，长沙：湖南科学技术出版社，2008.

本 A、B,共包括了大约 10 种著作,这两种古抄本原件已经失传,只有其内容因辗转抄录而被保留下来。

1899 年,土耳其君士坦丁堡(今伊斯坦布尔)东正教修道院图书馆的一位图书管理员注意到一份古抄本,它上面最初的希腊文内容被擦掉并被抄写上了祷告文。这位图书管理员根据残存的字迹抄译了一部分被擦掉的文字。1906 年,丹麦哥本哈根的 J.L.海伯格(Heiberg)教授注意到这段文字,辨认出它属于阿基米德的著作。这年暑假他来到君士坦丁堡研究这份古抄本,发现它是阿基米德著作独立于古抄本 A、B 的另一个抄本,即古抄本 C,大约抄写于公元 975 年前后,其中包括了阿基米德两部已经失传了的著作《方法》和《十四巧板》。在《方法》中阿基米德叙述了他创造的一种做出几何发现的力学方法。他把一块面积或体积看成是均匀分布的有重量的东西,分成许多非常小的长条或薄片,然后用已知面积或体积去平衡这些"元素",找到重心和支点,所求的面积或体积就可以用杠杆原理计算出来。借助这种方法,他发现了多个重要的几何定理,并用穷竭法给出了逻辑上严格的证明。

海伯格全凭肉眼恢复了古抄本 C 上已被擦掉的阿基米德著作的绝大部分内容,1910—1915 年间,海伯格汇总古抄本 C 与阿基米德其他现存著作,重新编定了阿基米德著作。由于有了《方法》,不仅使后人得以知晓一位天才数学家做出发现的思路和方法,也为他恢复了名誉。

第一次世界大战结束后,土耳其经历了一个十分混乱的时期,有人为了保护东正教修道院图书馆中的部分珍贵藏书将它们偷运到了瑞典,但偷运过程中古抄本 C 和其他几部珍贵手稿被遗失了。

1998 年 10 月,历经磨难的古抄本 C 出现在纽约一家拍卖行,竞拍者只有两家:希腊文化部和一位不愿透露姓名的亿万富翁。最终古抄本 C 被这位亿万富翁以 200 万美元拍得,加上佣金共花费 220 万美元。这件事立即遭到学术界的强烈谴责:具有巨大学术价值的古抄本 C 落入一位既无能力研究,也难以妥善保藏它的富豪之手,似乎等待它的命运只能是慢慢湮灭了。

然而,事情的发展出人意料。富翁得到这份珍贵抄本之后,首先将其交由一家博物馆妥善保藏，随即高薪招标一个国际顶级的研究小组，包括数学史家、科学史家、艺术史家、物理学家、化学家、X射线成像技术专家、数码成像技术专家、刑侦专家、古籍修缮专家等，历经8年研究（1998—2006），终于恢复了古抄本C的几乎全部内容，使阿基米德一些伟大著作的全貌得以重新展现在世人面前。这是近年来科技史界最引人注目的事件之一。

这个真实的故事在带给我们惊喜的同时也令人深深地感动。我们首先为阿基米德的智慧和慷慨所感动。他不仅做出了伟大的发现，而且把发现的过程完整地记载下来留给后人。我们继而为海伯格的坚韧毅力所感动，他全凭肉眼恢复了古抄本C的大部分内容。我们也为那位不知名的亿万富翁所感动，他出巨资收藏和复原阿基米德的著作并公之于众而又甘做无名英雄。

从阿基米德到海伯格再到那位不知名的富翁，每个人都扮演不同的角色，但有一点是相同的：那种为学术、为真理、为人类智慧的荣耀不惜代价、不计得失的崇高而纯粹的精神。这种精神难道不应该令每个听到这个故事的人肃然起敬吗？一个民族、一个时代哪怕只有百分之一的人拥有这样的精神和境界，这个民族、这个时代就是充满朝气、充满希望的。

8.3 渗透在“大学文科高等数学”课程中的数学文化教育

笔者自1993年开始讲授大学文科高等数学课程，一个基本观点是：这门课程不应简单地定位为工具课，而应该是工具课加文化素养课。基于这一观点，笔者进行了多年探索。2003年9月，首都师范大学与高等教育出版社联合举办了数学教育、数学史与数学文化研讨会，来自全国30多所高等院校和研究机构的七八十名学者参加了会议。笔者在会议上作了题为“文理渗透应成为高等院校素质教育的重要内容”的报告，主要观点是：

当代文化发展的重要特征之一是社会科学、自然科学与技术科学三大领域的相互渗透与融合，传统高等教育中文科、理科与工科之间的界限正逐渐被打破，高等院校文科学生的科技素养问题与理工科学生的人文社会科学素养问题均将成为高等教育改革的热点问题，更高层次上的科学文化观、科学文化教育也亟待引起学术界和教育界的关注。

在当代，科学技术作为一种文化已经渗透到人类活动的各个领域，科学观念正在成为人类最基本的世界观。随着科学知识和技术力量的增长，构成基本文化水平的世界标准也在迅速发生变化。高科技的时代需要高素质的人才，高等教育的理论与实践必须对上述状况作出回应。然而我国目前高等教育中人文教育与科学教育之间严重分离，传统的文化观念与课程设置不仅导致文科学生在科技知识上严重匮乏，而且导致科学意识淡薄。高等院校文科学生中的相当一部分人将要走上各级重要岗位，或从事决定我国上层建筑基本面貌的理论研究。因此，高等院校文科学生的科技素质教育是一项十分必要而且迫切的任务。

关于文理渗透在理工科教育中的体现，通常的做法是为理工科学生开设一些文学、历史、艺术等方面的通识性课程，这固然必要，却并不全面。由于科学技术对社会影响的日益广泛和深入，科学研究不仅不再是科学家的个人兴趣问题，而且也不再是单纯意义上的科学问题。例如，放射性现象的发现导致了原子弹的发明，而物理学家对核战争后果的分析极大地影响了当代的国际政治与国际关系。1997年克隆羊多莉诞生之后，立即在世界各国掀起轩然大波；国际互联网的建立极大地影响了人们的行为方式和思维方式。现代人既享受着科学技术进步带来的物质生活的极大改善，同时也为能源危机、环境污染、生态系统破坏、人口膨胀等问题所困扰。更一般地说，科学技术的发展不仅极大地影响着人类的物质生活，也极大地改变了人类的思维方式和精神面貌。所以，当今高科技社会的发展要求科学家在从事具体研究的同时，更多地关注人类的命运，更多地思考科技成果的社会效应，而科学家的社会责任感、科技伦理等也早已成为科技界与社会各界普遍关心的问题。因此，理工科学生在学习专业知识的同时，还应当加强对科学技术文化内涵与社会功能的认识，这对文科学生同样也是重要的，也正是我们提出“科学文化教育”的原因。

正是基于这样的思考，在大学文科高等数学课程中，笔者多年来一直坚持下面的课程理念，并通过具体教学案例使这样的观念具体化：

数学是人类文化的重要组成部分，其文化价值主要在于：数学深刻地影响着我们认识物质世界的方式，是人类探索与认识世界的重要工具；数学是一种基本而重要的语言；数学有着重要的思维训练功能，尤其是对创造性思维发展有重要作用；数学对于人类理性精神的养成与发展有着特别重要的意义；数学对人类审美意识的发展有重要贡献。因此，数学已经越来越成为现代人必不可少的基本文化素养之一。

长期以来，数学作为科学的工具和语言被人们普遍认同，通常也会关注它对思维训练所起的重要作用，却很少有人将它作为一种文化来看待。其结果是，绝大多数人会以是否“需要数学”（主要是作为一种工具）为尺度考虑自己是否应该学一点数学以及学哪些数学内容。这不仅造成了诸多从事文科领域工作的人数学素养的普遍不足，就是对那些理工科出身的人来说，也存在对数学的理解过于狭隘的问题。

大学文科高等数学课程应立足于文科学生未来的发展，以跨学科的多元视角，兼顾工具课与文化素养课两个基本方面，使学生在学习、了解高等数学的初步知识、基本思想方法的同时，还可以通过具体生动的实例体会与理解数学方法的现实的与潜在的巨大力量，体会与理解数学的文化价值，激发学习数学的热情，获得进一步学习的动力与初步能力，并提示一些有价值的研究方向。

本课程的三个基本层面：1.高等数学的初步知识与方法。2.初步建立这样的意识：本课程未必能为学习者提供未来所需的足够工具，但至少能使学习者意识到数学对未来的工作是有用的，需要时可进一步学习，自身力量不足时能想到与数学家合作。3.进一步的观念：数学不仅是科学的语言和工具，而且是一种重要的科学方法和基本的思维方式。

附录：

大学文科数学绪论（中文专业，2016年课程）

一、什么是数学

1.几个有代表性的"数学"定义；2.本课程采用的"数学"定义；3.现代数学的特点。

二、数学与公民文化素养

三、数学与人文社会科学

1.卡尔·多伊奇等人的研究；2.两个例子；3.数学是一切理论体系的理想模型；4.计算风格学；5.数学与文学。

片断：数学与文学（摘要）

人们通常会认为，除了一些肤浅、表面化的例子（例如有人整理过诗歌中的数学，包括"一去二三里，烟村四五家。亭台六七座，八九十枝花。"之类的文字游戏），很难想象数学与文学会有什么真正的联系。但是如果认真查阅文献，我们会发现二者之间的联系比我们能够想象的要密切和深刻得多。

2012年，杰西卡·斯科拉和伊丽莎白·斯科拉编辑了一部论文集《通俗文化中的数学》[①]，其中收集了数学融入文学艺术作品的大量案例。此后又有研究者整理了一份包括1200多种作品的《数学小说的可印刷列表》（A Printable List of Mathematical Fiction）。

按照我的归纳，这种联系至少包括以下四个方面：

（1）数学家创作的文学作品

其中最著名的是路易斯·卡罗尔（Lewis Carroll，1832—1898），原名查尔斯·路特维奇·道奇森（Charles Lutwidge Dodgson），英国数学家、逻辑学家、童话

① Sklar，Jessica K.，Elizabeth S. Sklar（ed）.Mathematics in Popular Culture，Essays on Appearances in Film，Fiction，Games，Television and Other Media [G].McFarland & Company，Inc.，2012.

作家。

《爱丽丝漫游奇境》(Alice's Adventures in Wonderland,1865)

《爱丽丝镜中世界奇遇记》(Through the Looking-Glass, and What Alice Found There,1871)

这两部童话通过虚幻荒诞的情节,描绘了童趣横生的世界,亦揶揄19世纪后期英国社会的世道人情,含有大量逻辑与文字游戏及仿拟的诗歌,流传与影响甚广。

(2) 具有数学头脑的作家创作的融入数学思想的作品

斯威夫特,《格列佛游记》(Gulliver's Travels. Jonathan Swift, 1726.)

幻想数学(Fantasia Mathematica: Being a Set of Stories, Together with a Group of Oddments and Diversions, All Drawn from the Universe of Mathematics),Ed. Clifton Fadiman, 1958. Short story collection. 一部短篇小说集,所有的描写均源于数学世界

唐老鸭在数学神奇大陆(Donald in Mathmagic Land), Dir. Hamilton S. Luske, 1959. Short film.(卡通短片)

球形大陆(Sphereland: A Fantasy About Curved Spaces and an Expanding Universe),Dionys Burger, 1965.

野兽之数(The Number of the Beast). Robert A. Heinlein, 1980.

迈克尔·克莱顿(M. Crichton)将他对混沌理论、非线性方程和数学模型的理解融入小说《侏罗纪公园》(Jurassic Park. 1990. Also a film,1993.)

趋于无穷(Leaning Towards Infinity),Sue Woolfe,1996.(小说)

莫比乌斯(Moebius),Dir. Gustavo Mosquero, 1996.(电影)

狂野的数(The Wild Numbers),Philibert Schogt, 1998.(小说)

π. Dir. Darren Aronofsky, 1998.(电影)

证明(Proof),David Auburn 原著,2000;剧作、电影(Dir. John Madden, 2005).

计算中的上帝(Calculating God, Robert J. Sawyer,2000)(小说)

球的音乐(The Music of the Spheres),Elizabeth Redfern,2001(小说)

蝴蝶效应(The Butterfly Effect),D.F. Roberts,2001(小说)

基于这部小说,已有多部电影,构成一个系列。第一部公映于2004年。《蝴蝶效应》是一部关于穿梭时空的电影,与其他同类型的以校园青春主人公为背景的时空旅行电影不同,影片反其道行之,通过蝴蝶效应(南美洲的蝴蝶振翅可以引发北美洲的一场暴雨)这一混沌理论,讲述了回到过去改变命运并非如《回到未来》之类的影片那么轻松愉快,反而因为机缘巧合的转变,而常常造成物是人非的人间悲剧。第二部2006年,第三部2009年。

管家和教授(The Housekeeper and the Professor),Yoko Ogawa, 2003.

教授和他心爱的方程(The Professor and His Beloved Equation),2006.电影

丹・布朗,《达・芬奇密码》(The Da Vinci Code. Dan Brown, 小说,2003. 电影,2006.)

恋爱中的数学家(Mathematicians in Love),Rudy Rucker, 2006.

测量世界(Measuring the World),Daniel Kehlmann,2006(小说)

做数学(Do the Math: A Novel of the Inevitable),Philip Persinger, 2008.

奇异吸引子(Strange Attractors: Poems of Love and Mathematics), Ed. Sarah Glaz and Joanne Growney, 2008. Poetry collection.

爱的微积分(The Calculus of Love),Dan Clifton(Writer and Director,Films, 2011)

(3) 一些文学作品直接以数学或数学家为主要对象

可以说是数学激发了作者的创作灵感,例如:

埃瓦利斯特・伽罗瓦(Evariste Galois),Dir. Alexandre Astruc, 1965. Short film.(关于数学家伽罗瓦的短片)

盲几何学家(The Blind Geometer),Kim Stanley Robinson, 1987.

一个那波里数学家之死(Death of a Neopolitan Mathematician),Dir. Mario

Martone, 1992.

埃尼格马的秘密(Enigma Secret),Dir. Roman Wionczek, 1979.

埃尼格马(Enigma),Robert Harris, 1995. (Also a film, 2001.)

破译密码(Breaking the Code),Writ. Hugh Whitemore, 1986. Play, made-for-television film (Dir. Herbert Wise, 1996).

西尔维雅·娜萨儿(Sylvia Nasar)描写数学家约翰·纳什的《美丽心灵》(A Beautiful Mind,小说 1998,电影 2001.)

大数(Big Numbers),Alan Moore and Bill Sienkiewicz, 1990. Comic book series.

费尔马最后的探戈(Fermat's Last Tango),Joanne Sydney Lessner and Joshua Rosenblum, 2000. Musical.;电影,2001

数沙者(The Sand-Reckoner),Gillian Bradshaw,2000(小说)关于阿基米德的历史小说

佩特罗斯叔叔与哥德巴赫猜想(Uncle Petros and Goldbach's Conjecture: A Novel of Mathematical Obsession),Apostolos Doxiadis, 2001.

极限之外:索菲娅·科瓦列夫斯卡娅之梦(Beyond the Limit: The Dream of Sofya Kovalevskaya),Joan Spicci, 2002.

立体几何(Solid Geometry), Dir. Denis Lawson, 2002. Made-for-television short film. (Also a short story.)

图灵(一部关于计算的小说)(Turing, A Novel About Computation), Christos H. Papadimitriou, 2003.

代数学家(The Algebraist),Iain M. Banks, 2004.

图灵机器的疯人梦(A Madman Dreams of Turing Machines), Janna Levin, 2006.

费尔马的房间(Fermat's Room),Dir. Luis Piedrahita and Rodrigo Sopena, 2007.(电影)

最后定理(The Last Theorem),Arthur C. Clarke、Frederik Pohl,2008(小说,年轻数学家给出费尔马大定理新证明)

爱因斯坦之谜(The Einstein Enigma),José Rodrigues Dos Santos,2010(小说)

知无涯者(The Man Who Knew Infinity),Matt Brown (Screenwriter and Director),电影,2015,印度数学家拉马努扬的故事。

(4) 一些数学科普作品由于具有非常好的文学想象而被认为是文学作品

例如霍夫斯塔特(Douglas Hofstadter)的《哥德尔、埃舍尔、巴赫——一条永恒的金带》(Gödel,Escher,Bach:An Eternal Golden Braid,1979)获得了普利策文学奖,换一个角度,可以说数学想象具有了文学价值(中译本 1996 年)。再如,中国数学家齐民友《数学与文化》(1991)一书的绪论语言优美,思想深刻,被收入人民教育出版社出版的高中语文教科书。

第九章

数学专业研究生数学文化教育案例

9.1 数学史教育导论

9.1.1 课程设置依据

自 20 世纪 70 年代以来，在数学教育中渗透数学史内容，借助数学史材料中所包含的数学内容的历史背景和数学家解决数学问题的思考过程启发学生，以帮助学生更好地学习和理解数学，成为国际数学教育界和数学史界长期共同关心的问题，经过将近半个世纪的努力，积累了大量研究成果，在教育实践中也卓有成效。

20 世纪 90 年代，我国数学教育界和数学史界开始较为认真地研究这个问题并开始了实践探索，自 2005 年以来，形成了每两年召开一次数学史与数学教育(History and pedagogy of mathematics，简称 HPM)国际研讨会的惯例，到 2022 年已经召开了 9 届。

自 2001 年以来，教育部颁布的《义务教育数学课程标准》(2001，2011)和《普通高中数学课程标准》(2003，2017)中，都将数学史融入数学课程作为大力倡导的一项任务，从而对中小学数学教师的数学史素养提出了要求。

在这样的背景下，数学教育的研究者有待对数学史教育问题作出回应，中小学一线数学教师的数学史培训亟待展开，高等师范院校数学专业的数学史课程亟待加强，承担数学史课程的教师亟待对相应的理论和实践问题作出进一步的思考和回应。遗憾的是，对数学史教育的较为系统的研究和讨论始终未能深入进行。

本课程正是基于上述背景设置的，从2006年起以"数学史选讲"的名义连续开设至今。

9.1.2 课程的主要目的和指导思想

本课程面向数学教育专业硕士生、数学史专业硕士生以及有志于从事数学史教育的数学专业硕士生开设，教学目标包括三个基本方面：1.在本科数学思想史课程的基础上，进一步理解和把握数学发展的历史脉络，同时培养学生自主研读较为系统的数学史著作的能力和意识。2.思考和探讨数学史教育的基本问题、方法和原则，初步建立数学史教育的意识和规范。3.深入探讨若干具有一般性的教学案例，为具体有效地实施数学史教育奠定基础和积累经验。

9.1.3 课程内容

绪论　理解数学史。一、什么是数学；二、数学史及其目的；三、一组案例

模块1　数学五千年

导言：数学发展的主要阶段和线索

第1章　数学的起源和早期发展（公元前6世纪以前）

一、史前期；二、埃及；三、巴比伦；四、中国上古时期；五、印度早期。

第2章　初等数学两大理论体系的建立（公元前6世纪—6世纪）

一、希腊数学；二、春秋末年至南北朝时期的中国数学。

第3章　初等数学的发展与交流（5—16世纪）

一、印度；二、阿拉伯；三、中国：隋唐至宋元时期；四、欧洲：中世纪至文艺复兴时期。

第4章　现代数学前期（17世纪—1820年代）

一、现代数学的历史背景；二、解析几何；三、微积分；四、概率论；五、数论；六、其他数学分支。

第 5 章　现代数学后期(1820 年代—1930 年代)

一、现代数学的转折(1820 年代—1870 年代)；二、现代数学的繁荣(1870 年代—1930 年代)。

模块 2　中小学数学史教育研究

第 6 章　数学史教育的基本问题

一、什么是数学史教育；二、数学史教育的目的和价值；三、数学史教育观念的是与非；四、数学史教育的原则。

第 7 章　融入数学课程的数学史

一、数学史融入中小学数学课程；二、几个典型问题和结果；三、几个基本方法；四、几个重要概念；五、几个重要分支；六、引导数学欣赏；七、介绍名家名作。

第 8 章　案例研讨

9.1.4 案例

案例 9－1　反证法

这个教学案例的对象是高中一年级学生，可以作为常规课程的教案，也可以作为数学兴趣小组的活动案例。

一、本专题的基本内容和目标

1.初中数学有关反证法内容的回顾；2.深化对反证法的理解；3.中国古代的排中律与反证法；4.在什么情况下排中律或反证法会失效？

二、本专题的设计思路

1.反证法是十分基本和重要的数学证明方法，对高中数学课程的学习有重要作用。初中数学课程中对反证法的介绍和应用过于薄弱，有必要加强。2.反证法是认识实数某些重要性质的必要工具，实数是学习和理解函数概念与性质的基本前提。3.反证法的逻辑基础是排中律。学习反证法需要具备初步的形式逻辑知识。4.中国古代逻辑和数学都曾取得过辉煌成就，却从未在数学中使用过反证法，其中原因值得思考。5.进入20世纪以后，为什么一些数学家明确反对使用排中律进而反对使用反证法？6.本专题按2课时设计。

三、基本内容

在初中数学课程中，我们已经使用过反证法。那么，什么是反证法？用反证法证明数学命题的基本步骤是什么？你能举出一两个使用反证法的例子吗？为什么我们相信用反证法得到的结果是正确的？

阅读材料：数学证明的起源

数学的历史几乎和人类的历史一样古老。计数以及简单的计算和度量出现在许多古代文明（例如古巴比伦、埃及、印度以及中国等）中，用于处理很多实际问题，例如分配和交换物资，制作器具，丈量土地，建造房屋，兴修水利，编制历法等。那时候的数学知识主要是经验归纳的结果。

公元前6世纪早期，希腊哲人泰勒斯（Thales，约公元前624—公元前547）最早提出数学命题需要证明，并且证明了一些简单的几何定理。从那以后，由于哲学思考、政治论辩和数学证明等方面的需要，希腊人发展了逻辑学，同时也发展了以演绎证明为特征的数学理论。公元前6世纪至前5世纪，在毕达哥拉斯（Pythagoras，约公元前572—公元前497）学派发现$\sqrt{2}$是无理数之后，数学家们发现对连续的自然数3、4、5、6……开平方，如果开不尽就会得到无理数。这些证明必然要用到反证法。

一个十分流行的故事说，毕达哥拉斯学派的成员希帕索斯（Hippasus，公元前5世纪）因为发现了无理数而被学派沉到海里淹死。实际上，有关这件事的最早记录出现在几百年后的公元前1世纪，内容十分简略：泄露了学派秘密的人在一次船难中丧生。流行故事中的血腥悲壮很可能是后人编造的。

公元前4世纪中叶，亚里士多德总结整理前人成果，形成了较为完整和成熟的形式逻辑体系。随着逻辑学的成熟，数学证明的水平也越来越高。在此基础上，大约在公元前300年，欧几里得总结前人积累的大量数学成果，完成了著名的《原本》(中译本称为《几何原本》)，其中用反证法证明了存在无穷多个素数。

给教师的建议

反证法的逻辑基础是排中律。

逻辑学是关于思维形式及其规律的科学，研究概念、判断和推理及其相互联系的规律、规则。通常认为，世界古代有三大逻辑系统，即古希腊的逻辑学，中国先秦的名辨学，古印度的因明。亚里士多德(Aristotle，公元前384—公元前322)是古希腊逻辑学的集大成者，对概念、命题和推理都作了较为全面的论述，明确提出了矛盾律和排中律，并在多个场合使用了同一律。其中排中律是：对任一命题A，A与非A不能同时不成立。

于是，反证法通常的形式是：为了证明命题A，假设非A，推出矛盾，所以不可能非A，于是必然A。

你知道下面两个命题是怎样证明的吗？命题1：存在无穷多个素数。命题2：$\sqrt{2}$是无理数。

给教师的建议

命题1：存在无穷多个素数。

证明：

假设素数只有有限的n个，将它们从小到大依次排列为p_1、p_2、……p_n，设$q=(p_1 \cdot p_2 \cdot \cdots\cdots \cdot p_n)+1$，于是$q$不能被$p_1, p_2, \cdots\cdots, p_n$中的任何一个素数整除，因此，要么$q$也是一个素数，要么$q$含有不同于$p_1, p_2, \cdots\cdots, p_n$中任一个的素因子，两种情形都与假设的“素数只有有限的n个”相矛盾，所以，存在无穷多个素数。

命题2：$\sqrt{2}$是无理数。

对这类问题，最有效的证明方法是反证法。

假设$\sqrt{2}$是有理数，于是它可以表示成两个整数之比，例如s/t，其中s、t均为正整数且s与t互素。

如图，容易看到，$1<\sqrt{2}$

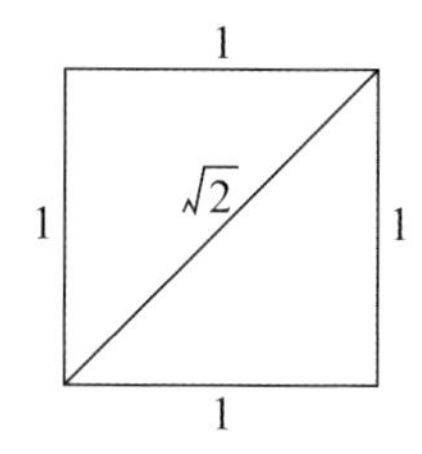

图 9.1　单位正方形对角线的长度

把这个不等式两边乘以$\sqrt{2}$，我们得到$\sqrt{2}<2$

也就是：$1<\sqrt{2}<2$

如果$\sqrt{2}=s/t$，则 $s^2=2t^2$.

于是，s 是偶数，即 $s=2r$，其中 r 为自然数。

$s^2=2t^2$，$2^2r^2=2t^2$，$t^2=2r^2$.

于是，t 是偶数，即 $t=2q$，其中 q 为自然数。

于是 s 与 t 有公因子 2，这与假设"s 与 t 互素"矛盾。所以$\sqrt{2}$是无理数。

更一般的问题：如果 p 是素数，证明$\sqrt{p}$是无理数。

给教师的建议

假设$\sqrt{p}$是有理数，于是它可以表示成 s/t 的形式，其中 s、t 均为正整数且 s 与 t 互素。

由$\sqrt{p}=s/t$ 得 $s^2=pt^2$.

因为 s 与 t 互素，于是，$s=pr$，其中 r 为自然数。

$s^2=pt^2$，$p^2r^2=pt^2$，$t^2=r^2p$.

因为 t 与 r 互素，于是，$t=pq$，其中 q 为自然数。

于是 s 与 t 有共同的素因子 p，这与假设"s 与 t 互素"矛盾。所以$\sqrt{p}$是无理数。

课外练习

与$\sqrt{2}$是无理数的证明相对照不难发现，二者几乎是完全相同的。

接下来的问题是：如果一个自然数不是平方数，证明它的平方根是无理数。

这个问题要稍微难一点了，但你可以试着借助前面的经验寻找解决办法。

中国古代逻辑和数学都曾取得过辉煌成就，那么，中国古代逻辑中有排中律吗？中国古代数学家使用过反证法吗？

阅读材料：《墨经》中的逻辑定律①

《经下》：彼彼、此此与彼此同，说在异。

今解：说“彼彼此此”与说“彼此”相同，因为彼此有别。

《经说下》：彼，正名者，彼此。彼此可：彼彼止于彼，此此止于此。彼此不可：彼且此也。彼此亦可：彼此止于彼此。若是而彼此也，则彼亦且此也。

今解：将彼此理解为对立事件，用今天的说法，可称此为A，则彼为非A。于是经说可分解为三条：

原文：彼此可：彼彼，止于彼；此此，止于此。

翻译：非A与A之间的关系可以是这样的：非A是非A且只能是非A；A是A且只能是A。（同一律）

原文：彼此不可：彼且此也。

翻译：非A与A之间的关系不可以是这样的：既是非A又是A。（矛盾律）

原文：彼此亦可：彼此，止于彼此。若是而彼此也，则彼亦且此也。

翻译：非A与A之间的关系还可以是这样的：或非A或A，且只能是非A与A。当彼此复合在一起，也就可以说彼也是此。

阅读材料：王安石《读孟尝君传》

世皆称孟尝君能得士，士以故归之，而卒赖其力以脱于虎豹之秦。嗟乎，孟尝君特鸡鸣狗盗之雄耳，岂足以言得士。不然，擅齐之强，得一士焉，宜可以南面而制

① 陈高傭.墨辩今解[M].北京：商务印书馆，2016：226－229.

秦，尚取鸡鸣狗盗之力哉？鸡鸣狗盗之出其门，此士之所以不至也。

给教师的建议

从上面的例子可以知道，中国古代学者已经掌握了古典逻辑的基本定律，特别是排中律；也会使用通常所说的反证法。但是，在现存中国古代数学著作（截至17世纪初西方初等数学传入中国之前）中，却从未见到使用反证法的例子。这是为什么？

从今天的眼光看，中国古代数学主要是一种工程数学或管理数学，强调解决实际问题。从出土的汉初《算数书》，到后来流传的“十部算经”（《周髀》《九章》《海岛》《孙子》《张丘建》等算经），再到宋元数学（流传至今的主要是秦九韶、李冶、杨辉、朱世杰等人的著作），中国古代数学的主流始终是解决实际问题。虽然偶尔出现以理论研究为主的数学家，如刘徽、祖冲之父子、李冶等，一方面，他们的理论研究主要是为有用的数学结果提供可靠性保障，这与自古希腊以来的西方数学大量关注与现实需要没有明确关系的纯数学有本质区别。另一方面，即使是为有用的数学结果提供可靠性保障的理论研究，在中国历史上也只有很少的数学家会关注，绝大多数人学习数学只是为了实用目的，对数学证明既无兴趣也无能力。祖冲之父子的数学杰作《缀术》就遭遇了“学官莫能究其深奥，是故废而不理”的窘境。

使用反证法得到的数学结果，是定性的结果，是对存在性的保证，而不是可供应用的具体的、定量的解。例如，用反证法证明了$\sqrt{2}$是无理数，并没有给出具体计算$\sqrt{2}$的数值的方法和结果，存在无穷多个素数的证明也并不提供怎样求出每个素数的方法。但是正是这样的定性方法，使希腊人发现了无理数。与之相比，中国汉代的《九章算术》中有在当时非常先进的开平方、开立方方法，魏晋时期数学家刘徽将其应用于开方不尽的情形，如果需要，可以将开方不尽数计算到任意一位小数，在计算精度上远远胜过希腊人，却由于不肯在数学中使用反证法而错过了发现无理数的机会。

中国古代数学家在解决数学问题时所关心的首先是如何得到可以直接应用的、可以方便地操作的解。由于他们所关心的数学问题一般都有直接的现实背景，如果问题的解在物理的或一般现实的意义上是存在的，在不超出当时数学能力的前提下，这些问题也恰好是比较方便得到构造性的解的。于是，似乎并不需要单纯地证明某个或某类对象是什么、某个或某类对象是存在的。由此又决定了在中国古代数学中处于支配地位的方法是计算和模型方法，倾向于对现实世界中的问题给出强有力的概括，从而使多种类型的问题得到统一的处理，而这种处理方法的核心是找到准确而高效率的算法。用今天的例子来说，当我们需要统计一个学校的在校生人数，我们需要的结果不是“在校生一定有一个确切的人数”“在校生人数一定是有限的”之类说法，而是希望得到一个明确、具体的数量。

有一个小故事可以形象地说明这两类工作的区别。一个孩子对他的爷爷说：“爷爷，如果你知道一个东西在哪儿，是不是它就没有丢啊?”爷爷回答说：“当然了。”于是孩子说：“那么，您的烟袋没有丢，因为我把它扔到井里了。”在这个故事里，孩子明确地告诉爷爷，烟袋在井里，因为是孩子自己把它扔进去的，如果孩子没有说谎，烟袋一定就在那口井里。但是，虽然爷爷知道了烟袋在井里，却无法拿到。这个结果与使用反证法得到的结果非常相似。更确切地说，它相当于数学中的“存在性证明”，但没有提供进一步的算法或者计算结果。中国古代数学所要求做到的，不是仅仅知道烟袋在井里，而是要真正把它取出来交到爷爷手中，相当于数学中的“数值解”或“构造性证明”。

单纯知道某个或某类对象存在或具有某种性质，表面看上去没有解决问题，实际上往往具有重要意义。数学中的一些问题的求解十分困难，我们甚至不清楚问题是否有解，也一直不知道如果有解那么可以用什么办法把解求出来。与其盲目地寻找求解方法，不如先设法确定有没有解。在这种情况下，反证法就显得十分重要了。例如，欧几里得证明了存在无穷多个素数，虽然为了具体求出每一个素数，当时的数学家必须依靠筛法逐步把它们筛选出来，但知道了这个结论仍然很有意义。后来数学家们又猜测，像 3 和 5、5 和 7、11 和 13 这样中间仅仅隔着一个偶数的素数对也是无穷的，这就是著名的孪生素数猜想，2013 年，华人数学家张益唐在这个猜想的研究上获得了十分重要的进展。

进一步的思考

回到本专题的开头，我们注意到，反证法的逻辑基础是排中律：对任一命题 A，A 与非 A 不能同时不成立。也就是说，为了使用反证法，我们需要把要考虑的事物的全体分为互相排斥的两类。但是，无论在现实中还是在数学中，都会出现要考虑的事物无法简单地分为上述两类，而是需要分为更多的类的情形。这时候又该怎么办呢？

先看《韩非子》中的一个故事：宋国有个卖酒的人，卖酒时量得很公平，对客人殷勤周到，酿的酒非常香醇，店外酒旗高悬，十分醒目，然而酒却卖不出去。时间一长，酒都变酸了。卖酒者感到迷惑不解，于是请教住在同一条巷子里的长者杨倩。杨倩问："你养的狗很凶吧？"卖酒者说："狗凶，为什么酒就卖不出去呢？"杨倩回答："人们怕狗啊。大人让孩子揣着钱提着壶来买酒，而你的狗却扑上去咬人，这就是酒卖不出去而变酸的原因啊。"

从这个故事中，你得到启发了吗？

给教师的建议

这个故事分析酒卖不出去的原因时用了穷举法：买卖公道吗？待客周到吗？酒的质量好吗？酒店的标志醒目吗？答案都是肯定的，因而不会是这些方面的原因导致酒卖不出去。当然，还有可能是酒店太偏僻了人们看不到，但是故事中已经说明酒旗很醒目，如果酒店真的很偏僻不会想不到。那么，还有什么可能的原因呢？杨倩发现酒家的狗太凶了，经过进一步的推理，认定这就是原因。

穷举法的一般原理是，如果我们能够把要考虑事物的全体分为互相排斥的 n 类，并且已经成功地排除了其中的 $n-1$ 类，那么最后的一类就是我们要推求的结果。

古希腊数学中有一种推求复杂图形面积或体积的方法——穷竭法，介于上述两种方法之间。为了证明图形 A 的面积 S 等于一个确定的值 S_0，分别假设 $S<S_0$ 和 $S>S_0$ 并分别推出矛盾，就可以证明 $S=S_0$。

实际上，无论反证法、穷竭法还是穷举法，本质都是相同的，区别只是所考虑的事物可以分为两类、三类还是更多的类。

延伸内容

形式逻辑(古典逻辑)假定我们可以把要考虑的全部对象明确划分为互相排斥的A与非A两类,或者适当变通,如穷竭法或穷举法那样。但是,进入20世纪以来,由于现代数学越来越抽象和复杂,做出上述分类并对每类情形明确作出判断可能根本就做不到。因此,一些数学家明确反对使用排中律,于是也反对使用反证法。通俗地说,如果所要考虑的事物构成了一个无穷集合,首先,这个集合有可能无法分为互相排斥的两类,而是只能分为三类以上,例如n类;其次,我们无法彻底排除其余的$n-1$类,也就是说,在其余$n-1$类情形中,至少对一类情形我们无法作出判断,那么反证法之类的方法就会失效。

一个通俗而显然的例子是,判断π的十进小数展开中有没有一段恰好是0123456789。这个问题大概是在20世纪70年代提出来的,从传统思维方式看,π的十进小数展开中,要么有这样一段(命题A),要么没有这样一段(命题非A),这就把全部情形划分为互相排斥的两类。进一步思考发现,实际情况并非如此。如果有一天我们在π的十进小数展开中确实发现了这样一段,我们当然就知道命题A成立。但是,如果我们将这个展开一直继续下去,却一直没有找到这样一段,我们不能判断,是π的十进小数展开根本不存在这样一段,还是由于我们走得不够远而暂时没有看到它。出人意料的是,由于计算机运算能力的不断提高和π值计算方法的改进,其计算结果也不断被刷新,到1999年,已将π算至206,158,430,000位小数。在此过程中,0123456789、9876543210的排列均已出现。但是,我们可以很容易地把问题改为要求判断01234567890123456789或者更为复杂的排列会不会出现在π的十进小数展开中。于是我们始终会面对这样的问题:如果我们找到了那个结果,我们就知道它存在;如果至今还没有找到,我们却无法判断是这个结果根本不存在还是我们走得不够远。——在这类问题面前,反证法失效。

案例9-2 再谈实数

这个教学案例的对象是高中一年级学生,可以作为常规课程的教案,也可以作为数学兴趣小组的活动案例。

一、本专题的基本内容和目标

1.初中数学有关实数内容的回顾。2.有理数集的稠密性。3.有理数集的可数性。(理解证明思路,但不要求学会证明)4.实数集的不可数性。(理解证明思路,但不要求学会证明)5.实数的小数表示与长度的物理测量有本质区别。

二、本专题的设计思路

1.在初中数学课程中,学生们初步学习了实数的概念和性质。随着高中数学课程中函数、解析几何、微积分初步等内容的学习,要求对实数概念和性质有更深刻全面的理解。2.在简单回顾初中所学知识的基础上,借助专题1的结果(用反证法证明确实存在不能表示为两个整数之比的数,即无理数),强化实数基本概念。3.借助学生过去的简单知识导出有理数集的稠密性,借助1—1对应原则和对角线方法导出有理数集的可数性,二者形成一个反差:稠密性暗示有理数比自然数多得多,可数性却表明有理数集可以和自然数集建立1—1对应,这和人们的日常经验强烈冲突。另一方面,为使用对角线方法证明实数集的不可数性做准备。4.在有理数集可数的基础上,借助对角线方法证明实数集不可数,从而知道无穷集是有不同级别的。进一步知道,无理数比有理数多得多。从而重新思考自然数集、有理数集和实数集的性质,并对一般无穷集初步形成直观感觉。5.通过一个反例表明,数学的逻辑构造与物理世界的真实情况并不完全吻合,数学只能在一定精度内近似物理世界,数学与物理学之间存在本质区别。6.本专题按3课时设计。

第1课时,回顾实数基本知识,对比实数与有理数异同,不等长两实数线段的1—1对应。第2课时,怎样给有理数编号,为什么实数不能编号。第3课时,从一个有趣的故事谈起,看数学想象可以多么奇妙,再明白这种奇妙的想象其实不一定能够实现,从而体会数学与物理学之间的本质区别。

三、基本内容

以下是具体教学内容,包括提供给学生的内容要点及教师的讲解。

实数是数学中最重要、最深刻的基本概念之一。在初中数学课程中我们已经学习过实数,了解了它的基本性质。在高中阶段,无论是马上就要学习的幂函数、指数函数、对数函数以及后面的三角函数、反三角函数，还有平面解析几何、不等式以及微积分初步，都是在实数范围内展开的。在实数的基础上可以定义复数，而复数也是高中数学课程将要学习的内容。相对于上述将要学习的内容，初中阶段我们对实数的了解过于狭隘和肤浅，为此我们今天将要对实数作进一步的讨论。

首先，让我们回顾一下初中学过的内容。

问题1：什么是实数？请首先举例，然后用你认为最清楚的方式描述实数概念。

很多同学可能会回答：有理数和无理数统称实数。

那么，接下来的问题就是：什么是有理数，什么是无理数？

答案1：整数和分数统称有理数，无限不循环小数称为无理数。

答案的前一半可代换为：有限小数和循环小数称为有理数。

答案2：能够写成两个整数之比的数是有理数；不能写成两个整数之比的数是无理数。

给教师的建议

由于这个内容已经出现在专题1中，学生应该很容易想到它。无论学生是否给出第二个答案，教师都需要引入它，因为判定无限不循环比较困难，而判定是否可以写成两个整数之比则非常容易，方法是使用反证法。然后，借助专题1的结果，强化实数基本概念。

阅读材料：有理数、无理数与毕达哥拉斯

有理数和无理数的英文表示分别是 rational number 和 irrational number。rational number 的本义是可比的数，指可以写成两个整数之比；irrational number 则是不可比的数，指不能写成两个整数之比。这样的区分来自古希腊数学。

前一个专题中，我们曾提到过毕达哥拉斯，他是泰勒斯之后一位影响极大的哲学家和数学家。他年轻的时候曾在战争中被巴比伦人俘虏，在巴比伦地区生活了大约十多年，学习了当地的各种学问，包括宗教、天文学、数学、音乐等。40岁左右他回到家乡克洛顿，创立了一个带有宗教色彩的神秘学派，既研究哲学、数学，又热衷于政治。学派成员极度崇拜毕达哥拉斯，把学派的一切发现都归功于他。

希腊哲学家热衷于思考和研究构成世界的“始基”或“本原”究竟是什么，以及这些始基怎样构成了世间万物，世界又是按照怎样的规律运行和变化。泰勒斯认为世界的始基是水，毕达哥拉斯学派则认为，世界的始基是数。他们的说法大致如下：

首先，由数的基本元素“奇”和“偶”（或者直接理解为1和2）生成所有的数。他们把数想象为平面上规则点阵中的点数，后来又被发展到空间点阵。在平面上由1开始，用直角曲尺不断向外扩展，可以得到连续的奇数和平方数；由2开始，用直角曲尺不断向外扩展，可以得到连续的偶数。这样就得到了所有的自然数。自然数m与n的比也被看成是数，也就是正分数。自然数和正分数的全体（即正有理数）就是他们认可的所有的数。

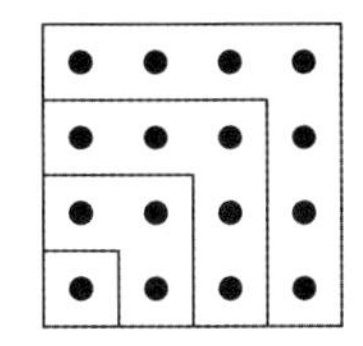

图9.2　奇数和平方数

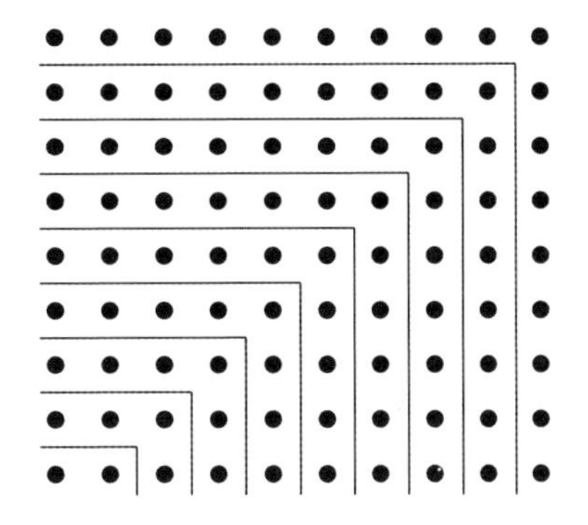

图9.3　偶数和长方形数

其次，由数生成形。他们认为，1对应点；过两点可作一线，于是2对应线；不在同一直线上的三点可以确定一个平面，于是3对应面；不在同一平面上的四点可以确定一个四面体，于是4对应体。点、线、面、体代表了全部几何要素，于是就由数生成了形。

第三，由形生成物质元素。当时已经发现了正四面体、正六面体、正八面体、正二十面体共四种正多面体，毕达哥拉斯学派认为这四种正多面体分别对应火、土、气、水四种基本物质元素。

第四，由火、土、水、气四种元素生成世间万物。

后来人们又发现了正十二面体，但是火、土、水、气四种元素已经生成世间万物，于是就让正十二面体对应天体。于是，天地间的一切就这样生成了。这样的一套理论构成了毕达哥拉斯哲学的核心。

再后来，他们发现某些量的比不能写成两个自然数之比(例如单位正方形边长与其对角线长度之比，或者正五边形边长与其对角线长度之比)，于是就有了关于这样的比值能不能算作“数”的争议。希腊人很快发现，这样的情形在几何学中非常普遍，容易证明，很多常见的长度之比都不能表示为两个自然数之比。但是，如果承认这样的比值是数，他们最初对数的理解就是错误的，在此基础上获得的大量数学成果也都需要重新考察，与之有关的哲学体系也将崩溃，从而在希腊数学家和哲学家中引起了极大的恐慌，这就是著名的第一次数学危机。100 多年之后，数学家将算术(代数)和几何中出现的量综合起来考虑，建立了新的兼顾算术与几何的比例概念和理论。

由此来看，在对所谓“无理数”的思考中，最关键的问题是它们能不能写成自然数之比。于是，对 rational number 和 irrational number 最好的翻译应该是“比数”和“非比数”，而“有理数”和“无理数”实际上是译错了。

给教师的建议

看了上面的阅读材料，同学们可能会提出某些疑问，例如:

毕达哥拉斯学派为什么会认为数是万物的本原？为什么会将正多面体与物质元素联系起来？由于年代久远资料匮乏，这类问题并没有公认的答案。希腊早期哲人对万物本原的理解和做出判断都不严谨，往往只是根据表象就得出结论，例如，泰勒斯说世界的本原是水，是注意到水的各种形态变化；赫拉克利特说世界的本原是火，是注意到火的燃烧与熄灭，同时伴随各种生成物。毕达哥拉斯学派认为数是万物的本原并且设想出那么复杂的一套理论，其认识水平在整体上已经高于泰勒斯和赫拉克利特。我们感到这种理论很怪异，是因为我们想不通为什么正多面体可以对应于物质元素。一种表面的理解是，每一种正多面体的形态恰好反映了相应的物质元素的特性。更深层的含义，由于年代久远史料缺乏，已经不太容易解释清楚了。毕达哥拉斯学派有一句名言：万物皆数，或被表述为：数统治着宇宙。联想到他们将多面体与物质元素相对应，可理解为他们将自己感觉到的数量关系和空间形式的普遍性绝对化，虽然今天看起来有点荒唐，但其出发点还是有道理的。

问题 2：实数和有理数有什么相同和不同？

最容易想到的，是它们都可以比较大小，都可以进行加减乘除运算，而且其数量是无穷的。自然数也是无穷的，但有理数和实数有一个更进一步的性质：在任何有限区间内（只要它没有退缩为一个点），总含有无穷多个有理数，当然也就总包含无穷多个实数，数学上把这个性质叫稠密性。

给教师的提示：

有理数集是实数集的真子集，有些性质明显是相似的，例如有序性（可以比较大小）、对加减乘除运算的封闭性（都是数域）。学生们可能会忽视的一个二者之间相似的性质是稠密性：在任何两个有理数之间，必定存在有理数。实数类似。稠密性表明，已知任意多的有理数或者实数，一定存在另外的有理数或者实数，所以，它们都是无穷多的。

这个结果似乎暗示两件事：第一，有理数似乎比自然数多得多；第二，有理数几乎和实数同样多。但接下来我们会发现，实际情况并不是这样。

由稠密性出发，容易发现有理数和实数之间的一个基本不同：如果用直线分别表示它们，那么实数直线是连续的，而有理数直线是不连续的。为了说清楚这一点，需要从最基本的 1—1 对应原则谈起。

一个现实中的问题：在一个巨大的剧场里有很多观众，怎样确定是座位多一些，还是观众多一些？

给教师的建议

高中一年级的同学应该容易明白这个问题的意图，应该会想到，最简单的办法就是让所有的观众都尽可能坐到座位上，如果所有观众都坐下了还有空着的座位就是座位多，如果所有座位都坐上了人还有人没座位，自然就是人多。

如果有人觉得应该分别数一下观众和座位的数量然后比大小，就请他估计一下，例如，如果一秒钟数 3 个数，一个可以容纳 1 万人的剧场，需要数多久。

第一种做法运用了 1—1 对应原则，这是一种非常基本的数学方法，其原始应用可以追溯到人类最初发明计数法之前的时候。一个古老的希腊传说故事中讲到：一位失明的牧羊人，每天早上从羊圈中把羊放出去吃草，每出去一只羊，他就捡一颗石子，当所有的羊都出去了，他就把相应的石子放起来；每天傍晚他把羊赶回羊圈，每进去一只羊就拿走一颗石子。当所有的石子都拿光了，就表明所有的羊都回来了。在这个过程中，他并不需要分别数出羊和石子的数量，只需要知道早晨出去的羊和晚上回来的羊一样多就够了。

1—1 对应原则非常重要，是学习和理解各种函数的概念和性质的基础。

问题 3：一支粉笔和万里长城，哪个上面的点多一些？为什么？

给教师的建议

实际上，在一个角内作两条截线，然后从角的顶点任意作射线，结论一目了然。于是，两个不等长的线段上的点其实一样多。

注意，在考察有理数集、实数集这样的无穷集的时候，我们过去的直观经验往往是错误的。

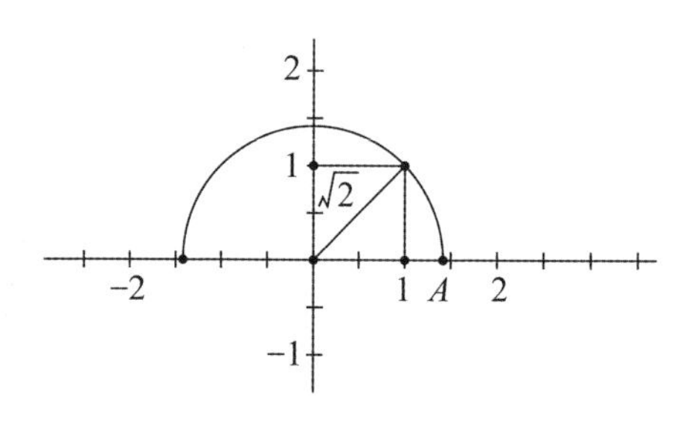

图 9.4　有理数直线上的“缝子”

进一步的问题：在上述问题中，我们隐含地假定了一个前提：粉笔和长城，或者更一般地，用来比较的两个线段，都是连续的。换句话说，它们都是实直线的一部分。如果这两个线段，一个是有理数线段，一个是实数线段，结果如何？

结论：有理数与实数的不同：有理直线有缝子，实直线是连续的。如图，容易知道，在有理直线上没有像$\sqrt{2}$这样的无理数所对应的点。

进一步：有理数可以用自然数编号，实数不行。

课外作业：

1. 假如一支粉笔的长度是 10 cm，明长城长度大约为 8 850 km，假定已经将其二者分别变形为直线段。请在二者之间建立一个函数关系，使得粉笔上任意一点，恰好对应于明长城上的一点。

以 cm 为单位，粉笔长度为 10 cm，明长城长度大约为 885 000 000 cm。建立的对应关系应满足粉笔的起点（$x=0$）对应于明长城起点（$y=0$），粉笔的终点（$x=10$）对应于明长城终点（$y=885\ 000\ 000$）。于是对应关系为：$y=88\ 500\ 000x$。获得这个结果十分容易，但通常情况下没有人会去注意这样的问题。

2. 模仿两个线段间的对应关系，尝试在两个矩形之间建立 1—1 对应关系。

提示：设第一个矩形为$(0,a)\times(0,b)$，第二个矩形为$(0,c)\times(0,d)$，所建立的对应关系，相当于两次伸缩变形，每次都类似于粉笔与长城之间的对应。

解答：设在第一个矩形$(0,a)\times(0,b)$中任取一个点(x,y)，它对应于第二个矩形$(0,c)\times(0,d)$中的点(x_1,y_1)，那么：

$$x_1=\frac{c}{a}x,y_1=\frac{d}{b}y$$

问题 4：怎样给有理数编号？

也就是说，对每一个有理数，都找到一个自然数与之对应；不同的有理数，与之对应的自然数也不同。

首先看下面的构造过程：

写出分子是连续的自然数，分母是 1 的序列。

写出分子是连续的自然数，分母是 2 的序列。

写出分子是连续的自然数，分母是 3 的序列。

写出分子是连续的自然数，分母是 4 的序列。

类似地，将这个过程继续写下去。为每一行中的分数编号，都需要用到全体自然数。那么,有没有办法用自然数给全体有理数编号?

即:证明全体有理数构成的集合是可数集。

一个基本的、经典的方法:对角线法。

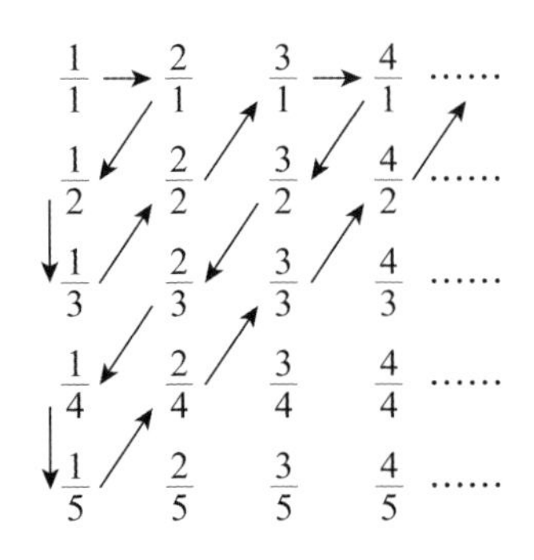

图 9.5　对角线法

给教师的提示

对角线法是基于1—1对应原则的一个基本方法,刚刚接触这种方法的时候可能会不适应,所以需要引导学生认真体会。下面的表述在形式上有一点变化,由于利用平面点阵,似乎比前一种更直观一点。

为了便于理解,我们也可以改用下面的方式来表述同样的内容。

如下图,在平面上画出两根垂直相交的实轴 x 和 y,其交点是各自的原点。这样的构造叫作平面直角坐标系。两根正半轴所对应的区域称为第一象限,在其中

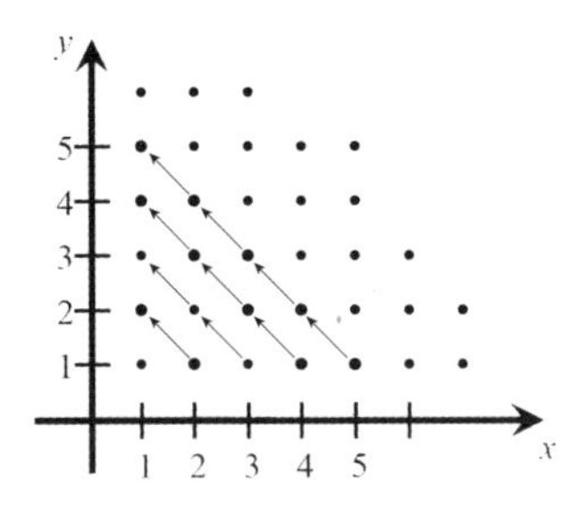

图 9.6　对角线法的另一种形式

看由两根正半轴上的整数点(1,2,3,4,……)所引垂线的交点,以 X 轴上的点的坐标为分子,以 Y 轴上点的坐标为分母,将不同分母所对应的序列依次写出,结果和前一种做法相同。

这个结果表明,有理数集可以和自然数集建立1—1对应,换言之,从集合之间对应的观点看,全体自然数与正有理数一样多。进一步还容易证明,全体自然数与全体有理数一样多。这和人们的日常经验强烈冲突。

问题5:既然有理数可以用自然数编号,实数能用自然数编号吗?为什么?

基于对角线法的反证法:

假设[0,1]区间的全体实数可以用自然数编号,进而假设这样一个排序已经做出来了。那么,按照这个顺序列出所有这些实数,并且将它们表示成十进小数。然后,我们造出一个不可能出现在这个队列中的实数。具体做法是:

假定[0,1]区间的实数是可数的,把每个这样的实数写成无穷小数,并且约定:对一切有限小数,仅允许9循环而不允许0循环,例如1/4只能写成0.249 999……的形式而不能写成0.250 000……的形式。于是,[0,1]区间的每个实数都有唯一的十进小数表示。

如果它们是可数的,也就是它们可以与自然数序列建立一一对应,从而我们可以为其中的每个实数指定一个自然数 n:

$1\longleftrightarrow 0.a_{11}a_{12}a_{13}\cdots\cdots$

$2\longleftrightarrow 0.a_{21}a_{22}a_{23}\cdots\cdots$

$3\longleftrightarrow 0.a_{31}a_{32}a_{33}\cdots\cdots$

…………………………

$n\longleftrightarrow 0.a_{n1}a_{n2}a_{n3}\cdots\cdots$

…………………………

现在定义一个[0,1]区间的实数 $b=0.b_1b_2b_3\cdots\cdots$,其中,如果 $a_{kk}=1$ 则令 $b_k=9$,如果 $a_{kk}\neq1$ 则令 $b_k=1$。于是,这个实数不同于上面序列中的任何一个实数,这与上述序列的性质矛盾。

给教师的提示

这是一个十分精巧的构造，要点是，一面假定我们给[0,1]区间的全体实数排好了队，于是可以用自然数给它们编号，另一面则造出了一个显然属于[0,1]区间的实数，而且它显然不可能排在这个队里。怎样构造出这样一个数是个技巧，但这样一个基本思路却是十分基本的。

阅读材料：康托与集合论的诞生

康托(G.Cantor,1845—1918)是19世纪德国数学家。他建立的集合论被认为是人类思想史上最伟大的创造之一，其本质是对无穷的研究。1874年，康托发表论文《论所有实代数数的一个性质》，其中证明了"全体有理数所构成的集合是可数的""全体实数所构成的集合是不可数的"等重要结果，标志着集合论的诞生。1877年他又发现并证明：可以在[0,1]区间与单位正方形之间建立1—1对应。

人们最早熟悉的无穷集合是自然数集。简单来说，从1开始数数，你可以一直数下去，永远也不会完结。换一种说法，任意给一个你认为足够大的自然数n，总有比n大的自然数，例如$n+1$。后来人们注意到，自然数集、有理数集、实数集似乎一个比一个更大，但又似乎没有什么有效的办法真正去分辨不同的无穷集哪个所含的元素更多。康托从1—1对应原则出发，给出了比较两个无穷集合大小的一个统一尺度和有效方法。按照我们刚刚得到的结果立刻可以知道，根据1—1对应原则，有理数集与自然数集之间可以建立1—1对应，因而元素一样多；实数集与自然数集之间不能建立1—1对应，因而实数比自然数多得多。作为一个推论立刻可以看到，无理数比有理数多得多。这些结果和人们的日常经验都有较大的反差。我们宁愿相信有理数比自然数多得多，有理数和实数差不多，此外，由于我们所知道的无理数很少，所以也自然地容易认为无理数比有理数少。这些感觉都是错误的。

扩展内容：怎样在[0,1]区间与单位正方形[0,1]×[0,1]之间建立1—1对应关系。

区间[0,1]中的每一点都可以用一个无穷小数来表示：$a=0.a_1a_2a_3\cdots$，和问题

5 同样地约定：对一切有限小数，仅允许 9 循环而不允许 0 循环。

边长为 1 的正方形中的每一点 P 都可以用数偶 (b,c) 表示，即 $P=(b,c)$，这里 b 和 c 是 0 与 1 之间的实数。

给定正方形中一点 $P=(b,c)=(0.b_1b_2b_3\cdots,0.c_1c_2c_3\cdots)$，让它对应 $[0,1]$ 中的一点 $a=0.b_1c_1b_2c_2b_3c_3\cdots$；反过来，对 $[0,1]$ 中一点 $a=0.a_1a_2a_3a_4a_5a_6\cdots$，让它对应 $P=(0.a_1a_3a_5\cdots,0.a_2a_4a_6\cdots)$。于是，$(b,c)$ 与 a 是 1—1 对应的。

给教师的提示

这个发现和证明是康托在 1877 年做出的。

对于绝大多数人来说，空间的维数是一个基本的分界，以常规的几何对象为例，点是零维的，线是一维的，面是二维的，体是三维的。人们相信，不同维数的空间之间有着根本的区别。但康托的上述发现和证明似乎挑战了这个观念。当然这只是数学的逻辑构造，表明数学的结论与我们的经验是有根本区别的。这种区别，有时候表明我们的经验过于肤浅，需要用数学和科学做工具使之深化；也有时可能表明数学的逻辑构造并不简单等同于物理世界的真实现象和规律，二者是否一致以及对这种一致或不一致的解释需要根据具体的实际情况作具体的讨论分析。

问题 6：惊人的编码

在由《科学美国人》编辑的《从惊讶到思考——数学悖论奇景》(科学技术文献出版社，1982)中记载了一个小故事：一个外星人来到地球，考察了地球上的图书馆，然后他说，我想把地球上所有图书的内容都记录下来带走。

问题：你认为外星人能实现他的计划吗？如果你认为不能，为什么？如果认为能，那么，你觉得他有可能用什么办法来实现这个计划？

信息时代的一个常识：一切信息都是可以编码的。

给教师的建议：可以将这个问题在第 2 课时结束时作为思考题留给学生。第 3 课时一开始安排学生讨论。

外星人提出的办法：

外星人拿出一根特殊材料制成的小棒，然后说，这个小棒具有不可磨损的性能。

把一端设为 0，另一端设为 1，它可以表示实数轴上的[0，1]区间。地球上的每一本书都可以用有限长的数字编码，全部图书资料是有限的，将所有图书编码，连续排在一起，前面加上一个 0 和一个小数点，于是全部图书的编码就变成了一个(0，1)区间中的有理数。只要在这个小棒上的对应位置做标记，也就记录下了这个有理数。我回到自己的星球之后，重新读出这个有理数，就可以得到地球上全部图书的编码。

问题：为什么外星人的做法不可能实现？

实际上，所有的物理测量(例如长度测量)都极大地受到物质性质和技术手段的制约。假设外星人的小棒长度为 10 m(这已经不能算是小棒了)，它的一端代表 0，另一端代表 1，那么，第 1 位小数位于 1 m 级别的刻度上，第 2 位小数位于 10 cm 级别的刻度上，第 3 位小数位于 1 cm 级别的刻度上，第 4 位小数位于 1 mm 级别的刻度上，以此类推。假如将基本汉字用四位数字编码，也就是每个汉字需要四位编码，那么一首普通的七言律诗就需要 $4\times56=224$ 位编码，对应于 10^{-223} m 级别的刻度，这已经远远超出目前科学技术所能达到的测量精度范围了。换言之，采用前面所说的方法，如果由我们运用当代技术手段去刻那个标记，连一首七言律诗都无法刻在那根小棒上，更不必说更多的信息了。外星人究竟能比我们强多少呢？退一万步说，就算外星人可以达到那样的测量精度，准确地找到了那个作为编码的点，他怎样将这个点刻在小棒上呢？从数学意义上说，点是没有大小的，但是，只要他想在一根小棒上做标记，这个标记就不可能没有大小，于是他刻下的标记就成了一个微小的直线段乃至曲线段，考虑到数学意义上的线段没有宽度，而刻出来的"线段"不可能没有宽度，所以实际上他刻出来的既不是一个点，也不是一个线段，而是一个微小的曲面片。这样的标记恐怕真的是任何意义都没有了。

其实，数学中还有很多这样的故事和构造，请看下面的例子。

例 1 《庄子·天下》中有一个大家熟知的命题："一尺之棰，日取其半，万世不竭。"一尺长的木棒，如果每天砍一半，不要说万世了，就是一万天，你能继续砍下去吗？假如你确实能砍到一万天，这时候它还是木头吗？为了方便起见，我们把这个命题中的一尺改为 1 m，请大家计算一下，1 m 长的一个线段，经过 365 次折半之后，其长度是多少。

例 2 一个曾经颇为流行的数学奇谈说，用一颗豌豆削成薄片可以覆盖整个地球。这种说法的根据是，数学中所说的面是没有厚度的。地球的表面积大约是5.1亿平方千米，想象你有一颗特大豌豆，它的体积是 1 cm^3，把它想象成一个立方体，它的横截面面积为 1 cm^2，请计算一下，需要多少这样的豌豆片才能覆盖地球。如果你真的能够把一颗豌豆切成这样的薄片，它们的厚度是多少？

例 3 若干年前，一位著名的数学教授写过一篇有趣的数学小品文。其中有一个片断，大意说，如果我们限定了照片的尺寸，那么，无论从古至今在地球上曾经有过多少人，也无论地球上不同地方有多少不同的风景，所能拍出的不同的照片一定是有限的。论证过程非常清楚明确，大意是：由于照片尺寸已经限定，如果在电脑上表现出来，它所含有的像素数就是有限的，我们可以假设像素总数为 m。可以直观地把像素总数理解为可供染色的总点数。可分辨的颜色总数也是有限的，我们可以假设总数为 n。于是，在第一个位置（第一个点），可供使用的颜色共有 n 种。类似地，在第二个位置，可供使用的颜色还是共有 n 种。于是，对 m 个点分别染色的全部方案共有 $n \times n \times n \times n \cdots \times n$（总共 m 个 n 连乘）种，这就是一切可能的照片（图片）的总数。

上述证明完全正确，而且实际上非常简单，结论当然成立。可是，你想过这里所说的“有限”究竟有多大吗？

为简便考虑，假设我们考虑的照片像素为 $1\,024 \times 768$ 也就是大约 78 万，可分辨的颜色假设为 100 种，于是这些可能存在的照片总数就是 $100^{780\,000}$，也就是 $10^{1\,560\,000}$。这个数究竟有多大呢？

公元前 3 世纪的大数学家阿基米德曾做过这样的估算：一颗罂粟种子可容纳一万粒沙子，而罂粟子的直径为手指宽的 1/40。假定手指宽度为 20 毫米，则一颗罂粟子的直径按阿基米德的说法应当是 0.5 毫米。阿基米德根据当时的天文理论和数据，推断可以填满宇宙的沙粒总数不会超过 10^{63}。

按照这个估计，如果一个直径为 0.5 毫米的球能容纳 10 000 粒沙子，而阿基米

德的宇宙能容纳 10^{63} 粒沙子，则他所说的宇宙的体积是一颗罂粟子的 10^{59} 倍，这个宇宙的直径便是一颗罂粟子直径的 $10^{59/3}$ 倍，即

$$0.5\times10^{59/3}=0.5\times4.65\times10^{19}\approx2.3\times10^{19}(\text{毫米})$$

即半径约为 1.15×10^{19} 毫米，约合 1.2 光年。

根据现代天文学的研究结果，可观测宇宙的半径不会超过 200 亿光年，与阿基米德宇宙半径的比值约为 167 亿，于是其体积比是

$$(1.67\times10^{10})^3\approx4.66\times10^{30}<10^{31}$$

因此，填满目前可观测宇宙的沙粒总数小于 $10^{63}\times10^{31}=10^{94}$。这个数显然比我们前面推算的照片数量小得多，而我们所说的每张照片所具有的体积一定比阿基米德所说的沙粒大得多。也就是说，需要有很多很多个与我们所在的宇宙一样的宇宙，才可能装得下我们所说的那么多照片。

用这样的眼光看上述问题，我们可以说，虽然从理论上说，可能存在的全部图片的数量一定是有限的，但是由于这个数量太巨大了，我们不需要考虑随便找来的两个人会有相同的照片，或者随便画出的两幅画会完全相同。相对数量有限的人类(哪怕是有史以来曾经生活过的所有的人)以及每个人有限的寿命而言，可能存在的照片或图片的数量已经大到可以被想象为是无限的。

当初欧几里得说，有限的直线可以任意延长，换言之，他设想了一个本质上是无限大的宇宙。我们现在可以体会，他的这个假定有多么大胆。

这样的例子告诉我们，数学家确实可以翱翔于他们运用计算、推理和想象构建的数学世界里，但是数学的逻辑构造与物理世界的真实情况并不完全吻合，数学只能在一定精度内近似物理世界，数学与物理学之间存在本质区别。

四、对本专题教学的总体把握

本专题设置了 6 个基本台阶：

第一，初中实数内容回顾。

第二，实数和有理数有什么相同和不同？这个台阶是从学生在初中所学内容到更深刻也更困难内容的过渡。

第三，运用 1—1 对应原则，直观地理解，一个看上去很短的线段，与一段看上去很长的线段，二者之间是可以建立 1—1 对应关系的。这既揭示了实数系的一个基本性质，也粗略透露了无穷集的一个基本性质：无穷集的一个真子集有可能同全集建立 1—1 对应。在教学中不太容易使学生理解到这一层，但教师无论如何应该有这样的意识。

第四，在理解 1—1 对应原则的基础上，用对角线方法证明有理数集可数。这个台阶已经比较难，但大多数学生应该能够适应。无论这个结果还是这个方法，对他们来说都是大开眼界的。要求不必很高，有任何一点感觉都是有益的。

第五，在第四个台阶的基础上，再进一步，证明实数集不可数。大多数学生未必能理解证明过程，因为它的抽象程度比较高，特别是形式化程度比较高，远远超过学生们以往经历和熟悉的东西，但不理解没有关系，仅仅这个经历就是有益的。在这个证明中，反证法的应用与学生们熟悉的形式明显不同。

第六，奇特的情境——外星人希望拷贝人类全部图书；奇妙的构想——将全部图书编码变为(0,1)区间的一个数；出人意料的结果——物理手段不支持数学构造。整个过程经历了两次大转折，一定会给学生留下深刻印象。

在这六个台阶中，只要学生走完第二个台阶，他们对实数的掌握就已经达到了目前中学课程的基本要求。至于后面的四个台阶，并不要求所有学生都能走完。通常绝大多数学生可以完成第三个台阶，多数学生可以到达第四个台阶，这已经非常好了。极少数学生能够理解第五个台阶，于是他们不仅在对实数的理解上达到了较高水平，而且数学抽象能力也经历了一次提升过程。

至于第六个台阶，反而是不太困难的，能够走到第四个台阶的学生，都应该有足够的思考能力理解有关内容。

五、参考文献与课程资源

1. 教师参考书

T.丹齐克.数——科学的语言[M].苏仲湘，译，上海：上海教育出版社，2000.

卡尔文・C.克劳森.数学旅行家：漫游数王国[M].袁向东，袁钧，译.上海：上海教育出版社,2001.

董延闿.数系——从自然数到复数[M].北京:北京师范大学出版社,1986.

王建午,曹之江,刘景麟.实数的构造理论[M].北京:人民教育出版社,1981.

王昆扬.实数的十进表示[M].北京:科学出版社,2011.

曹之江.什么是实数[J].大学数学,2007(4):1-6.

2. 学生读物

张景中.中学生文库:从$\sqrt{2}$谈起[M].上海:上海教育出版社,1985.

约翰·塔巴克.数——计算机、哲学家及对数的含义的探索[M].王献芬,王辉,张红艳,译.北京:商务印书馆,2008.

案例 9-3　从割圆术谈起

这个教学案例的对象是高中一年级学生,可以作为常规课程的教案,也可以作为数学兴趣小组的活动案例。

一、本专题的基本内容和目标

1.用面积割补的直观方法得到圆面积的近似值;2.割圆术;3.穷竭法;4.黎曼积分的基本原理;5.更一般的思路。

二、本专题的设计思路

1.由一个直观的古代近似方法开始考虑怎样算出更精确的圆面积。2.割圆术:基本思想是用边数不断增加的直边形序列去近似曲边形,把静态的一次性近似变成了一个动态的逼近过程。3.穷竭法:由特殊的圆面积计算推广到一般的曲边形面积、曲面体体积计算,其中蕴涵了初步的极限思想。4.黎曼积分的基本原理。5.更一般的思路。6.本专题按2学时设计。

三、基本内容

1. 埃及人怎样计算圆面积

圆是最基本、最常见的几何图形之一,已知圆的直径求它的周长和面积是非常简单而又实用的几何问题。你一定记得这两个公式,但是,你会证明它们吗? 你知

道当初人们是怎样得到它们的吗？首先让我们来看一段视频。(反映埃及金字塔建造过程的一段视频)

根据这段视频以及古代数学史的其他可靠资料我们知道,埃及人早在大约公元前 1650 年的阿默斯纸草书中就给出了一种非常简单有效的计算圆面积的近似算法。具体过程如下。阿默斯纸草书第 48 题:“有一个边长为 9 的正方形,将其每边等分为三份,联结分点,得到一个八边形。试求其面积。”

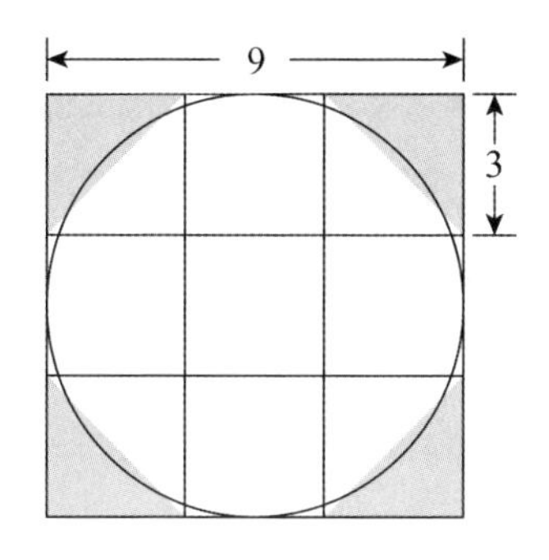

图 9.7　阿默斯纸草书中的圆面积计算

根据上图容易看到,正方形面积是 81,八边形由正方形去掉 4 个角得到,去掉的 4 个角面积之和是 18,因此八边形面积为 63。

阿默斯纸草书第 50 题:“有一块 9 凯特(长度单位,此处指圆的直径长)的圆形土地,其面积多大?”书中取其面积为 8/9 直径的平方。

你能设想一下埃及人是怎样得到这个结果的吗?

给教师的建议

注意到第 48 题的结果,可以知道埃及人应该是用八边形面积作为圆面积的近似。八边形与圆叠合的时候,既有超出的部分,又有缩进的部分,超出部分与缩进部分大体上互相抵消,所以可以用八边形面积近似圆面积。但从图中容易看到,相对于圆面积,八边形超出的少,缩进的多,实际面积略小于圆面积。

按照第 48 题的结果,直径为 9 的圆,面积近似值应该是 63,但第 50 题给出的近似值却是 64。原因之一是八边形实际面积略小于圆面积,原因之二是 63 不容易

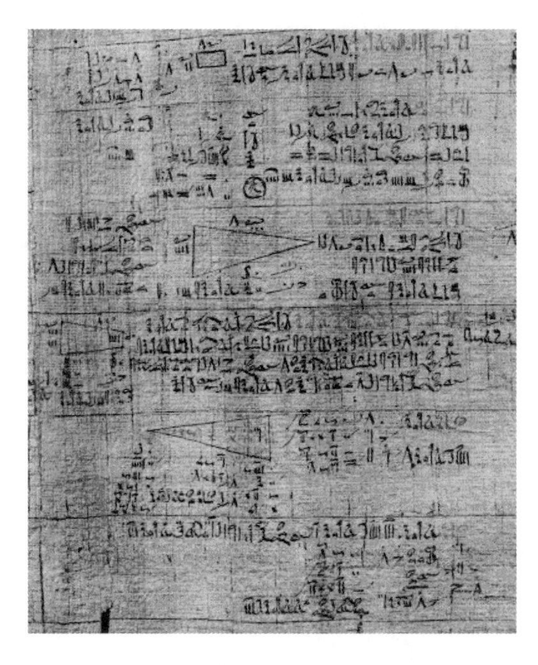

图 9.8 阿默斯纸草书的一个片断

开平方，于是埃及人将圆面积近似值调整为 64。一般地，如果圆的直径为 d，就有下面的公式

$$S=\left(\frac{8}{9}d\right)^2$$

埃及人给出的公式计算方法，相当于在我们熟悉的圆面积计算公式中取圆周率 π 的值大约为 3.160 5。这个值虽然在今天看来并不算很精确，但请注意直到公元 1 世纪中国的《九章算术》中仍然将圆周率的值取作 3，而阿默斯纸草书比《九章算术》早了 1600 多年，这个结果就十分令人惊讶了。

埃及人的上述方法不仅得到了在当时很好的圆面积近似值，更重要的是其中体现出一种十分重要的基本思想：可以用一个直边形的面积去近似一个曲边形的面积。在本专题接下来的部分你会逐步体会到这个思想究竟有多么重要。

2. 最早的割圆术

智者派是希腊古典时期一个著名的学派，他们是最早的职业教育家，通过给人讲授修辞学、辩论术等知识收取学费。普罗塔哥拉(Protagoras，约公元前 490 或 480 年—前 420 或 410 年)是智者派最著名的人物之一，他的名言是："人是万物的尺度，是存在者如何存在的尺度，是非存在者如何非存在的尺度。"

智者派由于研究辩论术而推进了逻辑学的发展，这对数学证明十分重要。他们还热衷于研究著名的几何三大难题，分别是：

倍立方体问题：求作一立方体的边，使该立方体的体积为给定立方体的二倍。

三等分任意角问题：分一个给定的任意角为三个相等的部分。

化圆为方问题：作一正方形，使其与一给定的圆面积相等。

化圆为方问题的本质是准确地计算圆面积。为了解决这个问题，大约在公元前 5 世纪中叶，智者派学者安提丰(Antiphon，约公元前 450)提出了这样一个观点：随着一个圆的内接正多边形的边数逐次成倍增加，这个圆与多边形的面积之差最终将被穷竭。因为我们能作出与任何给定的多边形面积相等的正方形，所以就能作出与给定圆面积相等的正方形。

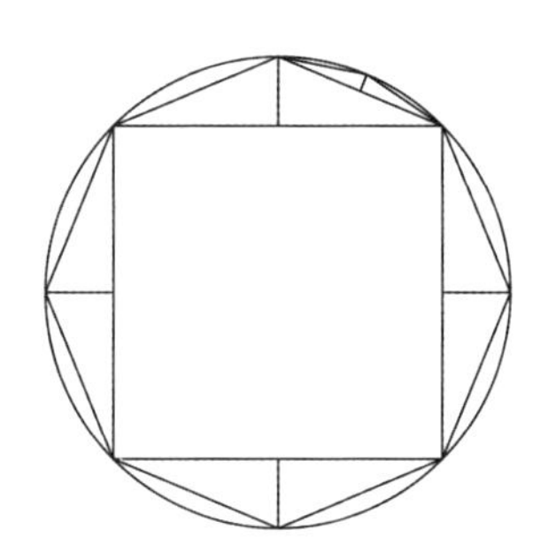

图 9.9　割圆术(圆内接正多边形)

这个论断当时立即受到批驳，其理由是它违背了"量是无限可分的"这一原则，因此，安提丰的程序永远也不能穷竭这个圆的全部面积。尽管如此，他的大胆论断确实包含了希腊穷竭法的萌芽。

此后不久，另一位智者派学者布里松(Bryson，约公元前 430)采用了安提丰的设想，而且不仅作圆内接正多边形，还作圆外切正多边形，从而丰富了安提丰的思想。

练习：

使用计算器，分别从圆内接和圆外切正方形起算，经过8次割圆计算圆面积和圆周率。

给教师的建议

割圆术的基本思想是用边数不断增加的直边形序列去近似曲边形。埃及人满足于用一个确定的直边形近似圆，而割圆术则把这种近似变成了一个逼近过程。在接下来的部分我们会看到，这种以直代曲、不断逼近的思想十分重要。

割圆术遇到的逻辑困难是：只要空间可以无限分割，圆内接多边形、圆外切多边形就永远不可能与圆重合，因此其面积也就永远不可能相等。虽然我们可以通过割圆术获得精确度不断提高的圆面积近似值，但化圆为方问题的原意是给出正方形面积与圆面积之间的一个理论关系或公式，而不仅仅是近似值。由于割圆过程不可能在有限次操作中完成，这也就意味着运用割圆术不可能在理论上解决化圆为方问题。

阅读材料：刘徽割圆术

大约成书于1世纪前期的《九章算术》中取圆周率为3，给出了计算圆面积和圆周长的公式。3世纪后期，魏晋间数学家刘徽注《九章》，其中运用割圆术计算圆面积和圆周率，获得了很好的结果。刘徽明确从圆内接正六边形起算，一直计算到圆内接192边形，求得圆周率的近似值分别为 $\pi=157/50=3.14$，$\pi=3927/1250=3.141\,6$。

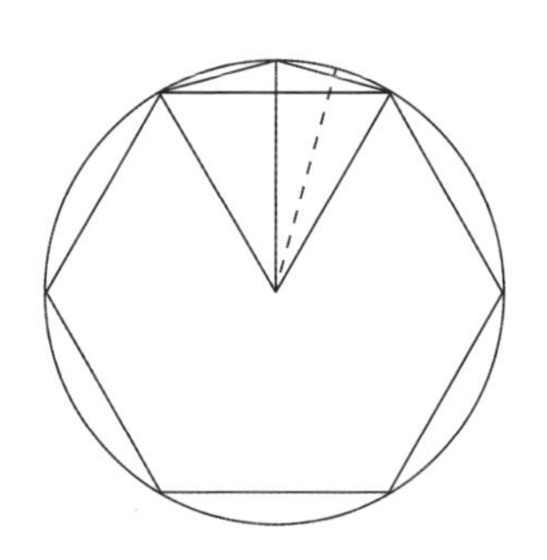

图9.10　由正六边形到正二十四边形

3. 从欧多克斯到欧几里得

公元前4世纪，大数学家欧多克斯(Eudoxus，约公元前408—公元前355)发现，虽然割圆术是用来推算圆面积的特殊方法，但其基本思想具有一般性，可以推广用来解决一般的曲边形面积和曲面体体积计算。

这个思路建立在下面的基本原理之上：

欧多克斯原理：对于两个不相等的量，若从较大的量减去一个大于其半的量，再从所余量减去一个大于其半的量，并重复执行这一步骤，就能使所余的一个量小于原来那个较小的量。

以这个原理为基础，欧多克斯将割圆术推广为可以处理更广泛面积体积问题的穷竭法，并获得了多个重要结果，例如：

两个圆的面积之比等于其直径平方之比；

任一(正)圆锥是与其同底等高圆柱的三分之一。

两个球的体积比等于它们直径的立方之比。

从此穷竭法就成了古希腊数学家处理面积、体积等问题的一种基本方法。

公元前300年左右欧几里得编写《原本》，欧多克斯给出的原理以及他利用这个原理获得的主要结果都被编入《原本》中。

欧多克斯是希腊古典时期最大的数学家，在整个希腊数学史上仅次于阿基米德，被后来的希腊学者誉为“神明般的人”。他是一位天文学家、医生、几何学家、立法家和地理学家。他最先系统地研究了黄金分割，虽然在他之前一个多世纪毕达哥拉斯学派已经知道它了。在天文学方面，他创立了第一个完整的宇宙学说。他曾说：“要是能到达太阳，弄清它的形状、大小和它的物质，我宁愿像法埃东(Phaethon，神话中的太阳神之子)那样被烧死。”[①]

给教师的建议

欧多克斯原理的表述不够直观，我们回过头去看割圆术。

---

① George Cornewall Lewis. An Historical Survey of the Astronomy of the Ancients [M]. London: Parker Son and Bourn, West Strand, 1862: 147 - 148.

假设有一个圆，我们用 C 代表它，A 代表它的面积。我们用割圆术计算这个圆的面积，希望算出的近似值与真值 A 的误差不大于一个(很小的)给定值 e。

我们从圆内接正方形(或正六边形)起算，将这个图形记为 P_0，求出其面积，将其记作 A_0，A_0 显然大于圆面积的一半。将 P_0 从圆里面挖掉，剩下 4 个(6 个)弓形，其面积之和 G_0 小于圆面积 A 的一半。

将 P_0 每条边(每个弓形的底)所对的圆弧二等分，连接相应边的两个端点与新的分点，得到一个等腰三角形 T_1，它的面积大于相应弓形面积的一半，求出这个面积 $S(T_1)$，将每个这样的等腰三角形都从对应的弓形中挖去，剩下二倍数量的更小的弓形，其面积之和 G_1 小于 G_0 的一半。同时我们注意到，将算出的全部等腰三角形面积之和添加到 A_0 上，将这个结果记作 A_1，它就是边数加倍之后的多边形的面积。

欧多克斯原理断言：持续不断地进行这个过程，在有限次操作之后一定可以达到这样一个状态：剩余的全部小弓形面积之和小于给定的误差标准 e。

注意到上述过程等价于每次直接求出边数加倍之后的正多边形面积并从圆中将这个多边形挖去。持续不断地进行这个过程，将第 k 次割圆所得正多边形记作 P_k，其面积记作 S_k，于是上述结果等价于：在有限次操作之后一定可以达到这样一个状态 P_n，其面积 S_n 与圆面积之差小于给定的误差标准 e。

欧多克斯发现，当我们把圆换成其他几何图形，例如平面图形中的弓形，立体图形中的圆柱、圆锥、圆台以及球，情况都是类似的。也就是说，将割圆术推广后，可以计算各种平面和立体图形的面积、体积。推广之后的方法称为穷竭法，它的意思是，经过一定次数的挖去直边形、多面体的操作，最初的曲边形、曲面体将逐步被耗尽，换言之，被挖走的部分每次都能算出面积体积，而挖走部分的总和已经可以非常好地近似最初的曲边形面积或曲面体体积。

在运用穷竭法推求面积体积的时候，每一步的具体计算往往需要很高的技巧，尤其是当需要处理的图形比较复杂，推导过程会非常困难。学生真正需要学习的并不是这些特殊技巧，而是割圆术、穷竭法中所体现出来的基本思考方式，或者说，是其中体现的解决面积体积计算问题的一般思路。

思考题：割圆术、穷竭法有什么共同特征？

阅读材料：阿基米德羊皮书（参见 8.2.3 案例分析）

四、黎曼积分的基本原理

古希腊计算面积体积的穷竭法，到了大约 2000 年之后的 17 世纪，演变成定积分理论。但是，在牛顿、莱布尼茨创建微积分的时候，很多细节并没有做好，定积分的较为完整的理论，直到 19 世纪中叶才由德国数学家黎曼（Bernhard Riemann，1826—1866）建立。

一类最基本的情形是：

设在区间$[a,b]$上给定连续函数 $y=f(x)(f(x)\geqslant 0)$，求由它所对应的曲线以及直线 $x=a$、$x=b$ 和 x 轴所围曲边形的面积。

这里所说的连续函数，其几何意义就是一条连续曲线。

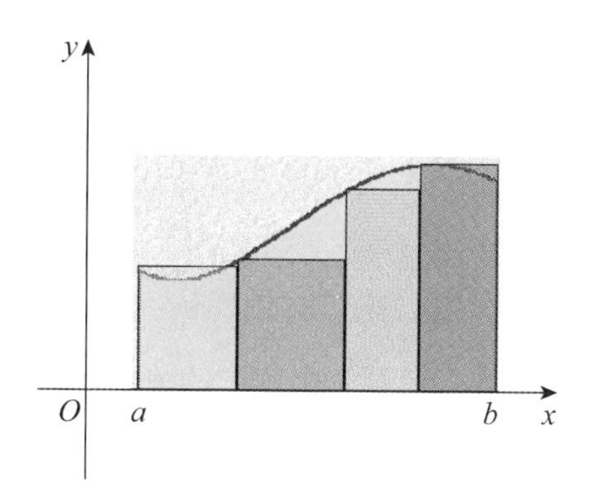

图 9.11　黎曼积分

黎曼积分的基本步骤是：分割（对应于割圆术中的割圆）；代替（对应于割圆术中用多边形代替圆）；求和（对应于割圆术中求等形面积之和）；取极限（直观地说：逼近，当分割充分加细的时候，求和结果越来越接近一个确定的值）。

我们可以十分清楚地看到，后来的黎曼积分，本质上是古老的割圆术、穷竭法的推广。

五、更一般的思路：容积（略）

9.2 数学文化专题

9.2.1 课程设置依据

本课程是本科生"数学与文化"课程的后续课程，从2007年开始以完整或简化形式开设过六七次。"数学与文化"聚焦于当代数学与文化各方面问题，引导学生对数学文化建立感性认识，初步形成数学文化教育理念；"数学文化专题"专注于数学文化史和数学文化教育研究，提升学生对数学文化的理性认识，增进他们对数学文化教育的理解和实践能力。

9.2.2 课程的主要目的和指导思想

本课程面向数学教育专业硕士生、数学史专业硕士生以及有志于从事数学文化教育的数学专业硕士生开设，教学目标包括两个基本方面：1.在本科课程的基础上，帮助学生从宏观的、历史的线索了解数学发展与人类社会发展之间的相互作用，并对几个重大问题作专题研究，从而深化对数学文化的理解。2.以数学文化研究为依据，界定数学文化教育，确定数学文化教育的目标和原则，并通过若干案例研讨中小学数学文化教育的具体内容和实施中的一些问题。

9.2.3 课程的基本设计

数学在其发展过程中受到各种文化及社会因素的影响。数学对人类文化的多方面影响：科学价值，应用价值，人文价值，美学价值。作为一种文化的数学的基本特征。了解上述内容对理解数学的作用。数学在现代社会的地位和影响。高中数学文化教育的基本思路和教学要点。

9.2.4 课程内容

导言：文化·数学·数学文化；一、什么是文化；二、什么是数学；三、作为一种

文化的数学

模块 1 数学文化史专题

专题 1 希腊数学与文化。一、宏观视角。1.希腊数学概观。2.欧几里得及其《原本》。3.希腊人为什么要在数学中引入逻辑证明和公理化方法。4.希腊数学在数学史和文化史上的影响和地位。二、微观视角。1.希腊数学中的主题与方法。2.希腊数学中的概念与体系。3.希腊数学家的数学观和工作方式。

专题 2 中国传统数学与文化。一、宏观视角。1.中国传统数学概观。2.《九章算术》与刘徽。3.中国传统数学的基本思想与方法。4.中国传统数学在数学史和文化史上的影响和地位。二、微观视角。1.中国传统数学中的主题与方法。2.中国传统数学中的概念与体系。3.中国古代数学家的数学观和工作方式。

专题 3 文艺复兴时期的数学与文化。一、宏观视角。1.背景。2.数学的发展。3.数学与其他领域的交互作用。二、微观视角。1.主题与方法。2.概念与体系。3.数学观与工作方式。

专题 4 现代数学与文化。一、宏观视角。1.现代数学概观。2.现代数学与现代科学。3.现代数学与哲学。4.现代数学与启蒙运动。二、微观视角。1.现代数学中的主题与方法。2.现代数学中的概念与体系。3.现代数学家的数学观和工作方式。

模块 2 数学文化案例研究

专题 5 空间观念的发展。一、三维平直空间。二、弯曲空间。三、高维空间。四、分数维。五、小结。

专题 6 无穷观念的发展。一、希腊人的无穷观。二、中国古代的无穷观。三、欧洲现代无穷观。四、康托集合论对无穷的处理。五、康托之后。

专题 7 公理化方法。一、欧几里得几何与实质公理系统。二、欧几里得公理化方法的影响。三、非欧几何与现代早期公理化思想。四、从希尔伯特到哥德尔。五、向前的一瞥。

模块 3 数学文化教育研究

专题 8 再论数学文化。一、回顾:文化和数学文化。二、数学文化的四类主要关注点。三、我们为什么关注数学文化。

专题9　什么是数学文化教育。一、数学文化教育的三个层面。二、数学文化教育的目的和价值。三、当前数学文化教育中的典型问题。四、数学文化教育的原则。

专题10　中小学数学文化教育概说。一、义务教育阶段的数学文化教育。1.义务教育阶段数学文化教育的定位。2.义务教育阶段数学文化教育的主要任务。3.义务教育阶段数学文化教育的形式和内容。二、高中数学课程中的数学文化。1.高中数学文化教育的定位。2.高中数学文化教育的主要任务。3.高中数学文化教育的形式和内容。4.数学文化专题概说。

专题11　数学文化教育案例研究。一、三个问题。1.化圆为方问题。2.物不知数问题。3.赌博中断问题。二、三个方法。1.十进位值制记数法。2.反证法。3.公理化方法。三、三个定理。1.正四棱台体积。2.勾股定理。3.代数基本定理。四、三个概念。1.素数。2.黄金分割。3.实数。五、三个数学分支。1.欧几里得几何。2.微积分。3.统计学的起源。六、三项技术发明。1.电子计算机。2.国际互联网。3.数字化技术。七、三个数学家故事。1.阿基米德。2.牛顿。3.图灵。八、数学家和他们的老师。1.牛顿的两位老师。2.伽罗瓦的老师理查。3.康托的老师克罗内克。4.陈省身的老师姜立夫。

9.2.5 案例

案例9-4:专题1　希腊数学与文化

片断:导言

古典时期希腊数学最重要的特点,是哲学学派与数学发展的密切关系。理解这一时期的希腊数学,应该特别关注其文化背景,主要是政治(城邦制度,奴隶主民主制)与哲学(主要是自然哲学)两个基本方面,同时也应了解希腊文化与其所处地理环境的关系。也应该明确两个基本观点:希腊文明在本质上与此前及同时的其他文明是不同的;希腊文明是西方文明的源头。

希腊人继承了巴比伦和埃及的数学成果，在此基础上，他们把证明引入了数学，继而发展了公理化的演绎数学。在具体成果方面，他们开创了对自然数性质的研究（初等数论）和对几何图形性质的研究（初等几何），开创了穷竭法、反证法等许多强大的、卓有成效的数学方法，获得了许多基本的、重要的数学成果。

现象：希腊数学与较早的、它所继承的巴比伦、埃及数学明显不同。巴比伦、埃及数学主要是经验的和归纳的，而希腊数学演变为理论的和演绎的。在巴比伦、埃及数学中，数与形尚处于浑然一体的状态，希腊人却最终使数与形分离，算术（包括某种程度的代数）与几何成为数学的具有较明确界限的两个基本分支。

问题：导致这种差异的原因是什么？

在古希腊，是什么人在研究数学？对于希腊人来说，数学是什么？哲学基础，探索宇宙的基本工具。他们为什么研究数学？为什么要用那样一种方式研究数学？

希腊数学的发展，从它的诞生到达到高潮，一直与哲学的发展密切相关。古典时期的数学家同时又是（甚至首先是）哲学家，或者属于一定的哲学学派。另一方面，理解希腊文化的前提之一，是理解其城邦制度。

案例 9－5：专题 4　现代数学与文化

片断：导言：现代数学的历史文化背景

17—19 世纪通常被称为近代数学时期，但我们称 17 世纪初至 19 世纪初为现代数学前期，19 世纪初至 20 世纪 30 年代为现代数学后期。

从 17 世纪初到 19 世纪初，欧洲数学继承了希腊数学的光辉传统（认为数学是研究自然的有力工具），在印度、阿拉伯、文艺复兴时期数学成就的基础上，适应资本主义生产方式发展的迫切需要，创立了现代数学，使数学发生了极大的飞跃和深刻的变革，从此开始了数学发展中一个本质上崭新的时期。

现代数学产生的标志是解析几何与微积分的创立，而其背景，从总体上说，是文艺复兴之后科学与社会的全面进步，包括工场手工业——资本主义生产方式的发展；生产力的提高；技术的改进；地理大发现带来的眼界的开阔；社会财富的迅速增加;文艺复兴与宗教改革带来的思想解放,科学也随之从宗教神学的枷锁下解放出来,并越来越为整个社会所重视。1640年英国资产阶级革命爆发,标志着资本主义时代的到来,社会的进步对科学发展产生了强大的推动力。

胡作玄《近代数学史》:"近代数学可以说是两个潮流相互结合的产物,一个是古希腊数学经由阿拉伯及拜占庭传入欧洲,在文艺复兴时期,特别是16世纪中叶出现了一个翻译出版古希腊经典著作的热潮,对当时的学术界起着一种振聋发聩的作用;另一个是印度、阿拉伯(其中也包括中国)的实用计算技术在12世纪传到欧洲后,通过数学实践者的推广,在欧洲各国得到普及。正是这两种互补的潮流的相互作用,加上13—16世纪欧洲人自己的一些独特的创造,直接推动了天才时代的天才们更上一层楼的创造。"(第34页)

片断:科学史的感动——哥白尼《天体运行论》追寻记

在我手边有一部奇特的书,书名是《无人读过的书:哥白尼〈天体运行论〉追寻记》,作者是美国科学史家欧文·金格里奇。他既是一位资深天文学家,也是一位科学史家。为了考察哥白尼《天体运行论》最初的流传及影响,从1970年开始,他在长达30多年的时间里"行程数十万英里,亲自阅读了《天体运行论》第一版和第二版的几乎所有现存本,为六百余本《天体运行论》拷贝记录了图书的物理描述、传承渊源和评注考察,最终他汇编而成了《哥白尼〈天体运行论〉评注普查》[*An Annotated Census of Copernicus' De revolutionbus* (Nurumberg, 1543 and Basel, 1566)]一书,有趣的是,这本《普查》在尺寸、页数和印数上都与《天体运行论》原书相仿,作者原本估计它也像原书一样要花二十年才能卖完,但意想不到的是,书一出来就几乎马上脱销了。"①于是,金格里奇又把自己三十多年的追寻记写成了一本书于2004年出版,成为当年亚马逊网络书店科学类十大畅销书之一。

这是一位现代学者的故事,令我们深深地为主人公探寻历史真相的执著所感

① 欧文·金格里奇.无人读过的书:哥白尼《天体运行论》追寻记[M].王今,徐国强,译,北京:生活·读书·新知三联书店,2008:4.

动。或许很多读者会认为主人公花费如此漫长的时间和巨大的精力做这样一件似乎微不足道的事情有些不值得，但真知无价，对真知的追求同样无价。哥白尼《天体运行论》在最初相当长的年代里遭受冷遇，表明科学真理的传播有时是极度艰难的。虽然很多科学史家从一些间接证据也得到了这一结论，但金格里奇的工作以钢铁般的证据给出了无可辩驳的结论。哥白尼"日心说"在科学史上的重要地位使得金格里奇的研究工作具有重要的学术价值，但对于学术界以外的整个社会而言，金格里奇研究工作更重要的意义在于它表明了真正的学者的态度、精神和境界。

案例 9－6：数学家和他们的老师

1. 牛顿的两位老师

牛顿是有史以来最伟大的科学家之一。他出生在英格兰林肯郡伍尔索普村一个自耕农家庭，父亲在他出生前两个月去世，3 岁时母亲汉娜改嫁，牛顿随外祖母生活。10 岁时继父去世，汉娜带着三个孩子回到伍尔索普。12 岁时，母亲把他送到 8 英里以外的格兰汉姆镇读中学。16 岁时母亲决定让他回家务农，在牛顿舅父 W.埃斯库和格兰瑟姆中学校长史托克斯的竭力劝说下牛顿才得以继续学业。其间史托克斯的一句话深深打动了牛顿的母亲："在繁杂的农务中埋没这样一位天才，对世界来说将是多么巨大的损失！"

1661 年，牛顿考入剑桥大学三一学院，但家里拿不出足够的钱供他深造。因成绩优异，牛顿被允许通过为学院做杂役减免部分学费。1663 年，卢卡斯捐款在剑桥大学设立了一个数学教授席位。1664 年 2 月，杰出数学家巴罗（Isaac Barrow，1630—1677）成为首任卢卡斯数学教授。同年秋天，巴罗开讲几何学课程，其中包括利用"特征三角形"求曲线切线的方法，实际上蕴含了把切线看作增量趋于零时割线的极限位置的思想。当时牛顿被指定为巴罗的助手，帮助他整理讲义，从而充分接触和了解了巴罗的思想。同一时期巴罗又讲授过运动学课程，据说牛顿后来曾回忆说："巴罗博士当时讲授关于运动学的课程，也许正是这些课程促使我去研究这方面的问题。"

1665 年夏，由于鼠疫流行，剑桥大学停课，牛顿回到伍尔索普，直到 1667 年春学校复课。在此期间，牛顿在他一生中最重要的几个研究领域做出了开创性的工作：初步创立微积分；初步形成了万有引力的想法；进行光的色散试验；发明了反射式望远镜。学校复课后他回到剑桥，不久当选为三一学院管理委员会的低级成员。1669年10月，39岁的巴罗推荐不满27岁的牛顿接替了自己担任的卢卡斯数学教授席位。虽然对巴罗让位给牛顿的原因有不同的说法，但此举给牛顿提供了专心致志从事科学研究的优厚条件是毋庸置疑的。

2. 伽罗瓦的老师理查

伽罗瓦(Évariste Galois，1811年10月25日—1832年5月31日)是19世纪的法国数学家，与挪威青年数学家阿贝尔(Niels Henrik Abel，1802年8月5日—1829年4月6日)并称为现代群论的创始人。他创立的关于代数方程求解的伽罗瓦理论至今仍是非常活跃的数学研究领域。

伽罗瓦自幼聪颖、敏感，家人说他“有才能、认真、热心”。在他12岁考入中学后，他的老师们发现这个学生有“杰出的才干”，“举止不凡”却又“为人乖僻、古怪、过分多嘴”。15岁的时候，伽罗瓦自学了一系列18世纪后期以来的大数学家的著作，包括勒让德的《几何原理》，拉格朗日的《论数值方程解法》《解析函数论》《函数演算讲义》等。1826年，他进入修辞班(中学的最高班，侧重于学习拉丁语和希腊语)，不久因痴迷数学而退回到二年级(法国中学年级编号与我国相反，最高年级是一年级)的数学班。这时他已经研读过欧拉、高斯、雅可比等大数学家的多部著作。一位教师说“他被数学的鬼魅迷住了心窍”，另一位教师则用“平静会使他激怒”来形容他的性格。1827年他重回修辞班，1828年报考巴黎综合理工学院失利后进入由理查(M.Richard)主持的数学专业班。

理查当时33岁，颇有数学才华却无法在大学找到位置。他从1821年起就在这所中学任教，发现和培育英才成了他最大的乐趣，许多学生在他的指导下考取了巴黎综合理工学院，他的学生中有著名的天文学家勒威耶(U.Le Verrier，1811—1877，曾用数学方法推算出海王星轨道及其位置，发现水星近日点的异常进动)和杰出数学家埃尔米特(C.Hermite，1822—1901)。他的授课风格优雅，方法独到，多年后仍为他的学生们念念不忘。

伽罗瓦进入数学专业班之后，他的数学才能令理查欢喜万分。在理查的教学笔记中写道："伽罗瓦只宜在数学的尖端领域中工作""他大大地超过了全体同学"。理查热情鼓励和帮助伽罗瓦整理自己的论文和研究备忘录，伽罗瓦的第一篇数学论文很快就得以在1829年3月号的《数学年鉴》发表。虽然备忘录的审查后来在法国科学院遭遇挫折，但理查慧眼识才却成为科学史上的著名佳话。

3. 康托的老师克罗内克

在19世纪以前数学发展的历程中，人们始终以一种怀疑的眼光看待无穷，并且尽可能回避这一概念。德国数学家康托建立的以无穷集合与超穷数为主要研究内容的集合论彻底改变了这一局面。

1867年康托在柏林大学获得博士学位，1869年起任教于哈勒大学，直到去世。1874年，他在《克列尔杂志》上发表了关于集合论的第一篇论文，在承认实无穷是一个确实的概念的前提下，运用一一对应的方法来确定相同基数，得到第一批重要结果：全体有理数所构成的集合是可数的；全体实代数数所构成的集合也是可数的；全体实数所构成的集合是不可数的；全体实超越数所构成的集合是不可数的。1878年他在同一杂志上发表关于集合基数与空间维数的论文，建立了一维的线段与二维的正方形之间的一一对应，打破了传统观念中对空间维数的理解。

康托在柏林大学的老师克罗内克（Leopold Kronecker，1823—1891）是这份杂志的编辑，他坚决反对康托论文中的观点和方法，并从此不遗余力地攻击康托和集合论，这份杂志也从此不再发表康托的论文。不仅如此，他还在许多场合说康托的集合论空洞无物、同任何一门数学毫无共同之处，甚至大骂康托是"败类、臭虫""我们科学的敌人"。康托迫不得已转而在其他国家的数学期刊发表论文，克罗内克的攻击也随影而至，例如，瑞典的《数学学报》发表了康托的论文之后，克罗内克随即写信给其主编米塔格-莱夫勒（Mittag-Leffler），宣称他将证明"近代函数论和集合论的结果没有实际意义"。康托后来精神失常，克罗内克的攻击和围追堵截是重要原因之一。

到20世纪初，支持与反对集合论的数学家明显形成了两大阵营。100多年过去了，从今天的观点看，两派数学家的观点各有道理，但集合论的重要性却是不容置疑的，康托创立集合论的历史功绩也是无人可以抹杀的。克罗内克作为构造主义数学的代表人物，反对康托的非构造性方法，这并没有什么不可以，但学术界应该容许不同的观点和理论存在，学术批评也不应演变为人身攻击，无论作为一个数学家还是作为一个老师，克罗内克的做法都是令人难以接受的。

4. 陈省身的老师姜立夫①

陈省身是20世纪后期世界微分几何领袖，他的工作深刻地影响了整个数学。姜立夫是他在数学事业中的第一个领路人。

姜立夫(1890—1978)早年留学美国，1920年回国创办了南开大学数学系。他学识渊博，又是一位高明的教师。他早年的学生吴大任回忆说："他就像熟悉地理的向导，引导着学生寻幽探胜，使你有时似在峰回路转之中，忽然又豁然开朗，柳暗花明，不感到攀登的疲劳。听姜先生讲课是一种少有的享受。"

1926年，年仅15岁的陈省身考入南开大学理学院，第二年开始专攻数学，师从姜立夫。后来他回忆说："姜老夫子是一位很好的老师，课讲得很好。他一个人讲授高等微积分、立体解析几何、微分几何、复变函数论、高等代数、投影几何等七八门课程。""姜立夫老师当然也很喜欢我，叫我做他的助手。因为大学没毕业，不够资格做助教，只能做助手，帮他改卷子。""姜先生在人格上道德上是近代的一个圣人(记得胡适之先生在独立评论的一篇文章上也曾如此说过)。他态度严正，循循善诱，使人感觉到读数学有无限的兴趣与前途。"南开的四年为陈省身未来的几何学之路打下了基础。1930年他考入清华大学算学部攻读硕士学位，1934年留学德国，师从微分几何学家布拉施克(W.Blaschke)，获得博士学位后又赴法国追随几何大师埃利嘉当(Elie Cartan)研究现代微分几何。1937年回国后到昆明就任西南

---

① 刘洁民.姜立夫[M]//王元.20世纪中国知名科学家学术成就概览(数学卷第一分册).北京：科学出版社，2011：17-27.

联大教授。

1940年底，中央研究院决定筹建数学研究所，聘请姜立夫担任筹备处主任。1941年2月17日，时任中央研究院总干事的傅斯年在致姜立夫的信中写道："此学为一切科学之本，本院成立十五年，尚于此无所尽力，以难得其人故也。全蒙先生不弃，实本院之荣幸，欣喜无极。将来此所成立，自非先生主持无以成丰长之进步，此节请万勿谦抑，今即作为定论也。"据"中央研究院第二届评议会第一次年会纪录"(1941年3月13—15日)载："本院增设数学研究所，请姜立夫先生任所长。"然而，姜立夫对所长人选则另有考虑，在受命任筹备处主任之前即说明："至于筹备处主任一节，则系临时性质，既承雅命，义不容辞，自当竭蹶从事，勉襄盛举"，至于"所长之职，于立(按：姜立夫自称。)实不相宜"(致傅斯年的信，1940年12月25日)。他还恳切地说明了理由：自己身体不好，难以专心学术，且不谙行政，又为南开所倚重，不忍贸然离去。1947年，数学所筹备工作基本就绪，已为之付出多年努力的姜立夫从美国致函中央研究院院长朱家骅(1947年2月14日)，郑重提议："请任命陈省身先生为第一任所长。忆立受命之始，早经声明不为所长。……代理主任陈省身志趣纯洁，干练有为，与全院新旧同人相处融洽，其学业成就尤为超卓，所发表之论文能以少许胜人多许，所研究之问题极为重要，所得之结果饶有价值，不但美国数学家一致推重，所见欧陆当世大师亦复交口称许。本院数学所长之选，宜推省身第一。况研究所初告成立，需要创造之精神，需要推动之力量，是皆立之所短，而为省身所长，故请毅然加以任命，以利所务之进行。"朱家骅立即复函(1947年3月6日)称："所长一席，非兄莫属，万祈切勿谦让。成立时决发表先生为所长，并同时发表陈省身先生为代理所长，在台端未返国以前，即由彼代理。"这段往事屡为前辈数学家提及，但多语焉不详，有关细节是在80年代末查阅档案时才发现的。如今重读姜立夫的肺腑之言，愈见其胸襟坦荡，远见卓识。

结论

根据上面的讨论，对于本书开头提出的问题，我们得到了如下结果：

一、什么是文化

本书在卡西尔-怀特-威廉斯文化理论的基础上，提炼了一个新的文化理论框架，其要点包括：

（1）文化概念是由领域、文明—民族—国家、阶级三个维度和下述三种意义综合而成的一个整体。当我们考虑特定的文明—民族—国家的文化时，可以将其看作一个一体化的系统，但整个人类文化却必定是一个多元系统。

（2）文化现象是由人类所专有的使用符号的能力所决定或导致的那些现象，文化是以使用符号为基础的现象体系。

（3）文化的第一种意义：文化是由艺术或智力创造活动及其产品组成的一个多元系统，其实质是创造。当将其限定在某个文明—民族—国家时，可以将其看作一个一体化的系统。导致创造性活动的原因是多方面的，从人类社会整体角度看，其原因可以来自人类求美、求知的天性，可以来自社会需要，还可以来自原有创造活动及其产品自身完善与发展的需要；从创造活动实施者个体角度看，可以是马斯洛论述过的人类基本需要（生理需要，安全需要，交往需要，社会角色需要，审美需要，求知与自我实现需要等）。随着一般意义的人类社会的不断发展，文化创造活动的水平不断提高，从而其产品也有一个不断积累、更新、发展的过程。原初性的艺术或智力创造活动可能仅凭人的头脑和身体能力就可以进行，但在达到一定水平之后，必须借助与之相应水平的技术手段以及运用这些手段的技能才可以继续和发展。从这个意义上说，技术对于文化创造具有基本的重要性，决定着文化创造的基本水平和强度。个体的艺术或智力创造活动通常只需要很少的能量支撑，但创造活动一旦成为群体行为乃至社会建制，维持这种创造活动并不断提高其水平就需要可观的能量，人类所能运用的能量的种类、数量、手段和能量的有效利用率通常既决定着技术的发展水平，也决定着艺术或智能创造活动的水平。从这个意义上说，能量是文化创造的基本支撑和保障。

（4）文化的第二种意义：文化是人类的生活方式，是各种特定人群所特有的生活方式及其互动关系的总和，其实质是消费和反馈。当将其限定在某个文明—民族—国家时，可以将其看作一个一体化的系统。由消费派生出复制、支撑和生活基本需要的概念。对应于文化创造产品不断积累、更新、发展的过程，作为生活方式的文化也有一个不断发展的过程。实际上，在正常情况下，这也将是一个不断进步的过程，但因为其中涉及许多复杂情况，所以我们并不笼统地、绝对地以"进步"来概括这一过程。文化创造的产品成为人类的生活方式之后，其中的技术成分以及运用这些技术的技能往往也随之进入人类的生活方式，或者说，技术成为影响生活方式的重要因素。生命个体的生存繁衍需要能量，人类的各种社会活动（其中包括对文化创造产品的各种消费活动）需要能量，物质形态的文化创造产品的复制需要能量，作为制度文化载体的各种社会机构的正常运行也需要能量。因此，能量也是第二种意义上的文化的基本支撑和保障。

（5）文化的第三种意义：文化是一个不断发展的过程，其中包括创造性文化的发展与人类生活方式的发展两个层面及其互动。

此外，下述观点是各种文化理论较为公认的，即：文化是共享的；文化是习得的；文化是整合的。笔者赞同并采纳这些观点。

二、什么是数学文化

（一）数学文化是数学家的创造性活动及其成果

这是数学文化的第一种意义，可进一步细分为两个层面：(1)形成过程中的数学：数学问题的提出及其求解，发展中的数学思想、方法和观念；(2)成熟形态的数学：数学的概念、公式、定理、体系，代表性的数学著作，体现在数学成果和著作中的基本数学思想、方法和观念。

为简便起见，下文经常会把数学家创造性活动的成果笼统地称为数学成果，只有在必要时才进一步区分上述两个层面。

从历史的角度看，第一种意义下的数学文化是多元的，但在20世纪以来它越来越成为一个一体化的系统。

导致数学创造性活动的原因是多方面的，从人类社会整体角度看，其原因可以来自人类求美、求知的天性，可以来自社会需要，还可以来自原有创造活动及其产品自身完善与发展的需要；从创造活动实施者个体角度看，可以是马斯洛论述过的人类基本需要（生理需要，安全需要，交往需要，社会角色需要，审美需要，求知与自我实现需要等）。随着一般意义的人类社会的不断发展，数学文化创造活动的水平不断提高，从而数学成果也有一个不断积累、更新、发展的过程。在数学发展史上的绝大多数时期，数学创造活动仅凭数学家的头脑和身体能力就可以进行，即通常所说的，数学家仅凭一支笔和一张纸就可以工作。但在20世纪70年代以来，随着计算机技术以及计算数学的迅猛发展，越来越多的数学研究借助计算机进行，起初是计算机辅助证明，然后发展到一般意义上的数学定理机器证明，后来是数学实验，借助计算机搜索可能的、有价值的数学模式以发现数学规律，进而提出数学猜想。因此，数学的创造性活动如今也日益紧密地与以计算机技术为代表的高技术联系在一起。笔者相信，从发展趋势上看，计算机技术、网络技术对于数学的创造性活动必将产生越来越大的影响，从而在一定程度上决定数学创造的基本水平和强度。

（二）数学文化是人类生活方式的组成部分

这是数学文化的第二种意义，表现为社会对数学成果的消费与社会对数学的反馈，包括多个层面，例如：数学以外的文化领域因使用数学成果而导致的创造性活动（包括艺术创造与智能创造）及其成果；基于数学知识与方法应用的物质产品，在这个意义上，数学与普通人的生活方式联系在一起；公众对数学的理解，数学在公众中的形象；数学思想方法在规范文化中的应用，包括数学思想方法对普通人思想及行为方式的影响、数学思想方法和观念对社会运行机制的影响等；数学家通过自己的研究成果获得社会回报，社会因认识到数学的重要作用而给予数学家相应的社会地位和待遇；社会需要对数学发展的推动；规范文化既有可能促进数学的发展，也有可能阻碍数学的发展；此外，数学家共同体的社会建制、数学家的社会地位和公众形象、数学家的交往方式和行为规范等也应包括在这一层面。

从历史的角度看，类似于第一种意义下的数学文化，第二种意义下的数学文化也是多元的。而且，虽然第一种意义下的数学文化在20世纪以来越来越成为一个一体化的系统，但第二种意义下的数学文化即使在今天仍然表现出较为明显的国家或地区差异，从而仍保留着较高程度的多元性。

对应于数学成果不断积累、更新、发展的过程，作为生活方式的数学文化也有一个不断发展的过程。而且，与在其他亚文化系统中难以简单地定义"进步"不同，作为生活方式的数学文化的发展过程毫无疑问也是一个不断进步的过程。

数学在其发展的早期主要是作为一种实用的技术或工具，广泛应用于处理人类生活及社会活动中的各种实际问题从而对人类生活方式产生了深远影响。随着数学的发展，数学的知识不断积累，数学的观念、思想和方法也不断丰富和发展，数学不仅成为一种通用的工具和语言，也成为一类基本的思维方式和一种理性文化，从而在智能文化、规范文化和精神文化的意义上影响着人类的生活方式。20世纪后期以来，随着计算机技术和网络技术的发展，科学计算成为第三种基本的科学方法，数学对解决科学技术中的各种问题表现出越来越强大的威力，"高技术本质上是一种数学技术"[①]的观点基本上已经为学术界所公认，数学技术对人类物质文化的影响也愈显强大和深远。

（三）数学文化是一个不断发展的过程

这是数学文化的第三种意义。首先，作为一个专门领域的数学是一个不断发展进步的学科（现在已经被称为数学科学，是一个庞大的学科簇），它的发展受到社会需要和内在需要的双重推动。其次，作为一个亚文化系统的数学与其他亚文化系统的互动关系，或者按笔者的说法，社会对数学成果的消费与反馈，也同样经历着历史的发展演变过程。第三，上述两个发展过程之间又存在着较为明显的互动关系。因此，数学文化的第三种意义应该是上述三个方面的总和。

以上述三方面意义为基础，我们给出数学文化的定义：

数学文化是数学家的创造性活动、成果及凝聚在其中的精神和传统，是在数学（包括其成果、精神和传统）与人类其他亚文化系统互动中形成的人类生活方式，并且是一个不断发展的过程。

三、什么是数学文化教育

首先需要认定，无论在学校教育的意义上，还是在公众教育的意义上，数学文化教育都是数学教育的组成部分，尽管它对不同的人群具有不同的含义和侧重。例如，中小学生、高等院校数学专业本专科生、高等院校非数学专业本专科生、以数学专业为职业基础的人群、与数学专业有密切关系的人群、在职业生涯中需要用到少量数学知识与方法的人群、一般公众等。为了叙述简洁，我们把数学文化教育的受众统称为"学生"。必须说明，我们这里对"数学教育"作广义的理解，它当然并不限定在学校教育的范围内，尤其不是当今在应试教育背景下高度畸形的数学教育。

根据我们在第一章给出的数学文化定义，数学文化首先是数学家的创造性活

① 严士健.面向21世纪的中国数学教育——数学家谈数学教育[M].南京：江苏教育出版社，1994，5；21世纪初科学发展趋势课题组.21世纪初科学发展趋势[M].北京：科学出版社，1996，23.

动及其成果。因此,数学文化教育首先应该关注那些适应学生数学水平的数学问题提出的背景、问题的发展和解决过程以及其中运用的数学方法、体现的数学思想。其次,应关注基本的数学概念、结果的形成背景和过程,最初的含义、后来的发展演变以及现实应用。第三,这些问题、方法、概念、结果与今天的相应对象的关系。第四,通过具体案例,分析导致数学创造性活动的原因和动力。这构成数学文化教育的第一个层面。

当今世界各国中小学课程改革的一个基本理念是体现探究的精神,以科学课程为例,通常意义上的科学探究指的是科学家们通过各种途径、使用各种科学方法研究自然界并基于此种研究获得的证据提出解释的活动。科学教育中所说的科学探究则是指学生们经历与科学家相似的探究过程,以获取知识、领悟科学的思想观念、学习和掌握方法而进行的各种活动。这与我们界定的数学文化教育的第一个层面是完全一致的。

根据我们的数学文化定义,数学文化又是人类生活方式的组成部分,表现为社会对数学成果的消费与社会对数学的反馈。这是数学文化教育的第二个层面,由于涉及面过于广泛,因此,数学文化教育应该主要关注:数学以外的文化领域因使用数学成果而导致的创造性活动(包括艺术创造与智能创造)及其成果;基于数学知识与方法应用的物质产品及其对普通人物质生活方式的影响;公众对数学的理解,数学在公众中的形象;数学思想方法在规范文化中的应用,包括数学思想方法对普通人思想及行为方式的影响、数学思想方法和观念对社会运行机制的影响等;社会需要对数学发展的推动;规范文化既有可能促进数学的发展,也有可能阻碍数学的发展。

根据我们的数学文化定义,数学文化又是一个不断发展的过程。因此,数学文化教育应该帮助学生形成这样的认识:不仅数学在不断发展和进步(它的发展受到社会需要和内在需要的双重推动),数学对人类文化的影响同样在不断发展,如果你已经对数学文化的力量和影响感到惊讶的话,那么更令你惊讶的事情还将不断发生。这构成数学文化教育的第三个层面。

总之，数学文化教育是数学教育的有机组成部分。它基于数学文化的视角和理念，引导学生通过数学文化的三个层面去认识数学、理解数学和经历数学，培养数学的眼光和思考方式，认识数学的文化价值，培育理性精神，激发对数学的良好情感。

四、数学文化教育的目的和价值

数学文化教育的首要问题，从主观角度来说就是我们为什么要倡导数学文化教育，从客观角度来说，就是它的价值何在。笔者认为，数学文化教育的目的和价值主要体现在以下几个方面：

1. 理解数学。从我们对数学文化教育的界定引申出来的数学文化教育的首要目的是理解数学，即帮助学生更好地理解数学问题、方法、概念和理论的背景、来源、含义和应用。

2. 培养数学的眼光和思考方式。启发学生用数学的眼光去看待周围的事物，用数学的思考方式去处理各种现实问题，包括那些看起来与数学毫无关系的问题。

3. 认识数学的文化价值。帮助学生认识数学在人类文化特别是当代社会中的地位和作用，其核心是：数学是关于模式和秩序的科学；数学是具有普遍意义的工具和语言；数学是一种基本的思维方式；数学是人类理性的标度。

4. 培育理性精神。帮助学生认识数学理性，培育理性精神；数学培养人们严谨、全面、灵活、敏捷的思维品质，培养和提高人们的洞察能力、分析能力、抽象概括能力、独立思维能力、用简单而直接的方法处理复杂问题的能力，以及探索精神和批判精神。

5. 激发学生对数学的良好情感。数学重要，数学有趣，数学并不像想象中那样困难。对每一个学生来说，只要学习得法，都是可以把数学学得更好的。

根据本书第六章第一节的讨论，笔者认为，数学文化教育对于打破中小学数学教育的困局具有十分积极的意义，对于在中小学数学教育中实现“四基”（基础知识，基本技能，基本思想，基本活动经验）目标同样具有十分积极的意义。

更一般地说，无论在中小学还是大学，任何一门具体的学科课程，例如在中小学课程中处于基础地位的语、数、外，或者扩展到理、化、生、史、地、政，其基本组成部分大体上应该是四个方面，即学科知识、学科方法和技能、学科思想、学科文化。如果说学科知识是它的血肉，学科方法和技能是它的骨架，那么，学科思想就是它的灵魂，学科文化就是它的神采和境界。此处我们对“文化”一词作狭义的理解，侧重于观念、精神和传统。如果根据我们从一般意义上对“文化”所作的界定，可以把上面的四个方面说成是四个层面，从一定意义上说，它们具有逐层包含的关系，即仅有学科知识，好比一个人只有血肉；加上了学科方法和技能，好比在血肉基础上增加了骨架，于是才有了作为一个人的整体形状；再加上学科思想，就有了灵魂；最后到了整体的学科文化，包含了前面所说的全部，不仅血肉、骨架和灵魂俱全，还有了神采和境界。

至此我们可以说，本书所倡导的数学文化教育体现了数学教育的理想和本质。

五、数学文化教育的原则

考虑到数学文化教育中存在的问题，依据笔者多年从事数学文化教育的经历和体会，数学文化教育的健康发展需要制订某些相应的原则。作为一种尝试，笔者在宏观层面和微观层面各提出一组原则。

（一）数学文化教育的基本原则

定义 1 数学性。一个教育文本、活动或过程是数学性的，当且仅当它包含了对实质性数学内容的经历、体验、认识和理解。这里我们对“数学内容”作广义的理解，既包括数学的知识、技能和方法，也包括数学的观念、精神和传统。

定义 2 文化性。一个教育文本、活动或过程是文化性的，当且仅当它包含了对某类文化现象的具有文化意识的经历、体验、认识和理解，或包含了对一般意义下的文化的认识和理解。

基于我们对数学文化教育的理解，同时基于对数学性、文化性的理解，我们在数学文化教育的宏观层面上提出从属性、并集非空和交集非空 3 条基本原则。

从属性原则:数学文化教育本质上从属于我们所说的广义的数学教育,它的首要目的是理解数学,它的内容应基于广义的数学教育的目的精心选择。

根据这一原则,并非所有属于数学文化范畴的对象都可以作为数学文化教育的内容。学者从事研究是充分自由的,但教育具有高度的选择性,尤其是出现在课堂上的教学内容应当经得起"合法性"和"必要性"的质疑。

并集非空原则:一个数学文化教育的文本、活动或过程,必须至少具有数学性与文化性二者之一。

根据这一原则,一个数学文化教育的文本、活动或过程的内容,或者和实质性的数学内容(例如:数学的问题、方法、结果、应用以及相关的背景)有密切关联,或者在数学本身的知识性、技术性的内容之外,还有能够揭示数学的文化特征,或能够与一般意义上的人类文化相联系的东西。在绝大多数情况下,一个数学文化教育的文本、活动或过程应该同时具备数学性和文化性,但为使我们的理解不至于过于狭隘,我们也接受那些在数学性或文化性的某一方面不够充分、不够明朗的教育文本、活动或过程,它们单方面体现数学性或文化性,而对另一方面则停留在表面。显然,单纯具有数学性的教育文本、活动或过程,或者单纯涉及一般文化但与数学毫无关系的教育文本、活动或过程,均不属于数学文化教育的范畴。

交集非空原则:一个数学文化教育的文本、活动或过程,如果同时具有数学性与文化性,那么二者至少在局部上应该是交融的。

根据这一原则,一个数学文化教育的文本、活动或过程的内容,其中的数学性成分与文化性成分之间必须存在某种程度的内在关联,而不应是单纯具有数学性和单纯具有文化性的两部分的简单拼凑。

(二) 数学文化教育的具体原则

上述基本原则显然是重要的,但由于它们过于上位,难以对具体的数学文化教育实践活动提供具有启发性的建议和帮助,考虑到这一因素,同时考虑到前述数学文化教育中存在的问题,我们在数学文化教育的微观层面上(数学文化教育案例的开发与实施)提出 5 条具体原则。

此处所说的数学文化教育案例，可以是数学文化普及读物或教师课堂教学的一个片断，可以是提供给学生的阅读材料，也可以是学生研究性学习的课题，总之是为实施数学文化教育而设计的具有相对独立性和完整性的内容，以区别于渗透于数学普及读物或数学教学中的那些随意的、一带而过的具有数学文化色彩的内容。

设计这样的案例，应尽可能兼顾适度性、吸引力、启发性、准确性和数学韵味几个方面，笔者认为，它们可以作为在微观层面上实施数学文化教育的具体原则。以下分别作简要说明。

1. 适度性原则

(1) 案例中所涉及的数学、历史、文化内容应控制在学生知识和能力易于接受和理解的范围内。

(2) 对数学以外的材料的使用要适度，例如，不可为历史的兴趣而随意铺张史料。

根据适度性原则(1)，数学文化教育案例中所涉及的数学内容应围绕数学课程本身的目的而设计，不应过多地超出学生可接受的范围。例如，为说明欧几里得《原本》的影响力，可能会引出非欧几何的初步观念，但如果进而过多地涉及非欧几何的技术性细节，就是学生较难理解的了。此外，在一切场合都要尽可能避免堆砌学生难以理解的数学词汇。

类似地，根据适度性原则(1)，案例中所涉及的历史、文化内容，也应控制在学生知识和能力易于接受和理解的范围内，尽可能避免出现过分生涩、专门化的内容和术语。如果必须使用某些专门术语，也应该是学生容易查找和理解其含义的。

适度性原则(2)主要是为了避免案例过分偏离数学意义，变成某种数学以外的专门知识的随意铺张，从而过分偏离数学课程的教学目标，并给学生造成不必要的学习负担。

2. 吸引力原则

案例所涉及的基本内容，或者因其在数学上的重要性、趣味性，或者因其在历史上的重要性、趣味性，或者因其在现实中的重要性、实用性、趣味性，足以引起学生的浓厚兴趣，具有内在的吸引力。

根据吸引力原则，数学文化的教学案例，自然应该既具有数学意义，又具有历史的或现实的背景，因此，在数学、历史、现实三者中，至少应该在某一方面具有足够的吸引力，从而使学生有足够的学习、探索的兴趣。

一个不言而喻的前提是，这样的案例，首先需要教师本人认为是有吸引力的。

3. 启发性原则

数学文化教育案例应该至少在下列层面之一具有启发性：数学知识层面；数学思维层面；数学发展历程及社会文化背景层面；数学社会价值及实际应用层面。

4. 准确性原则

(1) 案例所涉及的历史、文化及现实素材，材料本身是可靠的。

(2) 对上述材料的理解是准确的。

准确性原则的制订基于这样的考虑：现在有太多的读物随意编撰历史故事，很多是歪曲历史的。如果想要使数学文化教育案例保持生命力，一个基本前提是让学生确信有关情形确实是历史上或现实中真实发生过的，而不是随意编造的。

5. 突出数学韵味原则

数学文化教学案例，应具有明显的数学韵味，并有意识地突出这种韵味，使学生从中感受到数学思想的深刻，数学方法的巧妙和强大，感受到数学之美，感受到数学文化的博大精深，体会和把握数学的思维方式。

六、从文化视角认识数学教育的价值

(1) 数学是关于模式和秩序的科学。对模式的提炼、处理与运用是数学活动的基本内容，也理所当然应该成为数学学习的基本内容。在这样的过程中，学生将获得抽象思维的基本能力，学会抓住事物的本质，学会用统一的方法处理各种看似无关的事物，进而把握事物的共性和相互联系。这也正是数学教育需要关注的基本问题之一。

（2）数学是具有普遍意义的工具和语言。学会用数学方法描述（语言）和处理（工具）现实问题是数学教育应有的价值，从而应该是数学教育特别关注的问题。

（3）数学是一种基本的思维方式。主要包括：抽象思维与形象思维、公理化、形式化、模型化、定量化、最优化和数据推断等。我们的数学教育是否关注这些基本方面，如何体现这种关注，学生是否通过这样的教育获得了数学的思维方式？

（4）数学是人类理性的标度。如果说，实验科学在培养学生注重证据、实事求是的科学精神方面有着独到的作用的话，那么，数学在思维的严密性、准确性、条理性等方面给学生的训练则是任何其他学科都无法取代的，这样的学习帮助学生建立的基于逻辑独立思考的习惯和意识也是任何其他学科都无法取代的，与之相应的是理性精神的培育。关于数学理性，笔者认为其精髓主要体现在以下几个方面：

明确性：明确的前提（公理）、规则和界说。

严谨性：（1）清晰的逻辑；（2）对前提和规则合理性的分析（公理系统的无矛盾性），经得起任何质疑；（3）结论确定，无歧义；（4）由定量导致的精准性。

一致性：在同一名义下没有例外，对其内涵的理解和运用贯彻始终。

公开性：数学的所有成果，包括每一个概念、命题和方法，所有的论文和专著，都是公开的，都要接受全世界范围内同行数学家的审查和质疑。当然，由于某些数学研究成果具有较高的实用价值，导致这些成果在一定时间内处于保密状态。但是，只要作者希望它们成为当代数学理论体系的组成部分，就必须公开发表，接受全世界范围内同行数学家的审查和质疑。

普适性：数学的成果在其明确的前提下具有普适性。

（5）数学与美感。数学是模式和秩序的科学，无论美好的事物还是我们的审美情趣，都有一定的模式，因而数学教育对通常意义上的美育也是可以有所贡献的。

（6）基本认识。数学课程不仅是一门工具课，更重要的，它是一门具有基础性的文化课程，它不仅教会学生计算和度量，还帮助他们学会把握事物的本质，获得一类基本的思维方式，培育理性精神和审美情趣。这些要素共同构成通常所说的数学素养，是现代文化素养极为重要的组成部分。

限于篇幅，本书对很多问题的讨论过于简略，对很多可能同样重要的问题也未能涉及，只能留待将来探讨了。与具体讨论过的问题相比，本书更主要的目的是引起更多的小学、中学和大学数学教师，数学史、数学文化和数学教育领域的研究者和实践者对数学文化教育的关注，共同推进这一具有深远意义的事业，使数学文化教育真正进入课堂，融入学生的数学课程学习，并最终使数学文化素养成为学生（乃至公众）文化素养的重要组成部分。

参 考 文 献

现代数学的性质、面貌和影响

H.外尔.诗魂数学家的沉思[M].袁向东，等，编译，南京：江苏教育出版社，2008.

H.外尔.数学与自然科学之哲学[M].齐民友，译.上海：上海科技教育出版社，2007.

J.N.卡普尔.数学家谈数学本质[M].王庆人，译.北京：北京大学出版社，1989.

J.R.纽曼.数学的世界(1～3)[M].王善平，李璐，李文林，等，译.北京：高等教育出版社，2015.

J.迪厄多内.当代数学：为了人类心智的荣耀[M].沈永欢，译.上海：上海教育出版社，1999.

L.戈丁.数学概观[M].胡作玄，译.北京：科学出版社，1984.

M.克莱因.现代世界中的数学[M].齐民友，等，译.上海：上海教育出版社，2004.

M.阿蒂亚.数学家思想文库：数学的统一性[M].袁向东，编译.南京：江苏教育出版社，1995.

P.M.莫尔斯，G.E.金博尔.运筹学方法[M].吴沧浦，译.北京：科学出版社，1988.

P.奥迪弗雷迪.数学世纪——过去100年间30个重大问题[M].胡作玄，胡俊美，于金青，译.上海：上海科学技术出版社，2012.

R.E.莫里兹.数学家言行录[M].朱剑英，编译，南京：江苏教育出版社，1990.

R.K.盖伊.数论中未解决的问题(第二版)[M].张明尧，译.北京：科学出版社，2003.

21世纪初科学发展趋势课题组.21世纪初科学发展趋势[M].北京：科学出版社，1996.

保罗·贝纳塞拉夫，希拉里·普特南.数学哲学[M].朱水林，应制夷，凌康源，等，译.北京：商务印书馆，2003.

布尔巴基.数学的建筑[M].胡作玄，等，编译.南京：江苏教育出版社，1999.

高尔斯.普林斯顿数学指南(1—3卷)[M].齐民友，译.北京：科学出版社，2014.

国家自然科学基金委员会，中国科学院.未来10年中国科学发展战略·数学[M].北京：科学出版社，2012.

胡作玄,邓明立,20 世纪数学思想[M].济南:山东教育出版社,1999.

胡作玄.数学[M]//《数学辞海》编辑委员会.数学辞海(第 1 卷).太原:山西教育出版社,南京:东南大学出版社,北京:中国科学技术出版社,2002.

胡作玄.数学是什么[M].北京:北京大学出版社,2008.

基思·德夫林.千年难题[M].沈崇圣,译.上海:上海科技教育出版社,2019.

基思·德夫林.数学:新的黄金时代[M].李文林,袁向东,李家宏,等,译.上海:上海教育出版社,1997.

吉娜·科拉塔.数学百年风云——〈纽约时报〉数学报道精选(1892—2010)[M].崔继峰,林开亮,张海涛,等,译.上海:上海科技教育出版社,2019.

柯朗,罗宾.数学是什么? [M].左平,张饴慈,译.北京:科学出版社,1985.

理查德·库朗.现代世界的数学[M]//中国科学院自然科学史研究所数学史组,中国科学院数学研究所数学史组.数学史译文集续集.刘金颜,何绍庚,译.上海:上海科学技术出版社,1985.

林恩·阿瑟·斯蒂恩.站在巨人的肩膀上[M].胡作玄,等,译.上海:上海教育出版社,2000.

林家翘,L.A.西格尔.自然科学中确定性问题的应用数学[M].赵国英,朱保如,周忠民,译.北京:科学出版社,2010.

林夏水.数学的对象与性质[M].北京:社会科学文献出版社,1994.

林夏水.数学哲学[M].北京:商务印书馆,2003.

林夏水.数学哲学译文集[M].北京:知识出版社,1986.

罗素数理哲学导论[M].晏成书,译.北京:商务印书馆,1982.

美国国家研究委员会.美国数学的现在和未来[M].周仲良,郭镜明,译.上海:复旦大学出版社,1986.

美国国家研究委员会.振兴美国数学——90 年代的计划[M].叶其孝,等,译.北京:世界图书出版公司,1993.

美国科学院国家研究理事会.2025 年的数学科学[M].刘小平,李泽霞,译.北京:科学出版社,2014.

石钟慈.第三种科学方法——计算机时代的科学计算[M].北京:清华大学出版社,广州:暨南大学出版社,2000.

斯图尔特·夏皮罗.数学哲学:对数学的思考[M].郝兆宽,杨睿之,译.上海:复旦大学出版社，2009.

吴文俊.数学机械化[M].北京：科学出版社，2002.

亚历山大洛夫，等.数学——它的内容、方法和意义(第二卷)[M].秦元勋，王光寅，等，译.北京：科学出版社，2001.

亚历山大洛夫，等.数学——它的内容、方法和意义(第三卷)[M].王元，万哲先，等，译.北京：科学出版社，2001.

亚历山大洛夫，等.数学——它的内容、方法和意义(第一卷)[M].孙小礼，赵孟养，裘光明，严士健，译.北京：科学出版社，2001.

“10000个科学难题”数学编委会.10000个科学难题(数学卷)[M].北京：科学出版社，2009.

约翰·L.卡斯蒂.20世纪数学的五大指导理论——以及它们为什么至关重要[M].叶其孝，刘宝光，译.上海：上海教育出版社，2000.

约翰·查尔顿·珀金霍恩.数学的意义[M].向真，译.长沙：湖南科学技术出版社，2014.

詹姆斯·格林姆.数学科学·技术·经济竞争力[M].邓越凡，译.天津：南开大学出版社，1992.

中国大百科全书总编辑委员会《数学》编辑委员会.中国大百科全书·数学[M].北京：中国大百科全书出版社，1988.

胡作玄.数学研究对象的演化[J].自然辩证法研究，1992(1).

P.A.格里菲斯.二十一世纪科学和数学的趋势[J].冯克勤，译.数学译林，2002(2).

丘成桐.数学的前途和发展历史[J].东莞理工学院学报，1996(2).

丘成桐.廿一世纪数学挑战[J].数学传播，2001(3).

丘成桐.21世纪的数学展望[J].科学，2006(2).

王梓坤.今日数学及其应用[J].数学通报，1994(7).

张恭庆.谈数学职业[J].数学通报，2009(7).

Black, Max. *The Nature of Mathematics: A Critical Survey*. New York: The Humanities Press, 1950.

Courant, Richard, & Herbert Robbins. *What is Mathematics?* Revised by Ian Stewart. New York & Oxford: Oxford University Press, 1996.

Mac Lane, Saunders. *Mathematics*: *Form and Function*. New York: Springer-Verlag New York Inc. 1986.

数学教育论著和官方文件

D.A.格劳斯.数学教与学研究手册[M].陈昌平,王继延,陈美廉,等,译.上海:上海教育出版社,1999.
G.豪森,C.凯特尔,J.基尔帕特里克.数学课程发展[M].周克希,赵斌,译.上海:上海教育出版社,1992.
P.厄内斯特.数学教育哲学[M].齐建华,张松枝,译.上海:上海教育出版社,1998.
R.比勒,等.数学教学理论是一门科学[M].唐瑞芬,等,译.上海:上海教育出版社,1998.
W.H.科克罗夫特.数学算数——英国学校数学教育调查委员会报告[M].范良火,译.北京:人民教育出版社,1994.
代钦,松宫哲夫.数学教育史——文化视野下的中国数学教育[M].北京:北京师范大学出版社,2011.
菲利克斯·克莱因.高观点下的初等数学[M].舒湘芹,陈义章,杨钦樑,译.上海:复旦大学出版社,2008.
弗赖登塔尔.作为教育任务的数学[M].陈昌平,唐瑞芬,等,译.上海:上海教育出版社,1995.
黄秦安,曹一鸣.数学教育原理——哲学、文化与社会的视角[M].北京:北京师范大学出版社,2010.
黄翔.数学教育的价值[M].北京:高等教育出版社,2004.
刘兼.21世纪中国数学教育展望(第二辑)[M].北京:北京师范大学出版社,1995.
美国国家研究委员会.人人关心数学教育的未来[M].方企勤,叶其孝,丘维声,译.北京:世界图书出版公司,1993.
普通高中数学课程标准研制组.《普通高中数学课程标准(实验)》解读[M].南京:江苏人民出版社,2004.
全美数学教师理事会.美国学校数学教育的原则和标准[M].蔡金法,等,译.北京:人民教育出版社,2004.
数学课程标准研制组.《全日制义务教育数学课程标准(实验稿)》解读[M].北京:北京师范大学出

版社,2002.

数学课程标准研制组.《义务教育数学课程标准(2011 年版)》解读[M].北京:北京师范大学出版社,2012.

萧文强.心中有数——萧文强谈数学的传承[M].大连:大连理工大学出版社,2010.

严士健.面向 21 世纪的中国数学教育——数学家谈数学教育[M].南京:江苏教育出版社,1994.

严士健.严士健谈数学教育[M].大连:大连理工大学出版社,2010.

张奠宙,何文忠.交流与合作——数学教育高级研讨班 15 年[M].南宁:广西教育出版社,2009.

张奠宙,宋乃庆.数学教育概论[M].北京:高等教育出版社,2004.

张奠宙.数学教育经纬[M].南京:江苏教育出版社,2003.

郑毓信,梁贯成.认知科学、建构主义与数学教育[M].上海:上海教育出版社,1998.

郑毓信.数学教育哲学[M].成都:四川教育出版社,1995.

中华人民共和国教育部.普通高中数学课程标准(2017 年版)[S].北京:人民教育出版社,2018.

中华人民共和国教育部.普通高中数学课程标准(实验)[S].北京:人民教育出版社,2003.

中华人民共和国教育部.全日制义务教育数学课程标准(实验稿)[S].北京:北京师范大学出版社,2001.

中华人民共和国教育部.义务教育数学课程标准(2011 年版)[S].北京:北京师范大学出版社,2012.

中华人民共和国教育部.义务教育数学课程标准(2022 年版)[S].北京:北京师范大学出版社,2022.

钟启泉.国际普通高中基础学科解析[M].上海:华东师范大学出版社,2003.

倪明,熊斌,夏海涵.俄罗斯高中课程改革的特色——数学课程普通教育与英才教育并举[J].数学教育学报,2010(5).

朱文芳.俄罗斯中小学数学教育的改革[J].数学通报,2006(1).

朱文芳.俄罗斯数学教育评价改革的动态与研究[J].课程·教材·教法,2006(2).

数学文化论著

D.吕埃勒.数学与人类思维[M].林开亮,等,译.上海:上海科学技术出版社,2015.

H.格策，R.维勒.音乐与数学[M].金经言，韩宝强，译.北京：科学出版社，1989.

M.克莱因.数学与知识的探求[M].刘志勇，译.上海：复旦大学出版社，2005.

M.克莱因.西方文化中的数学[M].张祖贵，译.上海：复旦大学出版社，2004.

R.L.怀尔德.数学概念的演变[M].谢明初，陈念，陈慕丹，译.上海：华东师范大学出版社，2019.

R.L.怀尔德.作为文化体系的数学[M].谢明初，陈慕丹，译.上海：华东师范大学出版社，2019.

戴维斯，赫斯.措辞与数学[G].陈耀波，译.//麦克洛斯基，等.社会科学的措辞.北京：生活·读书·新知三联书店，2000.

邓东皋，孙小礼，张祖贵.数学与文化[M].北京：北京大学出版社，1990.

方延明.数学文化导论[M].南京：南京大学出版社，1999.

冯·诺依曼.数学在科学和社会中的作用[M].程钊，等，译.大连：大连理工大学出版社，2009.

弗拉第米尔·塔西奇.后现代思想的数学根源[M].蔡仲，戴建平，译.上海：复旦大学出版社，2005.

赫尔曼·外尔.对称[M].冯承天，陆继宗，译.上海：上海科技教育出版社，2002.

侯世达(Douglas Hofstadter).哥德尔、艾舍尔、巴赫——集异璧之大成[M].郭维德，等，译.北京：商务印书馆，1996.

胡作玄.数学与社会[M].长沙：湖南教育出版社，1991.

黄秦安.数学哲学与数学文化[M].西安：陕西师范大学出版社，1999.

理查德·帕多万.比例——科学·哲学·建筑[M].周玉鹏，刘耀辉，译.北京：中国建筑工业出版社，2005.

刘培杰.数学文化丛书：唐吉诃德+西西弗斯[M].哈尔滨：哈尔滨工业大学出版社，2018—2021.

刘鹏飞，徐乃楠，王涛.怀尔德的数学文化研究[M].北京：清华大学出版社，2021.

罗特斯坦，爱德华.心灵的标符——音乐与数学的内在生命[M].李晓东，译.长春：吉林人民出版社，2001.

马传渔，邵进，李栋宁.艺术数学[M].北京：科学出版社，2012.

曼·艾根，乌·文克勒.游戏——自然规律支配偶然性[M].惠昌常，董书萍，译.上海：上海教育出版社，2005.

齐民友.世纪之交话数学[M].武汉：湖北教育出版社，2000.

齐民友.数学与文化[M].长沙：湖南教育出版社，1991.

丘成桐，刘克峰，季理真.数学与数学人丛书(第1—4辑)[M].杭州：浙江大学出版社，

2005—2007.

丘成桐，刘克峰，杨乐，季理真.数学与人文丛书(31辑)[M].北京：高等教育出版社，2010—2021.

塞路蒙·波克纳.数学在科学起源中的作用[M].李家良，译.长沙：湖南教育出版社，1992.

特奥多·安德列·库克.生命的曲线[M].周秋麟，陈品健，戴聪腾，译.长春：吉林人民出版社，2000.

汪浩.数学与军事[M].大连：大连理工大学出版社，2008.

王杰.音乐与数学[M].北京：北京大学出版社，2019.

徐利治，王前.数学与思维[M].长沙：湖南教育出版社，1990.

严家安，季理真.数学概览丛书[M].北京：高等教育出版社，2013—2020.

约翰·巴罗.天空中的圆周率——计数、思维及存在[M].苗华建，译.北京：中国对外翻译出版公司，2000.

泽布罗夫斯基.圆的历史：数学推理与物理宇宙[M].李大强，译.北京：北京理工大学出版社，2003.

郑毓信，王宪昌，蔡仲.数学文化学[M].成都：四川教育出版社，2000.

阿瑟·I.米勒.创造性的文化：数学和物理学[J].乔亚，译.第欧根尼，1999(1).

波塞尔.数学与自然之书[J].郝刘祥，译.科学文化评论，2004(2).

方延明.关于数学文化的学术思考[J].自然杂志，2001(1).

克劳.狄拉克的数学美原理[J].科学文化评论，2007(6).

刘建亚，汤涛.数学与我们的世界[J].数学文化，2010年(创刊号).

刘洁民.对中国古代数学教育的再认识[J].学科教育，1997(4).

刘洁民.数学文化：是什么和为什么[J].数学通报，2010(11).

张奠宙，梁绍君，金家梁.数学文化的一些新视角[J].数学教育学报，2003(1).

张奠宙.中国的皇权政治与数学文化[J].科学文化评论，2004(6).

张祖贵.论莫里斯·克莱因的数学哲学思想[J].自然辩证法通讯，1989(6).

张祖贵.数学与人类文化发展[J].广州：广东教育出版社，1995.

Assayag, G., Feichtinger, H.G., & Rodrigues, J. F. eds. *Mathematics and Music: A Diderot Mathematical Forum*. Berlin Heidelberg: Springer-Verlag, 2002.

Booβ-Bavnbek, B. & Hφyrup, J. ed. *Mathematics and War*. Boston & Berlin: Birkhauser Verlag, 2004.

Capecchi, Vittorio, et al. eds. *Applications of Mathematics in Models, Artificial Neural Networks and Arts, Mathematics and Society*. London & New York: Dordrecht Heidelberg, 2010.

Dyson, Freeman J. "Mathematics in the Physical Sciences". *Scientific American*, 211(3)(1964):128-145.

Emmer, Michele, ed. *Mathematics and Culture I*. Trans. by Emanuela Moreale. Berlin Heidelberg: Springer-Verlag, 2004.

Emmer, Michele, ed. *Mathematics and Culture II*. Trans. by Gianfranco Marletta. Berlin Heidelberg: Springer-Verlag, 2005.

Fukagawa, H. & Rothman T. *Sacred mathematics: Japanese temple geometry*. Princeton: Princeton University Press, 2008.

Holme, Audun. *Geometry: Our Cultural Heritage*. Berlin Heidelberg: Springer-Verlag, 2002.

Kline, Morris. *Mathematics in Western Culture*. New York: Oxford University Press, 1953.

—. *Mathematics and the Physical World*. New York: Dover Publications, Inc., 1981.

—. *Mathematics and the Search for Knowledge*. New York: Oxford University Press, 1985.

Linton, C.M. *From Eudoxus to Einstein—A History of Mathematical Astronomy*. Cambridge: Cambridge University Press, 2004.

Newman, James R. *The World of Mathematics*. New York: Simon and Schuster, 1956.

Pedoe, Dan. *Geometry and the Liberal Arts*. New York: St. Martin's Press, Inc., 1976.

Sklar, Jessica K. & Elizabeth S. Sklar, eds. *Mathematics in Popular Culture: Essays on Appearances in Film, Fiction, Games, Television and Other Media*. Jefferson, North Carolina & London: McFarland & Company, Inc., 2012.

Taschner, Rudolf. *Numbers at Work: A Cultural Perspective*. Trans. by Otmar Binder & David Sinclair-Jones. Natick: A K Peters, Ltd., 2007.

Taylor, Alan D. *Mathematics and Politics*. New York: Springer-Verlag Inc., 1995.

Wilder, Raymond L. "The origin and growth of mathematical concepts". *Bull. Am. Math.*

Soc. 59 (1953): 423 - 48.

—. *Evolution of Mathematical Concepts*. New York: John Wiley & Sons Inc., 1968.

—. Mathematics as a Cultural System. Oxford: Pergamon Press, 1981.

数学文化教育研究

丁石孙,张祖贵.数学与教育(第 2 版)[M].长沙:湖南教育出版社,1998.

顾沛.数学文化课程建设的探索与实践[M].北京:高等教育出版社,2009.

史宁中.数学思想概论(第 1—5 辑)[M].长春:东北师范大学出版社,2008—2012.

王庚.数学文化与数学教育——数学文化报告集[M].北京:科学出版社,2004.

张维忠.数学文化与数学课程——文化视野中的数学与数学课程的重建[M].上海:上海教育出版社,1999.

张维忠.文化视野中的数学与数学教育[M].北京:人民教育出版社,2005.

柴林红,欧阳熙琴.数学课堂教学中渗透数学文化的途径研究[J].教学与管理,2011(3).

陈安宁.大学数学教育呼唤人文精神[J].宜宾学院学报,2004(3).

丁石孙.数学在高等教育中的作用[J].科技导报,2002(2).

费罗曼,胡誉满.加强数学教育的数学文化品味[J].数学教育学报,2008(3).

胡典顺.人为什么要学数学[J].数学教育学报,2010(4).

黄秦安.数学文化观念下的数学素质教育[J].数学教育学报,2001(3).

黄秦安.数学文化的最基本理论问题是不同民族文化所具有的数学文化差异吗——对王宪昌先生“商榷”一文的商榷[J].数学教育学报,2003(1).

黄秦安.对数学教育研究文化视角的若干透视[J].数学教育学报,2006(2).

黄秦安.数学课程中数学文化相关概念的辨析[J].数学教育学报,2009(4).

黄晓学,苗正科.从七桥问题看图论的本原思想与文化内涵[J].数学教育学报,2008(4).

李大潜.漫谈大学数学教学的目标与方法[J].中国大学教学,2009(1).

李元中.弘扬数学的文化教育价值[J].数学教育学报,1992(1).

梁绍君.数学文化及其数学文化观照之数学教育[J].重庆大学学报(社会科学版),2006(3).

梁绍君.关于高中“数学文化”课程的教学研究[J].西南大学学报(自然科学版),2007(8).

刘洁民.浅析高中数学课程中的数学文化[J].数学通报,2010(9).

刘祥伟,黄翔.数学课程应体现数学的文化观念[J].西南师范大学学报(自然科学版),2004(3).

吕林海.文化视角下数学课程的探析与构建[J].全球教育展望,2004(5).

孟燕平.数学文化与学生的学习方式[J].数学通报,2009(3).

谭晓泽.古希腊数学文化的精神遗产及其教育价值[J].数学教育学报,2010(1).

王宪昌,刘银萍.也谈数学文化与数学教育的关系——兼与张楚廷先生、黄秦安先生商榷[J].数学教育学报,2002(3).

吴国建,沈自飞.数学教学与人文教育[J].数学教育学报,2003(1).

徐乃楠,王宪昌.中国近现代数学教育的文化价值观研究[J].数学教育学报,2008(1).

严士健.让数学成为每个人生活的组成部分[J].中国数学会通讯,1999(6).

严士健.数学思维与应用意识、创新意识、数学意识[J].教学与教材研究,1999(3).

杨耕文,张荣,孙应德.数学文化对大学数学教育的影响的研究[J].洛阳理工学院学报(自然科学版),2009(1).

杨竹莘,王远林.数学的文化性教育与人文素质的培养[J].重庆教育学院学报,2005(6).

张楚廷.数学文化与人的发展[J].数学教育学报,2001(3).

张奠宙,梁绍君,金家梁.数学文化的一些新视角[J].数学教育学报,2003(1).

张雄,郭向阳.作为社会文化的数学教育[J].陕西教育学院学报,2003(4).

郑强,郑庆全.论课程形态的数学文化及其教育价值的实现[J].数学教育学报,2005(1).

郑强,邱忠华,杨鹏.教育形态数学文化的研究对数学教育的启示[J].数学教育学报,2008(3).

郑毓信.数学的文化价值何在、何为——语文课反照下的数学教学[J].人民教育,2007(6).

陈庆滨、冀宁,全国高校数学文化课程建设研讨会南开大学举行,中国广播网,http://www.cnr.cn/newscenter/gnxw/201107/t20110714_508231516.shtml.

数学文化教材

蔡天新.数学与人类文明[M].杭州:浙江大学出版社,2008.

葛斌华,梁超,武修文.数学文化漫谈[M].北京:经济科学出版社,2009.

顾沛.数学文化[M].北京:高等教育出版社,2008.

课程教材研究所,数学课程教材研究开发中心.数学文化[M].北京:人民教育出版社,2003.

孔令兵.数学文化论十九讲[M].西安:陕西人民教育出版社,2009.

南基洙.大学数学文化[M].大连:大连理工大学出版社,2008.

王汝发,张彩红.数学文化与数学教育[M].北京:中国科学技术出版社,2009.

王宪昌,刘鹏飞,耿鑫彪.数学文化概论[M].北京:科学出版社,2010.

薛有才.数学文化[M].北京:机械工业出版社,2010.

张楚廷.数学文化[M].北京:高等教育出版社,2000.

张顺燕.数学的美与理[M].北京:北京大学出版社,2004.

张知学.数学文化[M].石家庄:河北教育出版社,2010.

邹庭荣.数学文化欣赏[M].武汉:武汉大学出版社,2007.

HPM 研究

汪晓勤.HPM:数学史与数学教育[M].北京:科学出版社,2017.

汪晓勤,韩祥临.中学数学中的数学史[M].北京:科学出版社,2002.

汪晓勤,沈中宇.数学史与高中数学教学——理论、实践与案例[M].上海:华东师范大学出版社,2020.

汪晓勤,栗小妮.数学史与初中数学教学——理论、实践与案例[M].上海:华东师范大学出版社,2019.

Liu, Po-Hung.教师需要结合数学史来教学吗? [J].崔智超,译.数学译林,2004(4).

沈南山,黄翔.明理、哲思、求真:数学史教育价值三重性[J].西南大学学报(社会科学版),2010(3).

汪晓勤,林永伟.古为今用:美国学者眼中数学史的教育价值[J].自然辩证法研究,2004(6).

汪晓勤,欧阳跃.HPM 的历史渊源[J].数学教育学报,2003(3).

朱凤琴,徐伯华.HPM 作为"教与数学对应"中介的理解和认识[J].数学教育学报,2009(3).

刘洁民,数学史进入中小学数学课程的意义和影响,数学教育、数学史与数学文化研讨会论文,首都师范大学,2003 年 9 月,http://www.docin.com/p-9775739.html, http://math.cersp.com/Specialty/ChuZh/Subject/200610/2525.html, http://wenku.baidu.com/view/d84c40d384254b35eefd3441.htmlFauvel, John, & Jan Van Maanen, ed. History in Mathematics Education, The ICMI Study. Boston & London: Kluwer Academic Publishers, 2000.

Jankvist, Uffe Thomas. "Using History as a 'Goal' in Mathematics Education". PhD Dissertation. Danmark: Roskilde University, 2009.

Swetz, Frank, et. al. eds. *Learn from the Masters*. The Mathematical Association of America, 1995.

基于 HPM 和数学文化观念的数学教科书和案例研究

A.艾鲍.早期数学史选编[M].周民强，译.北京：北京大学出版社，1990.

COMAP.数学的原理与实践[M].申大维，方丽萍，叶其孝，等，译.北京：高等教育出版社，1998.

仇金家.中学数学课题学习指导——数学探究、数学建模与数学文化[M].北京：中国人民大学出版社，2010.

黄耀枢.数学基础引论[M].北京：北京大学出版社，1987.

林凤美.千古圆锥曲线探源[M].台北：三民书局，2018.

刘培杰.数学中的小问题大定理丛书[M].哈尔滨：哈尔滨工业大学出版社，2012—2018.

盛立人，胡卫群，肖箭，等.社会科学中的数学[M].北京：科学出版社，2006.

斯狄瓦.数学及其历史[M].袁向东，冯绪宁，译.北京：高等教育出版社，2011.

斯蒂芬·弗莱彻·休森.数学桥——对高等数学的一次观赏之旅[M].邹建成，杨志辉，刘喜波，等，译.上海：上海科技教育出版社，2010.

王宪钧.数理逻辑引论[M].北京：北京大学出版社，1982.

吴军.数学通识讲义[M].北京：新星出版社，2021.

约翰·布莱克伍德.数学也可以这样学 大自然中的几何学[M].林仓亿，苏惠玉，苏俊鸿，译.北京：人民邮电出版社，2020.

张齐华.审视课堂——张齐华与小学数学文化[M].北京：北京师范大学出版社，2010.

Anglin, W.S. & J. Lambek. *The Hertage of Thales*. Berlin Heidelberg: Springer-Vertag, 1995.

Brams, Steven J. *Mathematics and Democracy: designing better voting and fair-division procedures*, Princeton: Princeton University Press, 2008.

Gilbert, Juan E., et al. "Teaching Algebra Using Culturally Relevant Virtual Instructors". *The International Journal of Virtual Reality*. 2008, 7(1):21 - 30.

Hairer, E. & Wanner, G. *Analysis by Its History*. New York: Springer Science + Business Media, LLC, 2008.

Krantz, Steven G. *An Episodic History of Mathematics: Mathematical Culture Through Problem Solving*. MAA Textbooks. The Mathematical Association of America, 2010.

数学史和数学文化普及读本和文章

E.T.贝尔.数学:科学的女王和仆人[M].李永学,译.上海:华东师范大学出版社,2020.

E.T.贝尔.数学大师[M].徐源,译.上海:上海科学教育出版社,2004.

H.W.伊弗斯.数学圈 1[M].李泳,译.长沙:湖南科学技术出版社,2007.

H.W.伊弗斯.数学圈 2[M].李泳,译.长沙:湖南科学技术出版社,2007.

H.W.伊弗斯.数学圈 3[M].李泳,刘晶晶,译.长沙:湖南科学技术出版社,2007.

H.德里.100 个著名初等数学问题——历史和解[M].罗保华,等,译.上海:上海科学技术出版社,1982.

K.C.柯尔.数学与头脑相遇的地方[M].丘宏义,译.长春:长春出版社,2004.

L.霍格本.大众数学[M].李心灿,杨禄荣,徐兵,等,译.北京:科学普及出版社,1986.

M.吉卡.生命·艺术·几何[M].盛立人,译.北京:高等教育出版社,2014.

R.P.克里斯.历史上最伟大的 10 个方程[M].马潇潇,译.北京:人民邮电出版社,2010.

T.丹齐克.数——科学的语言[M].苏仲湘,译.上海:上海教育出版社,2000.

T.帕帕斯.数学走遍天涯——发现数学无处不在[M].蒋声,译.上海:上海教育出版社,2006.

阿尔弗雷德·S.波萨门蒂尔,英格玛·莱曼.精彩的数学错误[M].李永学,译.上海:华东师范大学出版社,2019.

阿米尔·艾克塞尔.神秘的阿列夫 ℵ[M].左平,译.上海:上海科学技术文献出版社,2008.

爱德华·伯格,迈克尔·斯塔伯德.数学爵士乐[M].唐璐,付雪,译.长沙:湖南科学技术出版社,2007.

爱德华·多尼克.机械宇宙——艾萨克牛顿、皇家学会与现代世界的诞生[M].黄珮玲,译.北京:社会科学文献出版社,2016.

安鸿志.趣话概率——兼话〈红楼梦〉中的玄机[M].北京:科学出版社,2009.

保罗·J·纳欣.虚数的故事[M].朱惠霖,译.上海:上海教育出版社,2008.

保罗·霍夫曼.阿基米德的报复[M].尘土,文小凡,刘青,等,译.北京:中国对外翻译出版公司,1994.

比尔·伯林霍夫,费尔南多·辜维亚.这才是好读的数学史[M].胡坦,译.北京:北京时代华文书局,2019.

彼得·M.希金斯.数的故事——从计数到密码学[M].陈以鸿,译.上海:上海教育出版社,2015.

波尔德.著名几何问题及其解法:尺规作图的历史[M].郑元禄,译.北京:高等教育出版社,2008.

博伊尔(David Boyle).为什么数字使我们失去理性[M].黄治康,李蜜,译.成都:西南财经大学出版社,2004.

陈景润,邵品琮.哥德巴赫猜想[M].沈阳:辽宁教育出版社,1987.

陈希孺.机会的数学[M].北京:清华大学出版社,广州:暨南大学出版社,2000.

戴维·福斯特·华莱士.跳跃的无穷——无穷大简史[M].胡凯衡,译.长沙:湖南科学技术出版社,2009.

德比希.代数的历史:人类对未知量的不舍追踪[M].冯速,译.北京:人民邮电出版社,2010.

德比希尔.素数之恋——黎曼和数学中最大的未解之谜[M].陈为蓬,译.上海:上海科技教育出版社,2008.

德福林.斐波那契的兔子:现代数学之父与算术革命[M].杨晨,译.北京:电子工业出版社,2018.

德福林.数学的语言:化无形为可见[M].洪万生,等,译.桂林:广西师范大学出版社,2013.

邓宗琦.科坛无冕之王——数学与高新技术[M].武汉:湖北科学技术出版社,2000.

菲利克斯·克莱因.初等几何的著名问题[M].沈一兵,译.北京:高等教育出版社,2005.

冯克勤.数论与密码[M].北京:科学出版社,2007.

冯克勤.通讯纠错中的数学[M].北京:科学出版社,2009.

弗朗西斯科·马丁·卡萨尔德雷.感官的盛宴:数学之眼看艺术[M].满易,译.北京:中信出版社,2020.

格雷厄姆·法米罗.天地有大美——现代科学之伟大方程[M].涂泓,吴俊,译.上海:上海科技教育出版社,2006.

哈里·亨德森.数学——描绘自然与社会的有力模式[M].王正科,赵华,译.上海:上海科学技术文献出版社,2008.

胡久稔.希尔伯特第十问题[M].沈阳:辽宁教育出版社,1987.

胡作玄.350年历程——从费尔马到维尔斯[M].济南:山东教育出版社,1996.

胡作玄.从毕达哥拉斯到费尔马[M].郑州:河南科学技术出版社,1997.

胡作玄.数学上未解的难题[M].福州:福建科学技术出版社,2000.

华罗庚.大哉数学之为用:华罗庚科普著作选集[M].上海:上海教育出版社,2019.

姜伯驹,钱敏平,龚光鲁.数学走进现代化学与生物[M].北京:科学出版社,2007.

吉娜·科拉塔.数学百年风云[M].崔继峰,林开亮,张海涛,等,译.上海:上海科技教育出版社,2019.

蒋声,蒋文蓓,刘浩.数学与建筑[M].上海:上海教育出版社,2004.

蒋声.欧几里得第五公设[M].沈阳:辽宁教育出版社,1988.

卡尔·萨巴.黎曼博士的零点[M].汪晓琴,张琰,徐晓君,译.上海:上海教育出版社,2006.

卡尔文·C·克劳森.数学旅行家:漫游数王国[M].袁向东,袁钧,译.上海:上海教育出版社,2001.

克里斯·韦林.从0到无穷,数学如何改变了世界[M].邹卓威,译.北京:北京时代华文书局,2015.

李大潜.数学文化小丛书(第二辑,10种)[M].北京:高等教育出版社,2009.

李大潜.数学文化小丛书(第三辑,10种)[M].北京:高等教育出版社,2013.

李大潜.数学文化小丛书(第一辑,10种)[M].北京:高等教育出版社,2007.

李维奥.数学沉思录:古今数学思想的发展与演变[M].黄征,译.北京:人民邮电出版社,2010.

李文林,任辛喜.数学的力量——漫话数学的价值[M].北京:科学出版社,2007.

李文林.文明之光——图说数学史[M].济南:山东教育出版社,2004.

李泳.数学圈丛书[M].长沙:湖南科学技术出版社,2007—2021.

李长生,邹祁.战争中的数学——军事密码学[M].上海:上海科技教育出版社,2001.

李贞礼.数学的捷径[M].任姮,译.北京:中国市场出版社,2008.

李忠.迭代　混沌　分形[M].北京:科学出版社,2007.

理查德·曼凯维奇.数学的故事[M].冯速,马晶,冯丁妮,译.海口:海南出版社,2002.

丽贝卡·戈德斯坦.不完备性——哥德尔的证明和悖论[M].唐璐,译.长沙:湖南科学技术出版社,2008.

梁宗巨.一万个世界之谜(数学分册)[M].武汉:湖北少年儿童出版社,1995.

列昂纳多·姆洛迪诺夫.几何学的故事[M].沈以淡,王季华,沈佳,译.海口:海南出版社,2004.

刘文.无处可微的连续函数[M].沈阳:辽宁教育出版社,1987.

楼世拓,邬冬华.黎曼猜想[M].沈阳:辽宁教育出版社,1987.

路易-让・布拉昂.几何学家的故事:从古巴比伦测量师到达・芬奇[M].黄俊鸿,译.北京:世界知识出版社,2020.

罗宾・J.威尔逊.邮票上的数学[M].李心灿,邹建成,郑权,译.上海:上海科技教育出版社,2002.

罗见今.科克曼女生问题[M].沈阳:辽宁教育出版社,1990.

马奥尔.e的故事:一个常数的传奇[M].周昌智,毛兆荣,译.北京:人民邮电出版社,2010.

马奥尔.三角之美:边边角角的趣事[M].曹雪林,边晓娜,译.北京:人民邮电出版社,2010.

马奥尔.勾股定理:悠悠4000年的故事[M].冯速,译.北京:人民邮电出版社,2010.

马科斯・杜・索托伊.素数的音乐[M].孙维昆,译.长沙:湖南科学技术出版社,2007.

马里奥・利维奥.无法解出的方程——天才与对称[M].王志标,译.长沙:湖南科学技术出版社,2008.

迈克尔・J.布拉德利.数学的诞生　古代－1300年[M].陈松,译.上海:上海科学技术文献出版社,2008.

迈克尔・J.布拉德利.数学的奠基[M].杨延涛,译.上海:上海科学技术文献出版社,2008.

迈克尔・J.布拉德利.数学前沿[M].蒲实,译.上海:上海科学技术文献出版社,2011.

迈克尔・J.布拉德利.天才的时代[M].展翼文,译.上海:上海科学技术文献出版社,2008.

迈克尔・J.布拉德利.现代数学[M].王潇,译.上海:上海科学技术文献出版社,2008.

迈克尔・布拉斯兰德,戴维・施皮格哈尔特.一念之差——关于风险的故事与数字[M].威治,译.北京:生活・读书・新知三联书店,2017.

梅向明,周春荔.尺规作图话古今[M].长沙:湖南教育出版社,2000.

美国《科学新闻》杂志社.数学与科技[M].杜国光,任颂华,任镤,译.北京:电子工业出版社,2017.

米卡埃尔・洛奈.万物皆数:从史前时期到人工智能,跨越千年的数学之旅[M].孙佳雯,译.北京:北京联合出版公司,2018.

米克尔・阿尔贝蒂.数学星球　人类文明与数学[M].卢娟,译.北京:中信出版社,2020.

欧阳绛.数学方法溯源[M].南京:江苏教育出版社,1990.

朴京美,数学维生素[M].姜镕哲,译.北京:中信出版社,2006.

齐东旭.七彩数学:画图的数学[M].北京:科学出版社,2009.

乔丹・艾伦伯格.魔鬼数学:大数据时代,数学思维的力量[M].胡小锐,译.北京:中信出版

社,2015.

沈康身.历史数学名题赏析[M].上海:上海教育出版社,2002.

沈康身.数学的魅力(全四册)[M].上海:上海辞书出版社,2004—2006.

史树中,李文林.通俗数学名著译丛[M].上海:上海教育出版社,1997—2008.

史树中.诺贝尔经济学奖与数学[M].北京:清华大学出版社,2003.

史树中.数学与金融[M].上海:上海教育出版社,2006.

史树中.数学与经济[M].大连:大连理工大学出版社,2008.

斯图尔特.数学万花筒:五光十色的数学趣题和逸事[M].张云,译.北京:人民邮电出版社,2010.

孙琦,旷京华.素数判定与大数分解[M].沈阳:辽宁教育出版社,1987.

孙琦,万大庆.置换多项式及其应用[M].沈阳:辽宁教育出版社,1987.

孙燕群,刘伟.计算机史话[M].青岛:中国海洋大学出版社,2003.

童忠良,王忠人,王斌清.音乐与数学[M].北京:人民音乐出版社,1993.

瓦尔特·克莱默.统计数据的真相[M].隋学礼,译.北京:机械工业出版社,2008.

王元.大哉言数:王元科普著作选集[M].上海:上海教育出版社,2019.

威廉·邓纳姆.数学那些事:思想、发现、人物和历史[M].冯速,译.北京:人民邮电出版社,2011.

威廉·邓纳姆.天才引导的历程[M].苗锋,译.北京:中国对外翻译出版公司,1994.

威廉·邓纳姆.微积分的历程:从牛顿到勒贝格[M].李伯民,汪军,张怀勇,等,译.北京:人民邮电出版社,2010.

吴振奎,吴健,吴旻.数学大师的创造与失误[M].天津:天津教育出版社,2004.

吴振奎,吴旻.数学的创造[M].上海:上海教育出版社,2003.

吴振奎.斐波那契数列[M].沈阳:辽宁教育出版社,1987.

西蒙·辛格.费马大定理——一个困惑了世间智者358年的谜[M].薛密,译.上海:上海译文出版社,1998.

萧文强.数学证明[M].南京:江苏教育出版社,1989.

谢尔曼·克·斯坦因.数字的力量——揭示日常生活中数学的乐趣和威力[M].严子谦,严磊,译.长春:吉林人民出版社,2000.

徐诚浩.古典数学难题与伽罗瓦理论[M].上海:复旦大学出版社,1986.

颜松远.整数分解——中小学数学问题、大数学家难题[M].北京:科学出版社,2009.

姚玉强.费马猜想[M].沈阳：辽宁教育出版社，1987.

伊凡斯·彼得生.数学与艺术[M].袁震东，林磊，译.上海：上海教育出版社，2007.

伊莱·马奥尔无穷之旅——关于无穷大的文化史[M].上海：上海教育出版社，2000.

易南轩，王芝平.多元视角下的数学文化[M].北京：科学出版社，2007.

远山启.数学与生活[M].吕砚山，等，译.北京：人民邮电出版社，2010.

约翰·艾伦·保罗士.数盲——数学无知者眼中的迷惘世界[M].柳柏濂，译.上海：上海教育出版社，2006.

约翰·艾伦·保罗斯.数学家读报[M].黄平亮，译.长沙：湖南科学技术出版社，2009.

约翰·塔巴克.代数学[M].邓明立，胡俊美，译.北京：商务印书馆，2007.

约翰·塔巴克.概率论和统计学[M].杨静，译.北京：商务印书馆，2007.

约翰·塔巴克.几何学——空间和形式的语言[M].张红梅，刘献军，译.北京：商务印书馆，2008.

约翰·塔巴克.数——计算机、哲学家及对数的含义的探索[M].王献芬，王辉，张红艳，译.北京：商务印书馆，2008.

约翰·塔巴克.数学和自然法则[M].王辉，胡云志，译.北京：商务印书馆，2007.

詹姆斯·D.斯特恩.数学的力量：从信息到宇宙[M].孙维昆，译.长沙：湖南科学技术出版社，2019.

张奠宙，丁传松，柴俊，等.情真意切话数学[M].北京：科学出版社，2011.

张奠宙，顾鹤荣.不动点定理[M].沈阳：辽宁教育出版社，1989.

张奠宙，刘萍，张东鸿，等.大千世界的随机现象[M].南宁：广西教育出版社，1999.

张奠宙，王春萍，张建国.组合数学方兴未艾[M].南宁：广西教育出版社，1999.

张奠宙.数学的明天[M].南宁：广西教育出版社，1999.

张奠宙.王善平.当代数学史话[M].大连：大连理工大学出版社，2010.

张锦文，王雪生，连续统假设[M].沈阳：辽宁教育出版社，1989.

张贤科.古希腊名题与现代数学[M].北京：科学出版社，2007.

赵燕枫.密码传奇[M].北京：科学出版社，2008.

中岛幸子.数学与音乐的创造力[M].黄晶晶，译.北京：人民邮电出版社，2015.

中央电视台《百家讲坛》栏目组.相识数学[G].北京：中国人民大学出版社，2006.

朱水林.哥德尔不完备定理[M].沈阳：辽宁教育出版社，1987.

宗传明.离散几何欣赏[M].北京：科学出版社，2009.

刘洁民.数学与现代社会[J].学科教育,1996(1).

刘洁民.数学与现代社会(续)[J].学科教育,1996(2).

刘洁民.数学与化学[J].学科教育,1996(3).

刘洁民.数学与地球科学[J].学科教育,1996(4).

刘洁民.可靠性的数学理论[J].学科教育,1996(5).

刘洁民.数学、编码与通讯[J].学科教育,1996(6).

数学史和数学方法论

《续修四库全书》编纂委员会.续修四库全书・一〇四二・子部・天文算法类[M].上海:上海古籍出版社,2002.

《续修四库全书》编纂委员会.续修四库全书・一〇四三・子部・天文算法类[M].上海:上海古籍出版社,2002.

A.韦伊.数论——从汉穆拉比到勒让德的历史导引[M].胥鸣伟,译.北京:高等教育出版社,2010.

C.H.爱德华.微积分发展史[M].张鸿林,译.北京:北京出版社,1987.

C.R.劳.统计与真理——怎样运用偶然性[M].李竹渝,石坚,译.北京:科学出版社,2004.

E.T.贝尔.数学的历程[M].李永学,译.上海:华东师范大学出版社,2020.

H.伊夫斯.数学史概论(第六版)[M].欧阳绛,译.哈尔滨:哈尔滨工业大学出版社,2009.

H.伊夫斯.数学史上的里程碑[M].欧阳绛,等,译.北京:北京科学技术出版社,1990.

I.M.亚格洛姆.对称的观念在19世纪的演变:Klein和Lie[M].赵振江,译.北京:高等教育出版社,2016.

J.L.福尔克斯.统计思想[M].魏宗舒,吕乃刚,译.上海:上海翻译出版公司,1987.

J.斯狄瓦.数学及其历史[M].袁向东,冯绪宁,译.北京:高等教育出版社,2011.

M.克莱因.古今数学思想(第二册)[M].朱学贤,申又枨,叶其孝,等,译.上海:上海科学技术出版社,2002.

M.克莱因.古今数学思想(第三册)[M].万伟勋.石生明.孙树本,等,译.上海:上海科学技术出版社,2002.

M.克莱因.古今数学思想(第四册)[M].邓东皋.张恭庆,等,译.上海:上海科学技术出版社,2002.

M.克莱因.古今数学思想(第一册)[M].张理京,张锦炎,江泽涵,译.上海:上海科学技术出版

社,2002.

M.克莱因.数学:确定性的丧失[M].李宏魁,译.长沙:湖南科学技术出版社,1997.

R.E.莫里斯.数学家言行录[M].朱剑英,编译.南京:江苏教育出版社,1990.

R.朗兰兹.Langlands纲领和他的数学世界[M].季理真,选文,黎景辉,等,译.北京:高等教育出版社,2018.

T.L.希思.阿基米德全集[M].朱恩宽,李文铭,等,译.西安:陕西科学技术出版社,1998.

阿波罗尼奥斯.圆锥曲线论(1～4卷)[M].朱恩宽,等,译.西安:陕西科学技术出版社,2007.

艾格纳,齐格勒.数学天书中的证明(第三版)[M].冯荣权,宋春伟,宗传明,译.北京:高等教育出版社,2009.

白尚恕.《测圆海镜》今译[M].济南:山东教育出版社,1985.

白尚恕.《九章算术》注释[M].北京:科学出版社,1983.

白尚恕.中国数学史研究:白尚恕文集[M].北京师范大学出版社,北京:2008.

保罗·哈尔莫斯.我要作数学家[M].马元德,等,译.南昌:江西教育出版社,1999.

卡尔·B.博耶,尤塔·C.梅兹巴赫.数学史[M].秦传安,译.北京:中央编译出版社,2013.

卡尔·B.波耶.微积分概念史[M].上海师范大学数学系翻译组,译.上海:上海人民出版社,1977.

陈高傭.墨辩今解[M].北京:商务印书馆,2016.

陈希孺.数理统计学简史[M].长沙:湖南教育出版社,2003.

笛卡儿.几何[M].袁向东,译.武汉:武汉出版社,1992.

笛卡尔.谈谈方法[M].王太庆,译.北京:商务印书馆,2000.

笛卡尔.探求真理的指导法则[M].管震湖,译.北京:商务印书馆,1991.

杜石然.数学·历史·社会[M].沈阳:辽宁教育出版社,2003.

斐波那契.计算之书[M].劳伦斯·西格尔,英译,纪志刚,汪晓勤,马丁玲,等,译.北京:科学出版社,2008.

高木贞治.近世数学史谈[M].高明芝,译.北京:高等教育出版社,2020.

格奥尔格·康托.超穷数理论基础文稿[M].陈杰,刘晓力,译.呼和浩特:内蒙古大学出版社,1995.

哈代.一个数学家的辩白[M].李文林,戴宗铎,高嵘,编译.大连:大连理工大学出版社,2009.

胡作玄.布尔巴基学派的兴衰[M].北京:知识出版社,1984.

胡作玄.近代数学史[M].济南:山东教育出版社,2006.

花拉子米.算法与代数学[M].伊里哈木・玉素甫,武修文,编译.北京:科学出版社,2008.

纪志刚,徐泽林.数学・历史・教育——三维视角下的数学史[G].大连:大连理工大学出版社,2022.

江晓原,谢筠,译注.周髀算经[M].沈阳:辽宁教育出版社,1996.

卡兹(Victor J.Katz).数学史通论(第2版)[M].李文林,王丽霞,译.北京:高等教育出版社,2004.

凯文・C・诺克斯,理查德・诺基斯.从牛顿到霍金:剑桥大学卢卡斯数学教授评传[M].李绍明,等,译.长沙:湖南科学技术出版社,2008.

李继闵.《九章算术》导读与译注[M].西安:陕西科学技术出版社,1998.

李继闵.东方数学典籍《九章算术》及其刘徽注研究[M].西安:陕西人民教育出版社,1990.

李继闵.九章算术校证[M].西安:陕西科学技术出版社,1993.

李继闵.算法的源流——东方古典数学的特征[M].北京:科学出版社,2007.

李文林.数学的进化——东西方数学史比较研究[M].北京:科学出版社,2005.

李文林.数学史概论.(第三版)[M].北京:高等教育出版社,2011.

李文林.数学珍宝——历史文献精选[M].北京:科学出版社,1998.

李心灿.当代数学大师(第四版)[M].北京:高等教育出版社,2013.

李俨,钱宝琮.李俨钱宝琮科学史全集[M].沈阳:辽宁教育出版社,1998.

李兆华.四元玉鉴校证[M].北京:科学出版社,2007.

李兆华.中国数学史基础[M].天津:天津教育出版社,2010.

刘钝.大哉言数[M].沈阳:辽宁教育出版社,1993.

刘洁民.比较数学史中的范例分析[G]//中国数学史论文集(四).济南:山东教育出版社,1996年.

刘洁民.论比较数学史的原则[G]//中国数学史论文集(四).济南:山东教育出版社,1996.

刘培杰.影响数学世界的猜想与问题丛书,哈尔滨:哈尔滨工业大学出版社,2013—2014.

罗伯特・哈钦斯,莫蒂默・艾德勒.西方名著入门第8册(数学)[M].王铁生,陈尚霖,等,译.北京:商务印书馆,1995.

马丁・戴维斯.逻辑的引擎[M].张卜天,译.长沙:湖南科学技术出版社,2006.

莫里斯・马夏尔.布尔巴基:数学家的秘密社团[M].胡作玄,王献芬,译.长沙:湖南科技出版社,2012.

牛顿.自然哲学的数学原理;宇宙体系[M].王克迪,译.袁江洋,校.武汉:武汉出版社,1992.

诺伯特·维纳.我是一个数学家[M].周昌忠,译.上海:上海科学技术出版社,1987.
诺伯特·维纳.昔日神童——我的童年和青年时期[M].雪福,译.上海:上海科学技术出版社,1982.
欧几里得.几何原本(第2版)[M].兰纪正,朱恩宽,译.西安:陕西科学技术出版社,2003.
欧几里得.几何原本[M].兰纪正,朱恩宽,译.南京:译林出版社,2011.
欧拉.无穷分析引论(上下册)[M].张延伦,译.太原:山西教育出版社,1997.
欧谢.庞加莱猜想[M].孙维昆,译.长沙:湖南科学技术出版社,2010.
婆什迦罗.莉拉沃蒂[M].林隆夫,译注.徐泽林,周畅,张建伟,译.北京:科学出版社,2008.
钱宝琮,校点.算经十书(上下册)[M].北京:中华书局,1963.
钱宝琮,校点.算经十书[M]//李俨钱宝琮科学史全集(第四卷).沈阳:辽宁教育出版社,1998.
钱宝琮.中国数学史[M].北京:科学出版社,1964.
丘成桐,杨乐,季理真.陈省身与几何学的发展[G].北京:高等教育出版社,2011.
丘成桐,杨乐,季理真.传奇数学家华罗庚——纪念华罗庚诞辰100周年[G].北京:高等教育出版社,2010.
曲安京.中国历法与数学[M].北京:科学出版社,2005.
热维尔·内兹,威廉·诺尔.阿基米德羊皮书[M].曾晓彪,译.长沙:湖南科学技术出版社,2008.
瑞德.库朗——一位数学家的双城记[M].胡复,等,译.上海:东方出版中心,1999.
瑞德.奈曼——来自生活的统计学家[M].姚慕生,陈克艰,王顺义,译.上海:上海科学技术出版社,2001.
瑞德.希尔伯特——数学世界的亚历山大[M].李文林,袁向东,译.上海:上海科学技术出版社,2006.
萨拉·图林.阿兰·图林[M].刘二中,刘晓青,译.北京:商务印书馆,1987.
沈康身.《九章算术》导读[M].武汉:湖北教育出版社,1997.
沈康身.中算导论[M].上海:上海教育出版社,1986.
史蒂芬·霍金.上帝创造整数[M].李文林,等,译.长沙:湖南科学技术出版社,2019.
王浩.哥德尔[M].康宏逵,译.上海:上海译文出版社,2002.
王守义.数书九章新释[M].李俨,审校.合肥:安徽科学技术出版社,1992.
王渝生,刘钝.中国数学史大系[M].石家庄:河北科学技术出版社,2000—2001.

王元.20 世纪中国知名科学家学术成就概览(数学卷第一分册)[G].北京:科学出版社,2011.

吴文俊.刘徽研究[G].西安:陕西人民教育出版社,九章出版社,1993.

吴文俊.世界著名数学家传记(上下集)[G].北京:科学出版社,1995.

吴文俊.吴文俊文集[G].济南:山东教育出版社,1986.

吴文俊.中国数学史大系[M].北京:北京师范大学出版社,1998—1999.

吴文俊.中国数学史论文集(四)[G].济南:山东教育出版社,1996.

希尔伯特.几何基础(第 2 版)(上册)[M].江泽涵,朱鼎勋,译.北京:科学出版社,1987.

希尔伯特.数学问题[M].李文林,袁向东,编译.大连:大连理工大学出版社,2009.

徐传胜.从博弈问题到方法论学科——概率论发展史研究[M].北京:科学出版社,2010.

徐利治,袁向东,郭金海.徐利治访谈录[M].长沙:湖南教育出版社,2009.

徐利治,郑毓信.数学抽象方法与抽象度分析法[M].南京:江苏教育出版社,1990.

徐利治,郑毓信.数学模式论[M].南宁:广西教育出版社,1993.

许宝騄先生纪念文集编委会.道德文章垂范人间——纪念许宝騄先生百年诞辰[G].北京:北京大学出版社,2010.

雅克·阿达玛.数学领域中的发明心理学[M].陈植荫,肖奚安,译.南京:江苏教育出版社,1989.

佚名.周髀算经[M]//宋刻算经六种.北京:文物出版社,1980.

约翰·L·卡斯蒂,维尔纳·德波利.逻辑人生——哥德尔传[M].刘晓力,叶闯,译.上海:上海科技教育出版社,2002.

约翰·道森.哥德尔:逻辑的困境[M].唐璐,译.长沙:湖南科学技术出版社,2009.

张奠宙,王善平,陈省身文集[M].上海:华东师范大学出版社,2002.

张奠宙.20 世纪数学经纬[M].上海:华东师范大学出版社,2002.

张家龙,数理逻辑发展史——从莱布尼茨到哥德尔[M].北京:社会科学文献出版社,1993.

张锦文,闾金童.集合论发展史[G].桂林:广西师范大学出版社,1993.

赵晓春.科学大师启蒙文库:莱布尼茨[M].上海:上海交通大学出版社,2009.

中国科学院自然科学史研究所数学史组,中国科学院数学研究所数学史组.数学史译文集[G].上海:上海科学技术出版社,1981.

中国科学院自然科学史研究所数学史组,中国科学院数学研究所数学史组.数学史译文集续集[G].上海:上海科学技术出版社,1985.

周·道本.康托的无穷的数学和哲学[M].郑毓信,刘晓力,编译.南京:江苏教育出版社,1988.

刘洁民.中国传统数学中的平行线[J].自然科学史研究,1992年(1).

Ruthing, Dieter.函数概念的一些定义[J].数学译林,1986,15(3):260—263.

Aczel, Amir D. *Descartes' Secret Notebook*. New York: Broadway Books, 2005.

Allman, George Johnston. *Greek geometry from Thales to Euclid*, Dublin University Press series, Hodges, Figgis, & co., Dublin, 1889.

Andersen, Kirsti. *The Geometry of an Art The History of the Mathematical Theory of Perspective from Alberti to Monge*. New York: Springer, 2007.

Baron, Margaret E. *The Origins of the Infinitesimal Calculus*. Oxford: Pergamon Press Ltd., 1969.

Boi, L., D. Flament & J.-M. Salanskis, Eds. *1830—1930: A Century of Geometry*. Berlin Heidelberg: Springer-Verlag, 1992.

Bonola, Roberto. *Non-Euclidean Geometry: A Critical and Historical Study of its Development*. New York: Dover Publications, Inc., 1955.

Bossut, John. *General History of Mathematics, From the Earliest Times, to the Middle of the Eighteenth Century*. London: Bye & Law, 1803.

Boyer, Carl B. *The History of the Calculus and Its Conceptual Development*. New York: Dover Publications, Inc., 1949.

Burton, David M. *The History of Mathematics: An Introduction*. 6th edition. Mathgen: McGraw-Hill Primis, 2006.

Cajori, F. *A History of Mathematics*. London: 1922.

— .*A History of Mathematical Notations*. Chicago: The Open Court Publishing Company, 1928 - 1929.

Chabert, Jean-Luc, ed. *A History of Algorithms*. Berlin Heidelberg: Springer-Verlag, 1999.

Dauben, J. W. *Georg Cantor His Mathematics and Philosophy of the Infinite*, Princeton: Princeton University Press, 1979.

Dauben, Joseph W. & Christoph J. Scriba, eds. *Writing the History of Mathematics, Its Historical Development*. Basel: Birkhaüser Verlag, 2002.

Derbyshire, John., *The Unknown Quantity: A Real and Imaginary History of Algebra*. Washington, DC: Joseph Henry Press, 2006.

Dunham, William. *The Calculus Gallery: Masterpieces from Newton to Lebesgue*. Princeton & Oxford: Princeton University Press, 2005.

Edwards, Jr. C. H. *The Historical Development of the Calculus*. New York: Springer-Verlag, Inc., 1979.

Fauvel, John, ed. *History in Mathematics Education*. Boston & Lonton: Kluwer Academic Publishers, 2000.

Friberg, Jöran. *Amazing Traces of a Babylonian Origin in Greek Mathematics*. Singapore: World Scientific, 2007.

Gazalé, Midhat J. *Number: from Ahmes to Cantor*. Princeton: Princeton University Press, 2000.

Gillies, Donald. *Revolutions in Mathematics*. Oxford: Clarendon Press, 1992.

Grattan-Guinness, I., ed. *Landmark Writings in Western Mathematics 1640—1940*. Amsterdam: Elsevier B.V., 2005.

Gray, Jeremy. *Worlds Out of Nothing: A Course in the History of Geometry in the 19th Century*. London: Springer-Verlag Limited, 2007.

Gregersen, Erik, ed. *The Britannica Guide to the History of Mathematics*. New York: Britannica Educational Publishing, 2011.

Hald, Anders. *A History of Probability and Statistics and Their Applications before 1750*. Hoboken: John Wiley & Sons, Inc., 2003.

Halmos, Paul R. *I Want to Be a Mathematician*. New York: Springer-Vertag Inc., 1985.

Heath, Thomas Little. *A History of Greek Mathematics*. Oxford: Oxford University Press, 1921.

—. *The Thirteen Books of Euclid's Elements, 3 vols*. New York: Dover Publications, Inc., 1956.

Herz-Fischler, Roger. *A Mathematical History of the Golden Number*. New York: Dover Publications, Inc., 1998.

Hersh, Reuben. *What Is Mathematics, Really?* New York & Oxford: Oxford University Press, 1997.

Hodgkin, Luke. *A History of Mathematics: From Mesopotamia to Modernity*. New York: Oxford University Press, 2005.

Hollingdale, Stuart. *Makers of Mathematics*, New York: Dover Publications, Inc., 2006.

Ifrah, Georges. *The Universal History of Numbers: From Prehistory to the Invention of the Computer*. Trans. from the French by David Bellos, E. F. Harding, Sophie Wood & Ian Monk. Toronto: John Wiley & Sons, Inc., 2000.

Kaplan, Robert. *The Nothing That Is: A Natural History of Zero*. Oxford: Oxford University Press, 2000.

Kleiner, Israel. *A History of Abstract Algebra*. Boston & Berlin: Birkhäuser, 2007.

Kline, Morris. *Mathematical Thought from Ancient to Modern Times*, Vol. 1. New York: Oxford University Press, 1990.

—. *Mathematical Thought from Ancient to Modern Times*, Vol.2. New York: Oxford University Press, 1990.

—. *Mathematical Thought from Ancient to Modern Times*, Vol. 3, New York: Oxford University Press, 1990.

Macbeth, Danielle. "Viète, Descartes, and the Emergence of Modern Mathematics", *Graduate Faculty Philosophy Journal*, Vol. 25, No. 2 (2004): 87 - 117.

Netz, Reviel. The Shaping of Deduction in Greek Mathematics: *A Study in Cognitive History*. Cambridge: Cambridge University Press, 1999.

—. *Ludic Proof: Greek Mathematics and the Alexandrian Aesthetic*. Cambridge: Cambridge University Press, 2009.

Ore, Oystein. *Number Theory and Its History*. Mineola & New York: Dover Publications, Inc., 1988.

Smith, D.E. *History of Mathematics*. New York: Dover Publications, Inc., 1923 - 1925.

—. *A Source Book in Mathematics*, 2 vols. Mineola & New York: Dover Publications, Inc., 1959.

Smith, D.E. & Yoshio Mikanmi. *A History of Japanese Mathematics*. Mineola & New York: Dover Publications, Inc., 2004.

Waerden, B. L. van der. *Science Awakening*, trans. by Arnold Dresden. New York: Oxford University Press, 1961.

—. *Geometry and Algebra in Ancient Civilization*. Berlin Heidelberg: Springer-Verlag, 1983.

Weil, Andr. Number Theory: *An Approach Through History From Mammurapi to Legendre*. Boston & Basel: Birkhauser, 1984.

哲学和哲学史

B.帕斯卡.思想录[M].何兆武,译.北京:商务印书馆,1985.

D.J.奥康诺.批评的西方哲学史[M].洪汉鼎,等,译.北京:东方出版社,2001.

E.策勒尔.古希腊哲学史纲[M].翁绍军,译.济南:山东人民出版社,1992.

G.希尔贝克,N.伊耶.西方哲学史——从古希腊到二十世纪[M].童世骏,郁振华,刘进,译.上海:上海译文出版社,2004.

S.E.斯通普夫,J.菲泽.西方哲学史:从苏格拉底到萨特及其后[M].匡宏,邓晓芒,等,译.北京:世界图书出版公司,2009.

北京大学哲学系外国哲学史教研室.古希腊罗马哲学[M].北京:商务印书馆,1961.

北京大学哲学系中国哲学教研室.中国哲学史(第二版)[M].北京:北京大学出版社,2003.

蔡仁厚.中国哲学史大纲[M].长春:吉林出版集团有限责任公司,2009.

恩格斯.反杜林论[M].中共中央马克思恩格斯列宁斯大林著作编译局,译.北京:人民出版社,1970.

冯达文,郭齐勇,新编中国哲学史(上下册)[M].北京:人民出版社,2004.

冯友兰.中国哲学简史:插图珍藏本[M].北京:新世界出版社,2004.

弗里德里希·希尔.欧洲思想史[M].赵复三,译.桂林:广西师范大学出版社,2007.

胡适.中国哲学大纲[M].耿云志,等,导读.上海:上海古籍出版社,1997.

卡尔·雅斯贝尔斯.大哲学家[M].李雪涛,等,译.北京:社会科学文献出版社,2001.

劳思光.新编中国哲学(全三卷)[M].桂林:广西师范大学出版社,2005.

罗素.我的哲学的发展[M].温锡增,译.北京:商务印书馆,1982.

罗素.西方的智慧——从社会政治背景对西方哲学所作的历史考察[M].温锡增,译.北京:商务印书馆,1999.

罗素.西方哲学史(上下册)[M].何兆武,李约瑟,马元德,译.北京:商务印书馆,1976.

苗力田.亚里士多德全集(第九卷)[M].北京:中国人民大学出版社,1994.

尚秉和.周易尚氏学[M].北京:中华书局,1980.

梯利.西方哲学史.(上下册)[M].葛力,译.北京:商务印书馆,1979.

威尔·杜兰特.哲学的故事(上、下)[M].金发燊,译.北京:生活·读书·新知三联书店,1997.

亚里士多德.形而上学[M].吴寿彭,译.北京:商务印书馆,1995.

亚里士多德.政治学[M].吴寿彭,译.北京:商务印书馆,1983.

以赛亚·伯林.启蒙的时代:十八世纪哲学家[M].孙尚扬,杨深,南京:译林出版社,2005.

Kant, Immanuel. *Lectures on logic*. Trans. & ed. by J. Michael Young. Cambridge: Cambridge University Press, 1992.

人类学、文化学、社会学

A.J.汤因比.历史研究[M].曹未风,译.上海:上海人民出版社,1987.

C.W.沃特森.多元文化主义[M].叶兴艺,译.长春:吉林人民出版社,2005.

E.B.泰勒.原始文化:神话、哲学、宗教、语言、艺术和习俗发展之研究[M].连树声,译.桂林:广西师范大学出版社,2005.

E.哈奇.人与文化的理论[M].黄应贵,郑美能,编译.哈尔滨:黑龙江教育出版社,1988.

H.李凯尔特.文化科学和自然科学[M].涂纪亮,译.北京:商务印书馆,1986.

R.M.基辛.文化·社会·人[M].甘华鸣,陈方,甘黎明,译.沈阳:辽宁人民出版社,1988.

R.基辛.当代文化人类学(上下册)[M].于嘉云,张恭启,译.台北:巨流图书公司,1980.

R.林顿.人格的文化背景[M].于闽梅,陈学晶,译.桂林:广西师范大学出版社,2006.

阿兰·巴纳德.人类学历史与理论[M].王建民,刘源,许丹,等,译.北京:华夏出版社,2006.

阿雷恩·鲍尔德温,布莱恩·朗赫斯特,斯考特·麦克拉肯,等.文化研究导论(修订版)[M].陶东风，和磊，王瑾，等，译.北京：高等教育出版社，2004.

埃德加·莫兰.方法：思想观念——生境、生命、习性与组织[M].秦海鹰，译.北京：北京大学出版社，2002.

埃德蒙·利奇.文化与交流[M].卢德平，译.北京：华夏出版社，1991.

奥斯瓦尔德·斯宾格勒.西方的没落[M].吴琼，译.上海：上海三联书店，2006.

巴里·巴恩斯.科学知识与社会学理论[M].鲁旭东，译.北京：东方出版社，2001.

彼得·伯克.什么是文化史[M].蔡玉辉，译.北京：北京大学出版社，2009.

彼得·科斯洛夫斯基.后现代文化——技术发展的社会文化后果[M].毛怡红，译.北京：中央编译出版社，1999.

陈华文.文化学概论[M].上海：上海文艺出版社，2001.

陈序经.文化学概观[M].北京：中国人民大学出版社，2009.

大卫·布鲁尔.知识和社会意象[M].艾彦，译.北京：东方出版社，2001.

戴维·英格利斯.文化与日常生活[M].张秋月，周雷亚，译.北京：中央编译出版社，2010.

丹尼·卡瓦拉罗.文化理论关键词[M].张卫东，张生，赵顺宏，译.南京：江苏人民出版社，2006.

恩斯特·卡西尔.人论[M].甘阳，译.上海：上海译文出版社，1985.

菲利普·巴格比.文化：历史的投影——比较文明研究[M].夏克，李天纲，陈江岚，译.上海：上海人民出版社，1987.

冯利，谭光广.当代国外文化学研究(译文集)[G].北京：中央民族学院出版社，1986.

傅铿.文化：人类的镜子——西方文化理论导引[M].上海：上海人民出版社，1990.

宫留记.资本：社会实践工具——布尔迪厄的资本理论[M].郑州：河南大学出版社，2010.

古塔，弗格森.人类学定位——田野科学的界限与基础[M].骆建建，等，译.北京：华夏出版社，2005.

杰姆逊.后现代主义与文化理论[M].唐小兵，译.北京：北京大学出版社，1997.

康定斯基.论艺术的精神[M].查立，译.北京：中国社会科学出版社，1987.

科恩，埃姆斯，文化人类学基础[M].李富强，译.北京：中国民间文艺出版社，1987.

克利福德·格尔茨.文化的解释[M].韩莉，译.南京：译林出版社，1999.

肯尼思·麦克利什.人类思想的主要观点——形成世界的观念[M].查常平，刘宗迪，胡继华，等，译.北京：新华出版社，2004.

莱斯利·A.怀特.文化的科学——人类与文明的研究[M].沈原,黄克克,黄玲伊,译.济南:山东人民出版社,1988.

莱斯利·A.怀特.文化科学——人和文明的研究[M].曹锦清,等,译.杭州:浙江人民出版社,1988.

雷蒙·威廉斯.关键词:文化与社会的词汇[M].刘建基,译.北京:生活·读书·新知三联书店,2005.

雷蒙·威廉斯.文化与社会[M].吴松江,张文定,译.北京:北京大学出版社,1991.

刘守华.文化学通论[M].北京:高等教育出版社,1992.

露丝·本尼迪克.文化模式[M].何锡章,黄欢,译.北京:华夏出版社,1987.

露丝·本尼迪克特.文化模式[M].王炜,等,译.北京:生活·读书·新知三联书店,1988.

罗钢,刘象愚.文化研究读本[G].北京:中国社会科学出版社,2000.

马文·哈里斯.文化人类学[M].李培茱,高地,译.北京:东方出版社,1988.

马歇尔·萨林斯.文化与实践理性[M].赵丙祥,译.上海:上海人民出版社,2002.

迈克·克朗.文化地理学[M].杨淑华,宋慧敏,译.南京:南京大学出版社,2003.

奈杰尔·拉波特,乔安娜·奥弗林.社会文化人类学的关键概念[M].鲍雯妍,张亚辉,等,译.北京:华夏出版社,2005.

皮埃尔·布迪厄,华康德.实践与反思:反思社会学导引[M].李猛,李康,译.北京:中央编译出版社,1998.

皮埃尔·布迪厄.实践感[M].蒋梓骅,译.南京:译林出版社,2003.

塞缪尔·亨廷顿,劳伦斯·哈里森.文化的重要作用——价值观如何影响人类进步[M].程克雄,译.北京:新华出版社,2002.

史密斯.文化:再造社会科学[M].张美川,译.长春:吉林人民出版社,2005.

司马云杰.文化社会学[M].北京:中国社会科学出版社,2001.

陶东风,金元浦,高丙中.文化研究(第4辑)[G].北京:中央编译出版社,2003.

陶东风.文化研究精粹读本[G].北京:中国人民大学出版社,2010.

特里·伊格尔顿.理论之后[M].商正,译.北京:商务印书馆,2009.

特瑞·伊格尔顿.文化的观念[M].方杰,译.南京:南京大学出版社,2003.

汪民安.文化研究关键词[M].南京:江苏人民出版社,2007.

王铭铭.20世纪西方人类学主要著作指南[M].北京:世界图书出版公司,2008.

威廉・A.哈维兰.文化人类学(第十版)[M].瞿铁鹏,张钰,译.上海:上海社会科学院出版社,2006.

维克多・埃尔.文化概念[M].康新文,晓文,译.上海:上海人民出版社,1988.

吴冶平.雷蒙德・威廉斯的文化理论研究[M].兰州:甘肃人民出版社,2006.

叶志坚.文化学发展轨迹研究[M].北京:民族出版社,2004.

于尔根・科卡.社会史:理论与实践[M].景德祥,译.上海:上海人民出版社,2006.

朱大可.文化批评——文化哲学的理论与实践[M].苏州:古吴轩出版社,2011.

庄锡昌,顾晓鸣,顾云深,等.多维视野中的文化理论[G].杭州:浙江人民出版社,1987.

Barker, Chris. *The SAGE Dictionary of Cultural Studies*. London: SAGE Publications, 2004.

Cassirer, Ernst. *An Essay on Man: An Introduction to a Philosophy of Human Culture*. New Haven: Yale University Press, 1944.

Durham, M.G. & Kellner, D.M., rev. ed. *Media and Cultural Studies: Key Works*. Oxford: Blackwell Publishing Ltd, 2001, 2006.

Hartley, John. *A Short History of Cultural Studies*. London & New Delhi: SAGE Publications, 2003.

Johnson, Richard. "What Is Cultural Studies Anyway?" *Social Text*, No. 16. (Winter, 1986—1987): 38 - 80.

O'Connor, Alan. "Who's Emma and the Limits of Cultural Studies". *Cultural Studies* 13(4) (1999): 691 - 702.

White, Leslie A. *The Science of Culture: A Study of Man and Civilization*. New York: Grove Press, Inc., 1949.

Williams, Raymond. *Keywords: A Vocabulary of Culture and Society*. Revised edition. New York: Oxford University Press, 1983.

中外通史、文明史、文化史

(汉)宋衷,注,(清)秦嘉谟,等,辑.世本八种[M].北京:商务印书馆,1957.

J.R.哈里斯.埃及的遗产[M].田明,等,译.上海:上海人民出版社,2006.

M.I.芬利.希腊的遗产[M].张强,唐均,赵沛林,等,译.上海:上海人民出版社,2004.

R.R.帕尔默.现代世界史(插图第10版)[M].何兆武,董正华,等,译.北京:世界图书出版公司,2009.

R.霍伊卡.宗教与现代科学的兴起[M].钱福庭,等,译.成都:四川人民出版社,1991.

艾哈迈德·爱敏.阿拉伯-伊斯兰文化史(全8卷)[M].纳忠,译.北京:商务印书馆,1982.

保罗·卡特里奇.剑桥插图古希腊史[M].郭小凌,张俊,叶梅斌,等,译.济南:山东画报出版社,2004.

布罗代尔.文明史纲[M].肖昶,等,译.桂林:广西师范大学出版社,2003.

查尔斯·默里.文明的解析——人类的艺术与科学成就[M].胡利平,译.上海:上海人民出版社,2008.

陈建宪.神祇与英雄——中国古代神话的母题[M].北京:生活·读书·新知三联书店,1994.

菲利普·尼摩.什么是西方[M].阎雪梅,译.桂林:广西师范大学出版社,2009.

伏尔泰.路易十四时代[M].吴模信,沈怀洁,梁守锵,译.北京:商务印书馆,1982.

顾准.希腊城邦制度[M].北京:中国社会科学出版社,1986.

哈特穆特·凯博.历史比较研究导论[M].赵进中,译.北京:北京大学出版社,2009.

汉密尔顿.希腊方式:通向西方文明的源流[M].徐齐平,译.杭州:浙江人民出版社,1988.

加林.意大利人文主义[M].李玉成,译.北京:生活·读书·新知三联书店,1998.

克里斯托弗·道森.宗教与西方文化的兴起[M].长川某,译.成都:四川人民出版社,1989.

拉尔夫,伯恩斯,等.世界文明史(上下卷)[M].赵丰,等,译.北京:商务印书馆,2001.

莱维柯.希腊的诞生——灿烂的古典文明[M].王鹏,陈祚敏,译.上海:上海书店出版社,1998.

勒纳,等.西方文明史[M].王觉非,等,译.北京:中国青年出版社,2003.

梁漱溟.中国文化要义[M].上海:上海人民出版社,2005.

鲁宾逊,弗朗西斯.剑桥插图伊斯兰世界史[M].安维华,钱雪梅,译.北京:世界知识出版社,2002.

罗伯特·福西耶.剑桥插图中世纪史(350～950年)[M].陈志强,崔艳红,郭云艳,等,译.济南:山东画报出版社,2006.

罗伯特·福西耶.剑桥插图中世纪史(950～1250年)[M].李增洪,李建军,陈志坚,等,译.济南:山东画报出版社,2008.

罗溥洛.美国学者论中国文化[G].包伟民,陈晓燕,译.北京:中国广播电视出版社,1994.

罗素.宗教与科学[M].徐奕春,林国夫,译.北京:商务印书馆,1982.

罗兹·墨菲.亚洲史(第四版)[M].黄磷,译.海口:海南出版社,2004.

马基雅维利,尼科洛.佛罗伦萨史[M].李活,译.北京:商务印书馆,1982.

马克斯·韦伯.新教伦理与资本主义精神[M].于晓,等,译.北京:生活·读书·新知三联书店,1987.

马宗达,赖乔杜里,达塔.高级印度史.(上下册)[M].北京:商务印书馆,1986.

玛格丽特·L.金.欧洲文艺复兴(插图本)[M].李平,译.上海:上海人民出版社,2008.

麦克金德里克.会说话的希腊石头[M].晏绍祥,译.杭州:浙江人民出版社,2000.

米歇尔·布莱,埃夫西缪斯·尼古拉依迪斯.科学的欧洲:科学地域的建构[M].高煜,译.北京:中国人民大学出版社,2007.

司马迁.史记[M].北京:中华书局,1959.

斯塔夫理阿诺斯.全球通史:从史前史到21世纪(上下册)[M].董书慧,等,译.北京:北京大学出版社,2005.

威尔·杜兰.世界文明史(第1—9卷)[M].幼狮文化公司,译.北京:东方出版社,1998—2007.

西尔瓦纳斯·G·莫莱.全景玛雅[M].文静,刘平平,译.北京:国际文化出版社公司,2003.

谢和耐.中国社会史[M].耿昇,译.南京:江苏人民出版社,1995.

雅各布·布克哈特.希腊人和希腊文明[M].王大庆,译.上海:上海人民出版社,2008.

雅各布·布克哈特.意大利文艺复兴时期的文化[M].何新,译.北京:商务印书馆,1979.

亚瑟·亨·史密斯.中国人气质[M].张梦阳,王丽娟,译.兰州:敦煌文艺出版社,1995.

伊安·G.巴伯.科学与宗教[M].阮炜,曾传辉,陈红炬,等,译.成都:四川人民出版社,1993.

伊利亚德.宗教思想史[M].晏可佳,等,译.上海:上海社会科学院出版社,2004.

约翰·默逊.中国的文化和科学[M].庄锡昌,冒景琬,译.杭州:浙江人民出版社,1988.

张岱年,程宜山.中国文化与文化论争[M].北京:中国人民大学出版社,1990.

郑玄,贾公彦.周礼注疏[M].上海:上海古籍出版社,2010.

庄锡昌.世界文化史通论[M].杭州:浙江人民出版社,1989.

科学史、科学哲学和科学文化

《自然辩证法通讯》杂志社.科学传统与文化[G].西安:陕西科学技术出版社,1983.

A.N.怀特海.科学与近代世界[M].何钦,译.北京:商务印书馆,1989.

A.霍布森.物理学的概念与文化素养[M].秦克诚,刘培森,周国荣,译.北京:高等教育出版社,2008.

A.柯依列.伽利略研究[M].李艳平,等,译.南昌:江西教育出版社,2002.

E.A.伯特.近代物理科学的形而上学基础[M].徐向东,译.成都:四川教育出版社,1994.

E.J.戴克斯特霍伊斯.世界图景的机械化[M].张卜天,译.长沙:湖南科学技术出版社,2010.

G.E.R.劳埃德.古代世界的现代思考——透视希腊、中国的科学与文化[M].钮卫星,译.上海:上海科技教育出版社,2008.

G.E.R.劳埃德.早期希腊科学——从泰勒斯到亚里士多德[M].孙小淳,译.上海:上海科技教育出版社,2004.

H.赖欣巴哈.科学哲学的兴起[M].伯尼,译.北京:商务印书馆,1991.

J·皮亚杰,R·加西亚.心理发生与科学史[M].姜志辉,译.上海:华东师范大学出版社,2005.

R.K.默顿.科学社会学[M].鲁旭东,林聚任,译.北京:商务印书馆,2003.

R.K.默顿.十七世纪英国的科学、技术与社会[M].范岱年,等,译.成都:四川人民出版社,1986.

W.C.丹皮尔.科学史——及其与哲学和宗教的关系[M].李珩,译.北京:商务印书馆,1975.

阿伯拉罕·派斯.爱因斯坦传[M].方在庆,李勇,等,译.北京:商务印书馆,2004.

阿伯拉罕·派斯.基本粒子物理学史[M].关洪,等,译.武汉:武汉出版社,2002.

艾伦·加兰.20世纪的生命科学史[M].田洺,译.上海:复旦大学出版社,2000.

爱德华·格兰特.近代科学在中世纪的基础[M].张卜天,译.长沙:湖南科学技术出版社,2010.

爱德华·格兰特.中世纪的物理学思想[M].郝刘祥,译.上海:复旦大学出版社,2000.

爱因斯坦.狭义与广义相对论浅说[M].杨润殷,译.胡刚复,校.北京:北京大学出版社,2006.

安德鲁·迪克森·怀特.基督教世界科学与神学论战史[M].鲁旭东,译.桂林:广西师范大学出版社,2006.

安德鲁·皮克林.作为实践和文化的科学[M].柯文,伊梅,译.北京:中国人民大学出版社,2006.

安托万·拉瓦锡.化学基础论[M].任定成,译.武汉:武汉出版社,1993.

巴里·巴恩斯.科学知识与社会学理论[M].鲁旭东,译.北京:东方出版社,2001.

彼得·马歇尔.哲人石——探寻金丹术的秘密[M].赵万里,李三虎,蒙绍荣,译.上海:上海科技教育出版社,2007.

彼德·迈克尔·哈曼.19世纪物理学概念的发展[M].龚少明,译.上海:复旦大学出版社,2000.

伯纳德·科恩.科学革命史[M].杨爱华,等,译.北京:军事科学出版社,1992.

查尔斯·赫梅尔.自伽利略之后:圣经与科学之纠葛[M].闻人杰,等,译.银川:宁夏人民出版社,2010.

查尔斯·辛格.科学简史[M].孔庆典,马百亮,译.上海:格致出版社,上海人民出版社,2015.

戴维·林德伯格.西方科学的起源[M].王珺,刘晓峰,周文峰,等,译.北京:中国对外翻译出版公司,2001.

戴维·罗杰·奥尔德罗伊德.知识的拱门——科学哲学和科学方法论历史导论[M].顾犇,等,译.北京:商务印书馆,2008.

杜石然,等.中国科学技术史稿(修订版)[M].北京:北京大学出版社,2012.

恩斯特·彼得·费舍尔.科学简史:从亚里士多德到费曼[M].陈恒安,译.杭州:浙江人民出版社,2018.

丰特奈尔,等.牛顿传记五种[M].赵振江,译.北京:商务印书馆,2007.

弗朗西斯·培根.新工具[M].许宝骙,译.北京:商务印书馆,1984.

伽利略.关于两门新科学的对话[M].武际可,译.北京:北京大学出版社,2006.

伽利略.关于托勒密和哥白尼两大世界体系的对话[M].周煦良,等,译.北京:北京大学出版社,2006.

格雷姆.俄罗斯和苏联科学简史[M].叶式辉,黄一勤,译.上海:复旦大学出版社,2000.

赫尔奇·克拉夫.科学史学导论[M].任定成,译.北京:北京大学出版社,2005.

亨利·庞加莱.科学简史[M].刘霞,译.北京:中国文联出版社,2019.

惠更斯.论光[M].刘岚华,译.武汉:武汉出版社,1993.

霍尔顿(G.Holton).物理科学的概念和理论导论[M].张大卫,戴念祖,等,译.北京:高等教育出版社,1983—1987.

吉姆·巴戈特.完美的对称——富勒烯的意外发现[M].李涛,曹志良,译.上海:上海科技教育出版社,2012.

江晓原.天学真原[M].沈阳:辽宁教育出版社,1991.

凯德罗夫.科学发现揭秘——以门捷列夫周期律为例[M].胡孚深,王友玉,译.北京:社会科学文献出版社,2002.

科林·A.罗南.剑桥插图世界科学史[M].周家斌,王耀杨,等,译.济南:山东画报出版社,2009.

克鲁格利亚科.科学光环下的骗局[M].赵连芳,等,译.北京:科学普及出版社,2009.

库兹涅佐夫.爱因斯坦——生·死·不朽[M].刘盛际,译.北京:商务印书馆,1988.

李佩珊,许良英.20世纪科学技术发展简史(第二版)[M].北京:科学出版社,1999.

李约瑟,原著.柯林·罗南,改编.中华科学文明史(全5卷)[M].上海交通大学科学史系,译.上海:上海人民出版社,2001—2003.

李约瑟.中国科学技术史(第1卷)[M].袁翰青,等,译.北京:科学出版社,上海:上海古籍出版社,1990.

李约瑟.中国科学技术史(第2卷)[M].何兆武,等,译.北京:科学出版社,上海:上海古籍出版社,1990.

李约瑟.中国科学技术史(第3卷)[M].《中国科学技术史》翻译小组,译.北京:科学出版社,1978.

理查德·德威特.世界观:科学史与科学哲学导论(第二版)[M].李跃乾,张新,译.北京:电子工业出版社,2014.

理查德·韦斯特福尔.近代科学的建构——机械论与力学[M].彭万华,译.上海:复旦大学出版社,2000.

理查德·韦斯特福尔.牛顿传[M].郭先林,等,译.北京:中国对外翻译出版公司,1999.

刘钝.文化一二三[M].武汉:湖北教育出版社,2006.

罗伯特·波义耳.怀疑的化学家[M].袁江洋,译.武汉:武汉出版社,1993.

洛伊斯·N.玛格纳生命科学史[M].李难,崔极谦,王水平,译.天津:百花文艺出版社,2002.

迈克尔·怀特.最后的炼金术士:牛顿传[M].陈可岗,译.北京:中信出版社,沈阳:辽宁教育出版社,2004.

迈克尔·马修斯.科学教学:科学史和科学哲学的贡献[M].刘恩山,郭元林,黄晓,译.北京:外语教学与研究出版社,2017.

麦克斯韦.电磁通论[M].戈革,译.武汉:武汉出版社,1994.

美国国家研究理事会.美国国家科学教育标准[M].戢守志,等,译.北京:科学技术文献出版社,1999.

美国科学、工程与公共政策委员会.怎样当一名科学家——科学研究中的负责行为[M].刘华杰,译.北京:北京理工大学出版社,2004.

米歇尔·霍斯金.剑桥插图天文学史[M].江晓原,关增建,钮卫星,译.济南:山东画报出版

社,2003.

尼古拉·哥白尼.天体运行论[M].叶式辉,译.武汉:武汉出版社,1992.

牛顿.光学[M].周岳明,等,译.北京:北京大学出版社,2007.

牛顿.牛顿自然哲学著作选[M].H.S.塞耶,编,王福山,等,译校.上海:上海译文出版社,2001.

牛顿.自然哲学之数学原理·宇宙体系[M].王克迪,译.武汉:武汉出版社,1992.

诺曼·列维特.被困的普罗米修斯——科学与当代文化的矛盾[M].戴建平,译.南京:南京大学出版社,2005.

欧文·金格里奇.无人读过的书:哥白尼《天体运行论》追寻记[M].王今,徐国强,译.北京:生活·读书·新知三联书店,2008.

彭加勒.科学的价值[M].李醒民,译.北京:光明日报出版社,1988.

乔治·马瑟.幽灵般的超距作用:重新思考空间和时间[M].梁焰,译.北京:人民邮电出版社,2017.

乔治·萨顿.文艺复兴时期的科学观[M].郑诚,郑方磊,袁媛,译.上海:上海交通大学出版社,2007.

乔治·萨顿.希腊黄金时代的古代科学[M].鲁旭东,译.郑州:大象出版社,2010.

瑟乔·西斯蒙多.科学技术学导论[M].许为民,等,译.上海:上海科技教育出版社,2007.

山冈望.化学史传[M].廖正衡,等,译.北京:商务印书馆,1995.

史蒂文·夏平.真理的社会史——17世纪英国的文明与科学[M].赵万里,等,译.南昌:江西教育出版社,2002.

斯诺.两种文化[M].陈克坚,秦小虎,译.上海:上海科学技术出版社,2003.

斯诺.两种文化[M].纪树立,译.北京:生活·读书·新知三联书店,1994.

孙启贵,邓欣.科学大师启蒙文库:牛顿[M].上海:上海交通大学出版社,2007.

托比·胡弗.近代科学为什么诞生在西方(第二版)[M].周程,于霞,译.北京:北京大学出版社,2010.

托马斯·L.汉金斯.科学与启蒙运动[M].任定成,张爱珍,译.上海,复旦大学出版社,2000.

托马斯·库恩.哥白尼革命——西方思想发展中的行星天文学[M].吴国盛,等,译.北京:北京大学出版社,2003.

托马斯·库恩.科学革命的结构[M].金吾伦,胡新和,译.北京:北京大学出版社,2003.

瓦尔特尔·霍利切尔.科学世界图景中的自然界[M].孙小礼,等,译.上海:上海人民出版社,1965.

威廉·科尔曼.19世纪的生物学和人学[M].严晴燕,译.上海:复旦大学出版社,2000.

吴国盛.科学的历程(第2版)[M].北京:北京大学出版社,2002.

吴国盛.科学思想史指南[G].成都:四川教育出版社,1994.

席泽宗.科学史十论[M].上海:复旦大学出版社,2003.

亨利·哈利斯.细胞的起源[M].朱玉贤,译.北京:生活·读书·新知三联书店,2001.

亚·沃尔夫.十八世纪科学、技术和哲学史[M].周昌忠,等,译.北京:商务印书馆,1991.

亚·沃尔夫.十六、十七世纪科学、技术和哲学史[M].周昌忠,等,译.北京:商务印书馆,1985.

亚历山大·柯瓦雷.从封闭世界到无限宇宙[M].邬波涛,张华,译.北京:北京大学出版社,2003.

约翰·A.舒斯特.科学史与科学哲学导论[M].安维复,主译.上海:上海科技教育出版社,2013.

约翰·V.皮克斯通.认识方式——一种新的科学、技术和医学史[M].陈朝勇,译.上海:上海科技教育出版社,2008.

约翰·布罗克曼.第三种文化——洞察世界的新途径[M].吕芳,译.海口:海南出版社,2003.

约翰·道尔顿.化学哲学新体系[M].李家玉,等,译.武汉:武汉出版社,1992.

约翰·洛西.科学哲学历史导论[M].邱仁宗,等,译.武汉:华中工学院出版社,1982.

约翰·齐曼.知识的力量——对科学与社会关系史的考察[M].徐纪敏,王烈,译.长沙:湖南出版社,1992.

约瑟夫·阿伽西.科学与文化[M].邬晓燕,译.北京:中国人民大学出版社,2006.

约瑟夫·傅立叶.热的解析理论[M].桂质亮,译.武汉:武汉出版社,1993.

詹姆斯·E.麦克莱伦第三,哈罗德·多恩.世界史上的科学技术[M].王鸣阳,译.上海:上海科技教育出版社,2003.

詹姆斯·W.麦卡里斯特.美与科学革命[M].李为,译.长春:吉林人民出版社,2000.

詹姆斯·特莱菲尔.世界历史上的科学[M].张瑾,译.北京:商务印书馆,2015.

赵峥.探求上帝的秘密——从哥白尼到爱因斯坦[M].北京:北京师范大学出版社,1997.

赵峥.物理学与人类文明[M].南宁:广西教育出版社,1999.

赵峥.物理学与人类文明十六讲[M].北京:高等教育出版社,2008.

江洋.科学文化研究刍议[J].中国科技史杂志,2007(4).

后　　记

我 1982 年师从白尚恕先生学习中国数学史，此后认识到，对中国数学史研究的深化，中外数学发展的比较研究是一条十分重要的路径。几年后我进一步认识到，内史意义上的中外数学比较研究，难以回答一些根本性的问题。于是，20 世纪 90 年代初，我开始关注数学文化问题，尝试从文化视角考察数学的发展。1992 年，经白先生推荐，我收到英国剑桥李约瑟研究所所长何丙郁先生的邀请，到李约瑟研究所访问学习半年，随后又应弗兰克·斯威茨(Frank Swetz)教授邀请赴美国宾州大学哈里斯堡分校(Pennsylvania State University, Harrisburg)继续访问学习半年。这一年的学习，极大地开阔了我的眼界。在美国的半年，我受到了我的好友胡明杰先生的热情接待，当时他正在普林斯顿大学攻读科学史博士学位，他向我介绍了美国科学史界的一些动向和观点，使我深受启发。又由于他的帮助，我得以在大约一个半月时间里查阅普林斯顿大学图书馆的丰富藏书。

1995 年以后我的主要精力转入数学教育和科学教育，中外数学史比较研究和数学文化史研究进展缓慢。2004 年，在赵峥教授的鼓励下，我开始跟随他攻读科学教育博士学位，完成了题为《从数学文化学到数学文化教育》的博士论文。这篇论文融合了我从事数学史、数学文化、数学教育研究的多年心得，除数学文化学本身，还包括 1990 年已经成形的数学史比较研究的问题系统，自 1993 年以来在多门课程中渗透数学文化教育的心得，以及自 1995 年以来从事数学教育和科学教育研究与实践的心得。我的博士论文答辩委员会由严士健、李文林、刘钝、罗钢、郭玉英五位教授组成，他们既充分肯定了论文的价值，也提出了十分中肯的修改意见。此后又经过十多年沉淀和修改，现在终于可以将这本小书呈现给读者了。

在本书即将付梓的时候，我衷心感谢两位恩师白尚恕教授、赵峥教授的指导，感谢博士论文答辩委员会五位教授的批评和建议，感谢何丙郁教授、斯威茨教授和胡明杰先生给予我的帮助。感谢北京师范大学数学科学学院领导多年来对我从事的教学和研究的支持，感谢学院为本书提供了出版资助。感谢本书的责任编辑隋淑光先生，由于我的拖延以及对出版规范的生疏，给他带来了不少麻烦，他始终耐心细致地提出意见和校订文稿，甚至承担了许多本应由作者完成的工作。最后，感谢我的夫人蒋虹对我始终无条件的支持和鼓励，特别是在查找文献、翻译资料和书稿规范化处理方面给我的极大帮助。

数学文化研究和数学文化教育在中国方兴未艾，愿这本小书能够为这一事业略尽绵薄之力。

刘洁民

2022 年 8 月于北京海淀富力桃园